石油教材出版基金资助项目

高等院校特色规划教材

光 学 实 验

陈国祥 主编

石油工业出版社

内 容 提 要

本书结合西安石油大学光学实验教学改革与实践，通过编者多年来对实验项目的改进和增设，最终编写而成。全书共6章44个实验，包括光学实验基础知识、波动光学实验、几何光学实验、信息光学实验、光学设计实验、虚拟仿真实验，构成了基础光学与现代光学相结合的分层次课程体系。本书的编写由浅入深、循序渐进，注重培养学生实践能力、创新能力和综合应用能力。

本书可作为高等学校理工科光电类和物理类专业本科生的实验教学用书，也可供从事相关专业的科技人员参考。

图书在版编目（CIP）数据

光学实验/陈国祥主编 . —北京：石油工业出版社，2022.11

高等院校特色规划教材

ISBN 978-7-5183-5628-7

Ⅰ.①光… Ⅱ.①陈… Ⅲ.①光学-实验-高等学校-教材 Ⅳ.①O43-33

中国版本图书馆 CIP 数据核字（2022）第175030号

出版发行：石油工业出版社

（北京市朝阳区安华里2区1号楼 100011）

网　　址：www.petropub.com

编辑部：（010）64523733

图书营销中心：（010）64523633

经　销：全国新华书店

排　版：三河市聚拓图文制作有限公司

印　刷：北京中石油彩色印刷有限责任公司

2022年11月第1版　2022年11月第1次印刷
787毫米×1092毫米　开本：1/16　印张：15
字数：384千字

定价：35.00元
（如发现印装质量问题，我社图书营销中心负责调换）
版权所有，翻印必究

前　言

　　"光学实验"是高等学校光电信息科学与工程专业必修的基础课程，是培养学生创新能力和实践能力，提高学生综合素质的重要教学环节。为适应高等教育蓬勃发展趋势，结合我校办学特色，西安石油大学光电信息科学与工程实验教学示范中心近年来积极探索实验教学改革，不断丰富实验内容，建成"基础平台+提高平台+创新平台+拓展平台"的立体化实践教学平台，取得了良好的效果。本书是在原有实验讲义的基础上，经过反复实践、不断改进、充实完善编写而成的。

　　本书在体系结构设置上，遵循由浅入深、循序渐进的原则，合理地将光学实验划分为波动光学实验、几何光学实验、信息光学实验、光学设计实验和虚拟仿真实验，形成了基础光学与现代光学相结合的分层次课程体系。本书在内容上注重光电类专业的共性实验项目，既保持光学实验的基本实验内容，又体现特色创新实验项目，尽量体现教材的普遍性、稳定性和新颖性。

　　全书共分为六章。第1章为光学实验基础知识，介绍了光学实验的内容和特点、实验基本测量方法与仪器调节方法、常用光源与实验仪器、测量误差及不确定度分析，以及实验数据处理等。第2章为波动光学实验，内容涉及光的干涉、衍射、偏振，重点强调基本知识、基本技能、基本方法的训练，培养学生良好的实验习惯。第3章为几何光学实验，内容涵盖透镜成像及焦距测量、光学显微系统放大率的测量、光学系统像差实验及阿贝折光仪折射率测量等实验，培养学生良好的实践能力。第4章为信息光学实验，内容包含阿贝成像原理和空间滤波、光学传递函数测量和像质评价、透射式全息照相的拍摄与再现、光拍法测量光速等实验，加深学生对信息光学技术及应用的深入理解，培养学生的综合应用能力。第5章为光学设计实验，利用计算机和软件确定透镜表面的曲率半径、透镜之间空气间隔厚度及透镜材料等参数。通过学习典型光学设计实验，了解光学设计的基本流程，培养学生的创新能力和综合素养。第6章为虚拟仿真实验，内容包括分光计调整与应用、光栅单色仪、傅里叶光学、自组迈克尔逊干涉仪与应用等仿真实验。仿真实验是理论与实践相结合的一种崭新教学模式，体现了现代信息技术与实验项目的深度融合，可培养学生的综合能力和素质。

　　本书是西安石油大学光电信息科学与工程实验教学示范中心教师多年来教学改革与实践的成果，陈国祥担任主编并负责全书内容体系的设计构想与实验内容组合。具体编写分工如下：第1章由陈国祥编写；第2章由张艳、罗小东编写，其中实验2.1、2.3、2.5、2.8、2.9、2.12、2.14由张艳编写，实验2.2、2.4、2.6、2.7、2.10、2.11、2.13、2.15、2.16由罗小东编写；第3章由陈国祥、罗小东编写，其中实验3.1~3.3由陈国祥编写，实验3.4~3.8由罗小东编写；第4章由李晓莉编写；第5章由甄艳坤编写；第6章由罗小东、李晓莉编写，其中6.2、6.3、6.5由罗小东编写，6.1、6.4、6.6由李晓莉编写；附录由冯德全编写。全书由冯德全统稿，陈国祥、冯德全负责审核工作。

　　本书在编写期间，参阅了一些国内外相关高等院校教材，西安石油大学教务处、理学院对本书的出版给予了极大的关心和支持，在此表示衷心感谢。

　　由于编者水平有限，书中难免存在不妥之处，敬请读者批评指正。

陈国祥
2022年5月于西安石油大学

目　　录

第1章　光学实验基础知识 ... 1
1.1　光学实验的内容、特点和原则 ... 1
1.2　光学实验测量方法 ... 2
1.3　光学实验常用光源 ... 4
1.4　光学实验常用仪器 ... 5
1.5　测量误差及不确定度分析 ... 15
1.6　实验数据处理 ... 21

第2章　波动光学实验 ... 25
实验2.1　杨氏双缝干涉实验 ... 25
实验2.2　洛埃镜、菲涅尔双面镜干涉 ... 29
实验2.3　利用双棱镜测钠光波波长 ... 34
实验2.4　用牛顿环测量平凸透镜的曲率半径 ... 37
实验2.5　用迈克尔逊干涉原理测量空气折射率 ... 42
实验2.6　马赫—曾德干涉 ... 47
实验2.7　法布里—珀罗干涉仪的调节和使用 ... 50
实验2.8　夫琅禾费单缝衍射条纹分析与缝宽测量 ... 55
实验2.9　单缝衍射光强分布的测量 ... 58
实验2.10　透射式衍射光栅常数与光波波长测量 ... 62
实验2.11　菲涅尔单缝和圆孔衍射 ... 66
实验2.12　激光双光栅法测微小位移 ... 70
实验2.13　光栅单色仪的使用 ... 76
实验2.14　偏振光实验 ... 79
实验2.15　布儒斯特角测量 ... 83
实验2.16　偏振光旋光 ... 87

第3章　几何光学实验 ... 91
实验3.1　透镜成像及焦距测量 ... 91
实验3.2　光学显微系统搭建及放大率的测量 ... 95
实验3.3　平行光管的调节与焦距测量 ... 97
实验3.4　望远系统的搭建及放大倍数的测量 ... 100
实验3.5　光学透镜组基点的测量 ... 104
实验3.6　光学系统像差实验 ... 108
实验3.7　几何像差的观察与测量 ... 115
实验3.8　阿贝折光仪及其折射率测量 ... 119

第4章 信息光学实验 123

实验 4.1 阿贝成像原理和空间滤波 123
实验 4.2 θ 调制与颜色合成 128
实验 4.3 数字式光学传递函数测量和像质评价 130
实验 4.4 透射式全息照相的拍摄与再现 135
实验 4.5 反射式全息照相的拍摄与再现 139
实验 4.6 数字全息及实时光学再现 141
实验 4.7 光拍法测量光速 148
实验 4.8 开放式 CCD 光栅摄谱实验研究 153

第5章 光学设计实验 159

实验 5.1 ZEMAX 软件基本用户界面介绍 159
实验 5.2 单透镜设计 168
实验 5.3 双胶合望远物镜设计 174
实验 5.4 牛顿式望远物镜设计 182
实验 5.5 低倍消色差显微镜物镜设计 188
实验 5.6 变焦距照相物镜设计 194

第6章 虚拟仿真实验 200

实验 6.1 分光计调整与应用 200
实验 6.2 光栅单色仪 205
实验 6.3 傅里叶光学 209
实验 6.4 数字全息 214
实验 6.5 自组迈克尔逊干涉仪与应用 218
实验 6.6 塞曼效应 223

附录 230

参考文献 234

第1章 光学实验基础知识

光学是物理学的基础学科之一，是在大量的实验基础上逐步发展和完善的。本章主要介绍光学实验中经常用到的光学知识、光学仪器和光路调节技术。初学者在做实验以前应认真阅读这些内容，并且在实验中遵守有关规则和灵活运用有关知识。因此，作为光学基础的光学实验课，学习的重点是学习和掌握光学实验的基本知识、基本方法以及培养基本的实验技能，通过研究一些基本的光学现象，加深对经典光学理论的理解，提高对实验方法和技术的认识。

1.1 光学实验的内容、特点和原则

1.1.1 光学实验的内容

1. 学习常用光学仪器的使用

常用光学仪器包括光具座、测微目镜、望远镜、分光计、干涉仪、摄谱仪等。操作者需了解仪器的构造原理及正常使用状态，熟悉操作要求，并具有较好的操作技能，同时要注意仪器使用时的注意事项。

2. 学习分析光学实验中的基本光路

光学实验中的基本光路包括自准直光路、分光光路、助视放大光路、恒偏向光路。

3. 学习分析误差的方法和提高对实验数据的处理能力

提高对实验数据的处理能力和实验结果误差原因的分析水平，正确表达和评价实验结果，分析误差产生的原因以及如何减小实验误差。

1.1.2 光学实验的特点

1. 与理论密切结合

光学实验需要靠理论的支撑才能把握住实验现象。光学现象不直观，只能观察一定时间内的平均效果。

2. 仪器调节要求高

光学仪器精密，必须严格调节，才能保证精度，如迈克尔逊干涉仪精度可达 10^{-4} mm。

3. 实验能力要求高

对光学理论基础、实验技能及实验操作过程中遇到问题的判断能力要求高。另外，为了取得较好的实验效果，有的光学实验必须在低照度环境下进行，因此，要小心谨慎，安全操作，防止事故，要避免光学元件跌落损坏、仪器读数失误。激光不能用眼睛直视，实验操作过程中注意保护视力。

1.1.3 光学实验遵循的原则

（1）必须在熟悉仪器的性能与使用方法之后才能进行操作。

（2）轻拿轻放，勿使仪器或光学元器件受到冲击、碰撞和震动，特别注意不能从手中滑落。

（3）不使用时要及时将光学元件放回包装盒内，长期闲置不用应该将其放入干燥皿中保存。

（4）手拿光学元器件时切忌用手触摸"工作面"，如果必须拿光学元器件时只能拿它的非工作的磨砂面，例如透镜的外圆磨砂面、棱镜的上下底面、柱面镜的上下磨砂面，否则人手的汗迹会腐蚀光学面造成永久的损坏。

（5）如发现光学元器件的工作面有灰尘，要用专用的干燥脱脂棉轻轻擦拭或用橡皮球吹去，绝对不能用嘴去吹。

（6）若发现光学表面上已被轻微污染或有较轻的印记，可以用清洁的镜头纸轻轻拂去，擦拭时不能加太大的压力以免光学表面被划伤，更不能用普通纸、手帕、毛巾或衣物等进行擦拭。

（7）进行光学实验时尽量避免说话，防止口水、唾液或其他液体溅落到光学面，造成光学面的化学损伤。

（8）在对光学仪器或光学系统进行调整时，要耐心细致，边调整边观察，动作要轻、柔、慢，切忌粗鲁与盲目操作。

（9）千万要注意在做实验的过程中要观察与分析实验过程及现象，尤其是出现与预期现象反常的特殊现象，应及时将实验现象记录或存储下来，向指导教师请教分析。

（10）使用完仪器设备后应当及时整理，放回原处或加罩防护，防止灰尘污染。

1.2　光学实验测量方法

光学实验测量方法主要分为主观观察法和客观测量法。用眼睛直接观察的方法，称为主观观察法；用光电探测器等仪器来进行探测的方法称为客观测量法。常用的光电仪器有光电管、光敏电阻和光电池等。

1.2.1　基本物理量及其测量方法

光学中常见的基本物理量主要包括透镜的焦距及曲率半径、折射率、光波波长、溶液浓度、光栅常量等。焦距测量一般采用物距像距法、二次成像法、自准直法、辅助透镜法；折射率测量采用最小偏向角法、掠入射法；光波波长测量采用双棱镜干涉法、迈克尔逊干涉法、透射光栅法；溶液浓度测量采用旋光法、偏振光分析、单色仪定标。

1.2.2　常用测量方法的光学调节

1. 消视差

视差是指人们观察远近不同的物体 A 和物体 B 时，常会发生视觉差异的现象。利用视差进行如下判断：观察被观察的物与像或像与像是否重合；如果未重合，那么哪个离观测者近一些。这对于指导仪器的调节及确定像的位置有很大帮助。

光学实验中经常要测量像的位置和大小，由经验可知，要准确测量物体的大小，必须将量度标尺与被测物体紧贴在一起。如果标尺远离被测物体，读数将随眼睛的位置不同而有所改变，难以测准，如图 1.2.1 所示。

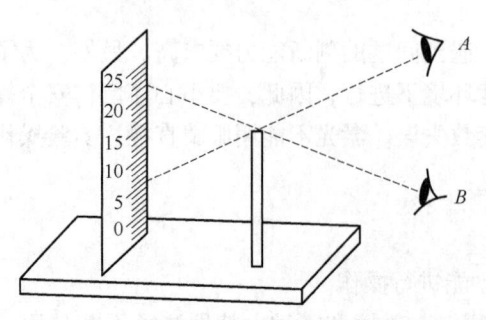

图 1.2.1　视差的产生（眼睛的位置不同，所得测量结果也不同）

可是在光学实验中被测物往往是一个看得见摸不着的像，怎样才能确定标尺和待测像是否紧贴在一起的呢？利用视差现象可以帮助人们解决这个问题。为了认识视差现象，可以做一个简单实验：双手各伸出一只手指，并使一指在前、一指在后相隔一定距离，且两指平行。用一只眼睛观察，当左右（或上下）晃动眼睛时（眼睛移动方向应与被观察手指垂直），就会发现两指间有相对移动，这种现象称为视差。而且还会看到离眼近者，其移动方向与眼睛移动方向相反；离眼远者则与眼睛移动方向相同。若将两指紧贴在一起，则无上述现象，即无视差。由此可以利用视差现象来判断待测像与标尺是否紧贴。若待测像和标尺间有视差，说明它们没有紧贴在一起，则应该稍稍调节像或标尺位置，并观察，直到它们之间无视差方可进行测量。这一调节步骤，常称为消视差。在光学实验中，消视差是测量前必不可少的操作步骤。

2. 共轴调节

光学实验中经常要用一个或多个透镜成像。为了获得质量好的像，必须使各个透镜的主光轴重合（即共轴）并使物体位于透镜的主光轴附近。此外，透镜成像公式中的物距、像距等都是沿主光轴计算长度的，为了测量准确，必须使透镜的主光轴与带有刻度的标尺平行。为了达到上述要求的调节称为共轴调节，调节方法如下：

1) 粗调

将光源、物和透镜靠拢，调节它们的取向和高低左右位置，凭眼睛观察，使它们的中心处在一条与标尺平行的直线上，使透镜的主光轴与标尺平行，并且使物（或物屏）和成像平面（或像屏）与平台垂直。这一步骤因单凭眼睛判断，调节效果与实验者的经验有关，故称为粗调。通常还应再进行细调（要求不高时可只进行粗调）。

2) 细调

这一步骤要靠其他仪器或成像规律来判断和调节。不同的装置可能有不同的具体调节方法，下面介绍物与单个凸透镜共轴的调节方法。使物体与单个凸透镜共轴实际上是指将物上的某一点调到主光轴上，要解决这一问题，首先要知道如何判断物上的点是否在透镜的主光轴上，根据凸透镜成像规律即可判断，如图 1.2.2 所示。

当物 AB 与像屏之间的距离 b 大于 $4f$（f 为凸透镜焦距）时，将凸透镜沿光轴移到 O_1 或 O_2 位置都能在屏上成像，一次成大像 A_1B_1，一次成小像 A_2B_2。物点 A 位于光轴上，则两次像的 A_1 和 A_2 点都在光轴上而且重合。物点 B 不在光轴上，则两次像的 B_1 和 B_2 一定都不在光轴上，而且不重合。但是，小像的 B_2 点总是比大像的 B_1 点更接近光轴。由此可知，若

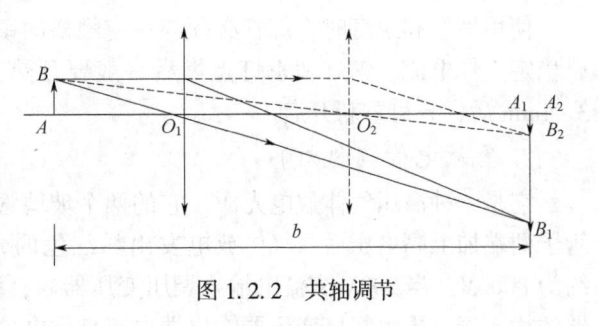

图 1.2.2 共轴调节

要将 B 点调到凸透镜光轴上，只需记住像屏上小像的 B_2 点位置（屏上贴有坐标纸供记录位置时作参照物），调节透镜（或物）的高低左右，使 B_1 向 B_2 靠拢。这样反复调节几次直到 B_1 与 B_2 重合，即说明 B 点已调到平行于透镜的主光轴上了。

若要调多个透镜共轴，则应先将物上 B 点调到一个凸透镜的主光轴上，然后，同样根据轴上物点的像总在轴上的原理，逐个增加待调透镜，调节它们使之逐个与第一个透镜共轴。

1.3 光学实验常用光源

能够发光的物体统称为光源。常见的光源有热辐射光源、气体放电光源和激光光源三类。

1.3.1 热辐射光源

常用的热辐射光源是白炽灯，白炽灯有下列几种：

（1）普通灯泡。作白色光源，应按仪器要求和灯泡上指定的电压使用，常见于光具座、分光仪、读数显微镜等。

（2）汽车灯泡。因其灯丝线度小、亮度高，常用作点光源或扩束光源。

（3）标准灯泡。常用有碘钨灯和溴钨灯，是在灯泡内加入碘或溴元素制成的。碘或溴原子在灯泡内与经蒸发而沉积在灯泡壳上的钨化合，生成易挥发的碘化钨或溴化钨。这种卤化物扩散到灯丝附近时，因温度高而分解，分解出来的钨重新沉积在钨丝上，形成卤钨循环。因此，碘钨灯或溴钨灯寿命比普通灯长得多，发光效率高，光色也较好。

1.3.2 气体放电光源

1. 钠灯和汞灯

实验室常用钠灯和汞灯（又称水银灯）作为单色光源，它们都是以金属钠或汞蒸气在强电场中发生的游离放电现象为基础的弧光放电灯。在220V额定电压下，当钠灯灯管壁温度升至260℃时，管内钠蒸气压约为0.4Pa，发出波长为589.0nm和589.6nm的单色光，这两条黄色谱线光强最强，可达85%，而其他几种波长818.0nm和819.1nm等的光仅有15%。所以，在一般应用时取589.0nm和589.6nm的平均值589.3nm作为钠灯的波长值。

汞灯可按其气压的高低，分为低压汞灯、高压汞灯和超高压汞灯。低压汞灯最为常用，其电源电压与管端工作电压分别为220V和20V，正常点燃时发出青紫色光，其中主要包括七种可见的单色光，它们的波长分别是612.35nm（红）、579.07nm和576.96nm（黄）、546.07nm（绿）、491.60nm（蓝绿）、435.84nm（蓝紫）、404.66nm（紫）。

使用钠灯和汞灯时，灯管必须与一定规格的镇流器（限流器）串联后才能接到电源上，以稳定工作电流。钠灯和汞灯点燃后一般要预热3~4min才能正常工作，熄灭后也需冷却3~4min后，方可重新开启。

2. 氢放电管（氢灯）

它是一种高压气体放电光源，它的两个玻璃管中间用弯曲的毛细管连通，管内充气。在管子两端加上高电压后，气体放电发出粉红色的光。氢灯工作电流约为115mA，起辉电压约为8000V，当200V交流电输入调压变压器后，调压变压器输出的可变电压接到氢灯变压器的输入端，再由氢灯变压器输出端向氢灯供电。

在可见光范围内，氢灯发射的原子光谱线主要有四条，其波长分别为：656.28nm（红）、486.13nm（青）、434.05nm（蓝紫）及410.17nm（近紫色）。

1.3.3 激光光源

激光光源是20世纪60年代诞生的新光源。激光器的发光原理是受激发射而发光。它具有发光强度大、方向性好、单色性强和相干性好等优点。激光器的种类很多，如氦氖激光器、氦镉激光器、氩离子激光器、二氧化碳激光器、红宝石激光器等。

实验室中常用的激光器是氦氖（He-Ne）激光器。它是由气体氦和氖作为工作物质的混合气体、激励装置和光学谐振腔三部分组成的一种气体激光器。氦氖激光器发出的光波波长为632.8nm，输出功率在几毫瓦到十几毫瓦之间，多数氦氖激光管的管长为200~300mm，两端所加高压由倍压整流或开关电源产生，电压高达1500~8000V，操作时应严防触及，以免造成触电事故。由于激光束输出的能量集中，强度较高，使用时应注意切勿迎着激光束直接用眼睛观看。

目前，气体放电光源的供电电源广泛采用电子整流器，这种整流器内部由开关电源电路组成，具有耗电小、使用方便等优点。光学实验中常把光束扩大或产生点光源以满足具体的实验要求。

1.4 光学实验常用仪器

光学实验仪器可以扩展和改善观察视角以弥补视角的局限性。构成光学仪器的主要元件有透镜、反射镜、棱镜、光栅和光阑等，这些元件按不同方式的组合构成了不同的光学系统。光学仪器可以粗分为助视仪器（放大镜、目镜、显微镜、望远镜）、投影仪器（放映机、投影仪、放大机、照相机）和分光仪器（棱镜分光系统、光栅分光系统）。下面介绍部分常用的光学仪器，主要介绍光学实验中常用仪器的构造、调节、使用与维护。

1.4.1 常用光学实验仪器的构造与调节

1. 放大镜

凸透镜作为放大镜是最简单的助视仪器，它可以增大眼睛的观察视角。设原物体长度为$\overline{AB}$，放在明视距离处（距离眼睛25cm处），眼睛的视角为θ_0，如图1.4.1(a)所示；通过放大镜观察，成像仍在明视距离处，此时眼睛的视角为θ，如图1.4.1(b)所示。

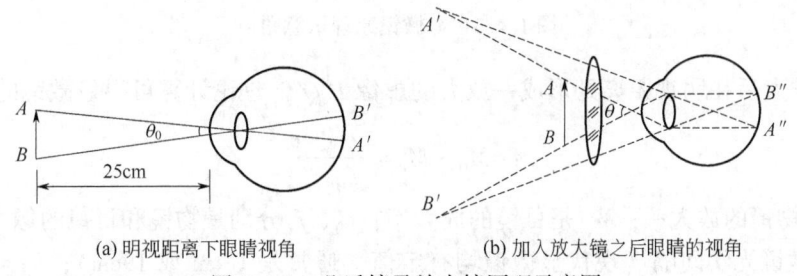

(a) 明视距离下眼睛视角　　　　(b) 加入放大镜之后眼睛的视角

图1.4.1 凸透镜及放大镜原理示意图

θ与θ_0之比称为视角放大率M：

$$M \approx \frac{\theta}{\theta_0} \tag{1.4.1}$$

因为

$$\theta_0 = \frac{\overline{AB}}{25}, \quad \theta \approx \frac{\overline{A'B'}}{25} = \frac{\overline{AB}}{f} \tag{1.4.2}$$

所以

$$M = \frac{\theta}{\theta_0} = \frac{\overline{AB}/f}{\overline{AB}/25} = \frac{25}{f} \tag{1.4.3}$$

式中，f为放大镜焦距，f越短，放大率越高。

2. 目镜

目镜也是放大视角常用仪器。放大镜（放大镜也是最简单的目镜）用来直接放大实物，而目镜则用来放大其他光具组所成的像。一般对目镜的要求是有较高的放大率和较大的视场角，同时要尽可能校正像差，为此，目镜通常由两片或更多片的透镜组成。目前应用最广泛的目镜有阿贝目镜和高斯目镜，如图1.4.2所示，图中的叉丝为测量时的准线。

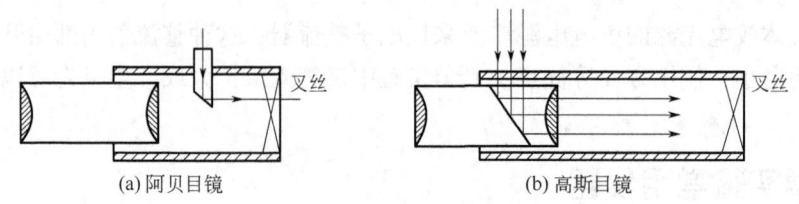

(a) 阿贝目镜　　　　　　　　　(b) 高斯目镜

图 1.4.2　常用目镜原理示意图

3. 显微镜

显微镜由目镜和物镜组成，其光路图如图1.4.3所示。待观察物 PQ 置于物镜 L_0 的焦平面 F_0 之外，距离焦平面很近的地方，这样可使物镜所成的实像 $P'Q'$ 落在目镜 L_e 的焦平面 F_e 之内靠近焦平面处。

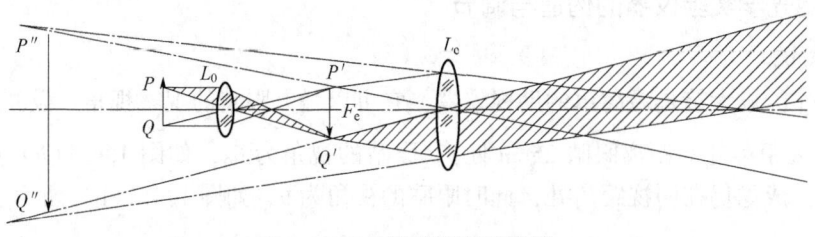

图 1.4.3　显微镜原理示意图

经目镜放大后在明视距离处形成一放大的虚像 $P''Q''$。理论计算可得显微镜的放大率为

$$M = M_0 \cdot M_e = -\frac{\Delta \cdot s_0}{f'_0 \cdot f'_e} \tag{1.4.4}$$

式中，M_0 是物镜的放大率；M_e 是目镜的放大率；f'_0、f'_e 分别是物镜和目镜的像方焦距；$\Delta = F'_0 F_e$，是显微镜光学间隔（现代显微镜均有定值，通常是17cm或19cm）；$S_0 = -25$cm，为正常人眼的明视距离。由显微镜放大率公式可知，显微镜的镜筒越长，物镜和目镜的焦距越短，放大率就越大。一般 f'_0 取的很短（高倍的只有1~2mm），而 f'_e 在几厘米左右。在镜筒长度固定的情况下，如果物镜目镜的焦距给定，则显微镜的放大率也就确定了。通常物镜和目镜的放大率，是标在镜头上的。

4. 望远镜

望远镜可以帮助人眼观望远距离物体，也可作为测量和对准的工具。它由物镜和目镜所组成，开普勒望远镜光路图如图1.4.4所示。

远处物体 PQ 发出的光束经物镜后被会聚于物镜的焦平面 F'_0 上，成一缩小倒立的实像 $P'Q'$，像的大小决定于物镜焦距及物体与物镜间的距离。当焦平面 F'_0 恰好与目镜的焦平面 F_e 重合在一起时，会在无限远处成一放大的倒立的虚像，用眼睛通过目镜观察时，将会看到这一放大且移动的倒立虚像 $P''Q''$。若物镜和目镜的像方焦距为正（两个都是会聚透镜），

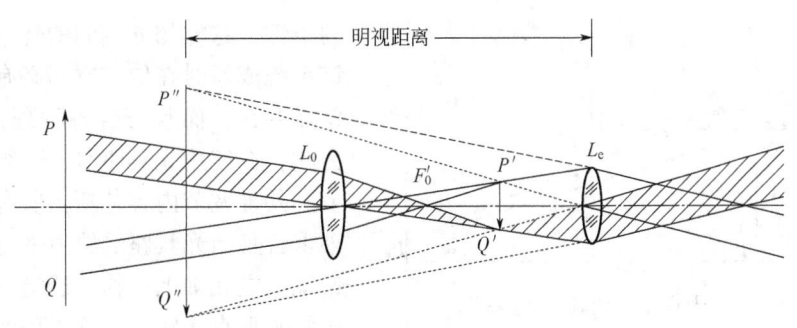

图 1.4.4 开普勒望远镜光路图

则为开普勒望远镜；若物镜的像方焦距为正（会聚透镜），目镜的像方焦距为负（发散透镜），则为伽利略望远镜。

由理论计算可得望远镜的放大率为

$$M = -\frac{f_0'}{f_e'} \tag{1.4.5}$$

式(1.4.5)表明，物镜的焦距越长、目镜的焦距越短，望远镜的放大率越大。对于开普勒望远镜（$f_0'>0$，$f_e'>0$），放大率 M 为负值，系统成倒立的像；而对于伽利略望远镜（$f_0'>0$，$f_e'<0$），放大率 M 为正值，系统成正立的像。因实际观察时，物体并不真正位于无穷远，像也不成在无穷远，该公式仍近似适用。

在光学实验中，常使用的一些基本光学仪器有光具座、测微目镜、读数显微镜及分光计等。下面对这几种光学仪器作简单介绍。

5. 光具座

1）光具座的结构

光具座的主体是一个平直的轨道，有简单的双杆式和通用的平直轨道式两种。轨道的长度一般为 1~2m，上面刻有毫米标尺，还有多个可以在导轨面上移动的滑动支架。一台性能良好的光具座应该是导轨的长度较长，平直度较好，同轴性和滑块支架的平稳性较好。光学实验室常用的光具座有 GJ 型、GP 型、CXJ 型等，它们的结构和调试方法基本相同。图 1.4.5 为 CXJ-1 型光具座的结构示意图，它是目前光学实验中比较通用的一种光具座，长 1520mm，中心高 200mm，精度较高。

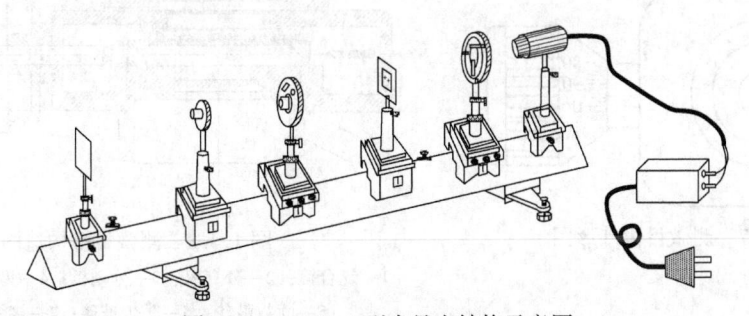

图 1.4.5 CXJ-1 型光具座结构示意图

2）光具座的调节

将各种光学元件（透镜、面镜等）组成特定的光学系统，运用这些光学系统成像时，要想获得优良的像，必须保持光束的同心结构，即要求该光学系统符合或接近理想光学系统

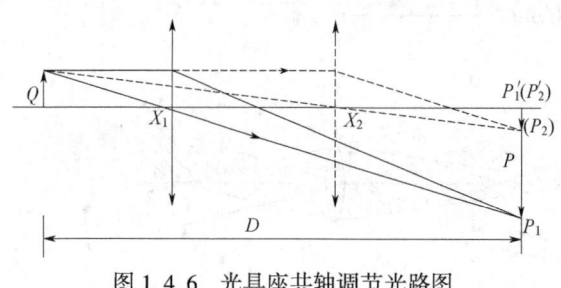

图 1.4.6 光具座共轴调节光路图

的条件。这样物方空间的任一物点，经过该系统成像时在像方空间必有唯一的共轭像点存在，而且符合各种理论计算公式。为此，在使用光具座时，必须进行共轴调节。共轴调节内容包括：所有透镜的主光轴重合且与光具座的轨道平行，物中心在透镜的主光轴上；物、透镜、屏的平面都应同时垂直于轨道。这里用两次成像法做说明：如图 1.4.6 所示，当物屏 Q 与像屏 P 相距 $D>4f$，且透镜沿主光轴移动时，两次成像位置分别是 P_1、P_2，一个是放大的像，一个是缩小的像。若物中心处于透镜光轴上，大像的中心点 P_1' 与小像的中心点 P_2' 重合，若 P_1' 在 P_2' 之下（或之右），则物中心 P 必在主光轴之上（或之左）。调节时使两次成像中心重合并位于光屏的中心，依次反复调节，便可调好。

6. 测微目镜

1）测微目镜的构造

测微目镜一般作光学精密测量仪器使用，在读数显微镜、调焦望远镜、各种测长仪、测微准直管上都可装用。测微目镜也可单独使用，主要用来测量由光学系统所成实像的大小。它的测量范围较小，但准确度较高。

下面以实验室常用的 MCU-15 型测微目镜为例，说明它的构造原理和使用方法。MCU-15 型测微目镜由目镜光具组、分划板、读数鼓轮和接头等装置组合而成。

MCU-15 型测微目镜的技术指标如下：

（1）测微精度：　　　　　　＜0.01mm

（2）读数鼓轮的分度值：　　0.01mm

（3）测量范围：　　　　　　0~8mm

MCU-15 型测微目镜的外形和构造如图 1.4.7 和图 1.4.8 所示。

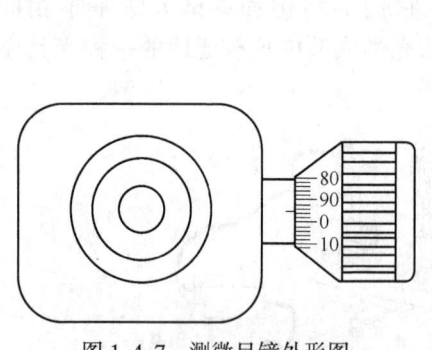

图 1.4.7 测微目镜外形图

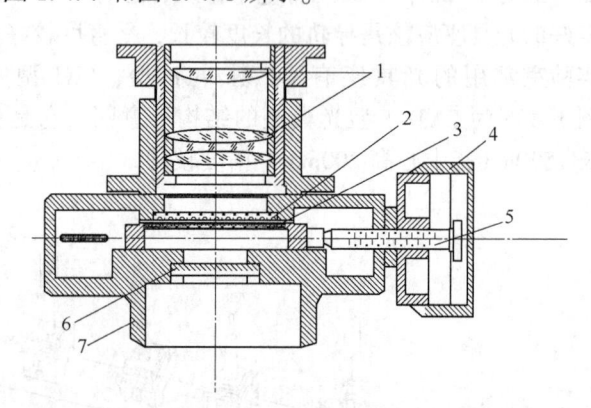

图 1.4.8 测微目镜构造图
1—复合镜；2—分划尺；3—分划板；4—传动测微螺旋；
5—读数鼓轮；6—防尘玻璃；7—接头装置

测微目镜可装配在各种显微镜上和准直管上（或其他类似仪器上）使用。

2）测微目镜的读数方法

毫米刻度尺如图 1.4.9(a) 所示，它被固定在目镜的物方焦面上，在分划板上刻有竖直双线和十字叉丝，如图 1.4.9(b) 所示，分划尺和分划板之间仅有 0.1mm 的空隙，因此，若在目镜中观察，就可看到如图 1.4.9(c) 所示的图案。

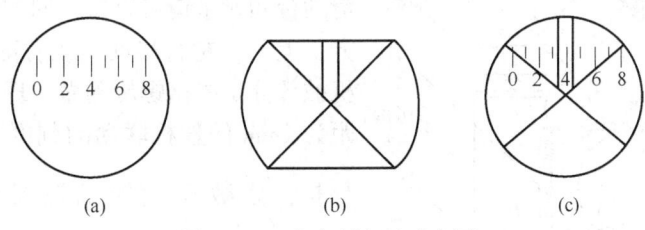

图 1.4.9　毫米刻度尺示意图

打开目镜本体匣，可以看到测微目镜的内部结构如图 1.4.10 所示。分划板框架通过弹簧与测微螺旋的丝杆相连，当测微螺旋（与读数鼓轮相连）转动时，丝杆就推动分划板的框架在导轨内移动，这时目镜中的竖直双线和十字叉丝将沿垂直于目镜光轴的平面横向移动。读数鼓轮每转动一圈，竖线和十字叉丝就移动 1mm。由于鼓轮上的周边叉丝分成 100 小格，因此，鼓轮每转过一小格，叉丝就移动 0.01mm。测微目镜十字叉丝中心移动的距离，可从分划尺上的数值加上读数鼓轮的读数得到。

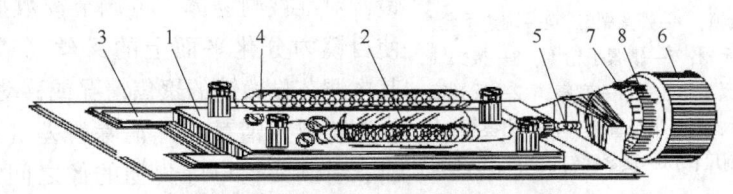

图 1.4.10　测微目镜内部结构示意图
1—分划板框架；2—分划板；3—导轨；4—弹簧；5—丝杆；6—读数鼓轮；7—不动轮；8—刻度尺

3）测微目镜的注意事项

（1）读数鼓轮每转一周，叉丝移动距离等于螺距，由于测微目镜的种类繁多，精度不一，因此使用时，首先要确定分度值。

（2）使用时先调节目镜，使测量准线（叉丝）在视场中清晰可见，再调节物像，使之与测量准线无视差地对准后，方可进行测量。测量时，必须使测量准线的移动方向和被测量的两点之间连线的方向相平行，否则实测值将不等于待测值。

（3）由于分划板的移动靠测微螺旋推动，但螺旋和螺套之间不可能完全密合，存有间隙。如果螺旋转动方向发生改变，则必须转过这个间隙后，叉丝才能重新跟着螺旋移动，因此，当测微目镜沿相反方向对准同一测量目标时，两次读数将不同，由此而产生了测量空程误差。为了防止空程误差，每次测量时，螺旋应沿同一方向旋转，不要中途反向，若旋过了头，必须退回一圈，再从原方向推进，对准目标进行重测。

（4）旋转测微螺旋时，动作要平稳、缓慢，如已到达一端，则不能再强行旋转，否则会损坏螺旋。

（5）如果测量平面和测微目镜支架的中心面不重合，其间距离在有关计算时，应作相应的修正。

7. 读数显微镜

读数显微镜是用来测量微小距离或微小距离变化的光学仪器，例如进行孔距、直径、刻线距离（即刻线宽度）等量的测量。它由机械部分和光学部分两部分组成，结构如图 1.4.11 所示。

— 9 —

光学部分是一个长焦距显微镜，装在一个由丝杆带动的滑动台上（滑动台安装在底座上），滑动台和显微镜可以按不同方向安装，可对准前方，上下、左右移动，或对准下方，左右移动。机械部分是根据螺旋测微原理制造的，一个与螺距为 1mm 的丝杠联动的刻度圆盘上有 100 个等分格，读数显微镜的测量精度为 $\frac{1}{100}$ mm = 0.01mm，估读误差为 $\frac{1}{1000}$ mm = 0.001mm，因此，它的分度值是 0.01mm，可读到 0.001mm。读数显微镜的量程一般为几厘米。

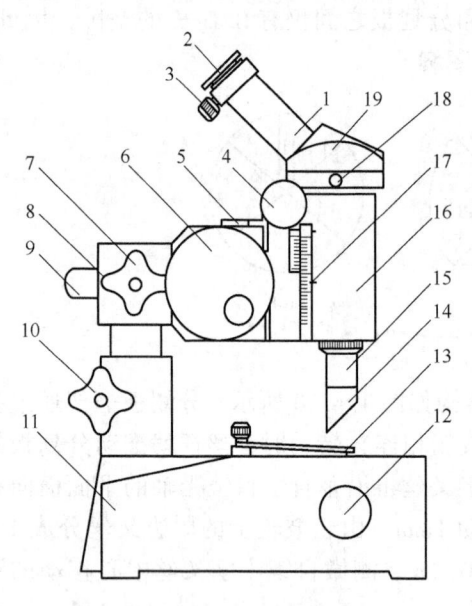

图 1.4.11 读数显微镜示意图

1—目镜筒；2—目镜；3—锁紧螺钉；4—调焦手轮；5—标尺；6—测微手轮；7—锁紧手轮Ⅰ；8—接头轴；9—方轴；10—锁紧手轮Ⅱ；11—底座；12—反光镜旋轮；13—压片；14—半反镜组；15—物镜组；16—镜筒；17—刻尺；18—锁紧螺钉；19—棱镜室

1) 读数显微镜的结构

用读数显微镜进行测量时，首先将被测物体放置在载物台上并用压片固定，调节读数显微镜，对准被测物体。再调节读数显微镜的目镜，使目镜内分化平面上的叉丝（或标尺）清晰。其次调节显微镜的聚焦情况或移动整个仪器，使被测物成像清楚，并消除视差（眼睛上下移动时，看到叉丝与待测物的像之间无相对移动）。然后先让叉丝对准被测物上一点（或一条线），记下读数，转动丝杆，对准另一点，再记下读数，最后将两次读数求差即为被测物的长度。

2) 读数显微镜的调整方法及注意事项

（1）调节聚焦过程应使目镜筒自下而上缓慢聚焦，严禁将镜筒反向调节聚焦。

（2）使用时，显微镜的方向和被测两点间连线要平行。

（3）由于显微镜的移动也是靠测微螺旋丝杆推动的，因此，读数显微镜和测微目镜一样，也要防止空程误差，为了减少空程误差，要采用单方向移动测量。

（4）使用完毕后，应将仪器归放在原仪器柜中，以免灰尘进入仪器，各种光学零件切勿随意拆动，以保持仪器的精度。

8. 分光计

分光计是一种常用的光学仪器，它实际就是一种精密的测角仪，在几何光学实验中，主要用来测定棱镜顶角、光束的偏向角等，而在物理光学中，加上分光元件（棱镜、光栅）可作为分光仪器，用来观察光谱、测量光谱线的波长等。

例如，利用光的反射原理测量棱镜的角度；利用光的折射原理测量棱镜的最小偏向角，计算棱镜玻璃的折射率和色散率；可与光栅配合，做光的衍射实验，测量光波波长和角色散率；与偏振片、波片配合，做光的偏振实验等。

1) 分光计的结构

分光计的型号很多，但结构基本相似，主要由平行光管、望远镜、载物台和读数装置四个部分组成，结构如图 1.4.12 所示。

平行光管是产生平行光的装置，管的一端装有会聚透镜，另一端装有一可伸缩的套筒，

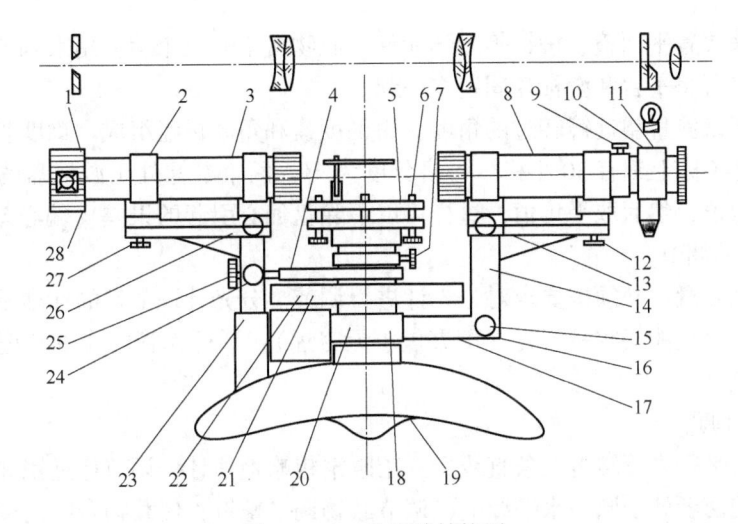

图 1.4.12　分光计结构图

1—狭缝装置；2—狭缝锁紧螺钉；3—平行光管；4—制动架；5—载物台；6—载物台调平螺钉（3只）；7—载物台锁紧螺钉；8—望远镜；9—望远镜套筒锁紧螺钉；10—阿贝式自准直目镜；11—望远镜目镜调焦距调解鼓轮；12—望远镜倾度调节螺钉；13—望远镜光轴水平调节螺钉；14—支臂；15—望远镜微调螺钉；16—主刻度盘止动螺钉；17—望远镜止动螺钉；18—制动架；19—底座；20—转座；21—游标盘；22—主刻度盘；23—立柱；24—游标盘微调螺钉；25—游标盘制动螺钉；26—平行光管光轴水平调节螺钉；27—平行光管倾度调节螺钉；28—狭缝宽窄调节螺钉

套筒末端有一狭缝装置。若将狭缝调到物镜的焦平面上，从平行光管出来的光就是平行光。狭缝的宽度可以用螺钉28来调节，平行光管的倾斜度可用平行光管下的螺钉27来调节。

望远镜是用来观测的装置，由物镜、叉丝分划板和阿贝式目镜组成，它们分别置于三个彼此可以相互移动的套筒中，如图1.4.13所示。目镜套筒可沿分划板固定套筒前后移动，分划板固定套筒也可沿物镜套筒前后移动。在分划板固定套筒里装有分划板，分划板的下方刻有透光十字，如图1.4.14所示。

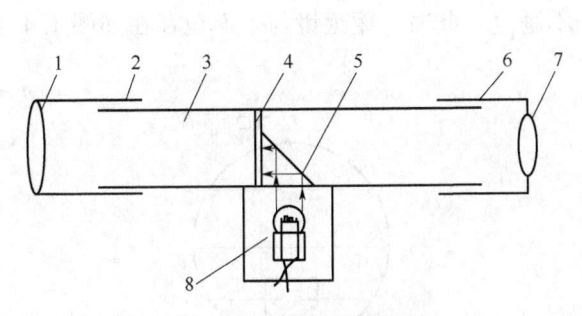

图 1.4.13　望远镜结构图

1—望远镜物镜；2—物镜套筒；3—分划板固定套筒；4—分划板；5—45°直角三棱镜；6—目镜套筒；7—目镜；8—望远镜光源

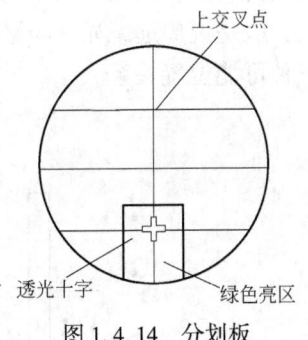

图 1.4.14　分划板

分划板下方紧贴一块45°全反射小棱镜，棱镜与分划板的粘贴部分涂成黑色，仅留一个绿色的小十字形透光叉丝。光线从小棱镜的另一直角边入射，从45°反射面反射到分划板上，透光部分便形成一个在分划板上的明亮的十字窗。用这个十字窗来调节望远镜，使其达到使用要求。

— 11 —

载物台用来放置平面镜、棱镜等光学元件。载物台下有三个螺钉用来调节载物台的高度和倾斜度。螺钉可将平台和游标盘固定在一起。

读数装置用来测量望远镜转过的角度，由刻度盘和角游标盘组成。刻度盘的最小刻度为 $0.5°$，游标盘的游标上刻有30小格，每格分度为 $1'$，两个游标处于游标盘的对称位置，测量读出两个读数值，然后取平均值，这样可以消除盘偏心引起的误差（偏心差）。

2) 分光计的调节

为保证准确测量，必须按要求对分光计进行调节。分光计调节好的标准是：平行光管能产生平行光；望远镜能接收平行光（即聚焦于无穷远）；平行光管的光轴和望远镜的光轴均与仪器转轴垂直。

（1）目测粗调。

将望远镜与平行光管转至一条直线上，用眼睛粗略地估计，调节望远镜和平行光管的倾度调节螺钉，使两者处于同一水平线上，调节载物调平螺钉，使载物台的高度适中并且大致处于水平状态，然后再对各部分进行精细调节。

（2）精细调节。

① 望远镜的调节（自准法）。

使望远镜能接收平行光（即聚焦于无穷远）——接通电源，通过目镜观察分划板，同时转动目镜套筒直至看清分划板上的刻线和绿色十字亮区，如图1.4.14所示。再将平面镜放于载物台上，并使其底座位于载物台下任意两螺钉（如 B_1、B_2）连线的中垂线上，如图1.4.15所示。再通过目镜在分划板上找亮十字反射回来的像，一般情况下（目镜调节较好）可以看到一个亮斑，此时，松开望远镜套筒锁紧螺钉9移动目镜套筒，使分划板上的绿色十字清晰可见且没有视差，就说明望远镜已聚焦于无穷远了，拧紧螺钉9将物镜与分划板位置固定。

使望远镜光轴与仪器转轴垂直——由于带十字的绿色亮区位于分划板刻线的下交叉点，如果望远镜与仪器转轴垂直，那么通过平面镜两个面反射回来的绿色十字像都应位于分划板刻线的上交叉点，如图1.4.16所示，称为标准位置。但一般看到的清晰十字像并不处于标准位置，就是说望远镜光轴与平面镜并不垂直，此时，望远镜与平面镜存在如图1.4.17所示的三种可能位置关系。

图1.4.15　平面镜放置方法　　图1.4.16　标准位置

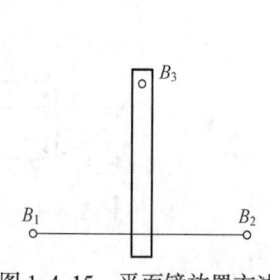

图1.4.17（a）表示望远镜光轴与仪器转轴垂直，而平面镜不与仪器转轴平行，那么此时看到的平面镜两面反射回来的绿色十字像位于标准位置的上下方，呈对称分布；图1.4.17（b）表示望远镜光轴与仪器转轴不垂直，而平面镜与仪器转轴平行，此时无论哪个面正对望远镜，看到的绿色十字像始终位于标准位置的某一方（上方或下方）；图1.4.17

（c）表示望远镜光轴与仪器转轴不垂直，而且平面镜与仪器转轴不平行，这是一种普遍情况，反射回来的像可位于标准位置的任一方，呈不对称分布。

根据上面的分析，可以进行初步的调节，首先看到两个面反射回来的绿色十字像，假设如图 1.4.18 所示，然后按下述步骤进行调节。

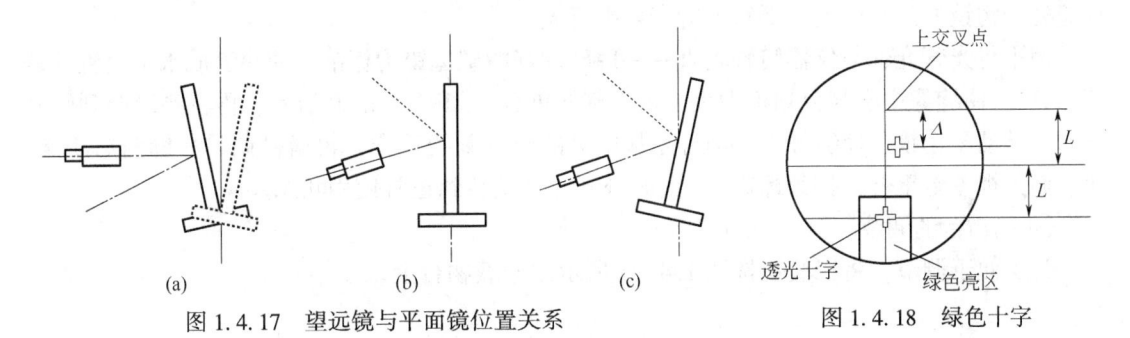

图 1.4.17 望远镜与平面镜位置关系

图 1.4.18 绿色十字

第一步：调节螺钉 12，使绿色十字像上升（或下降）$\Delta/2$ 距离，再调节螺钉 B_1，使像上升（或下降）$\Delta/4$ 距离，再调节螺钉 B_2，也使像上升（或下降）$\Delta/4$ 距离到达分划板的上横刻线。转动望远镜使绿色十字像处于标准位置，如图 1.4.16 所示。

有时从望远镜视场中观察不到由平面镜反射回来的绿十字像，这种情况说明目测粗调未调到位，说明入射到平面镜的光线的入射角（或反射角）太大。解决的办法是，稍微将载物台转过一小角度，眼睛沿望远镜镜筒外反射光的方位对准反射镜找到绿十字像，并使视线与望远镜光轴保持在同一水平面，判断出绿十字像的高低，若高于此水平面，则使像降低；若低于此水平面，则使像上升（上升或下降均要求将调平螺钉和望远镜倾度螺钉配合调节，不能只调节调平螺钉，或只调节望远镜倾度调节螺钉），经过筒外观察粗调后，转动载物台直至从望远镜视场中找到绿十字像后，再按上述方法将绿十字像调到与分划板上十字重合。

第二步：将载物台旋转 180°，在分划板上找到绿色十字像，无论像在分划板的什么位置，均采取与第一步同样的方法进行调节，使绿色十字像处于标准位置。再将载物台旋转 180°，如此反复调节，直至在不调节任何螺钉的情况下，平面镜两个面反射回来的绿色十字像都可以处于标准位置。这时望远镜光轴与仪器转轴垂直。

将载物台旋转 180°后，有时找不到反射回来的绿色十字像，其原因可能如图 1.4.19 所示，这时需要判断出绿十字像的高低，若像高（低）于水平面，将载物台转过 180°（即平面镜转回到原来与绿色十字像重合的位置）后，则沿使绿十字像沿上升（下降）的方向调节 B_1，使原来重合的绿十字像向上（下）偏离分划板上交叉点（注意：勿移出视场外），然后调节望远镜倾度调节螺钉 12，使二者再次重合，再将载物台转过 180°，进行逼近调节。

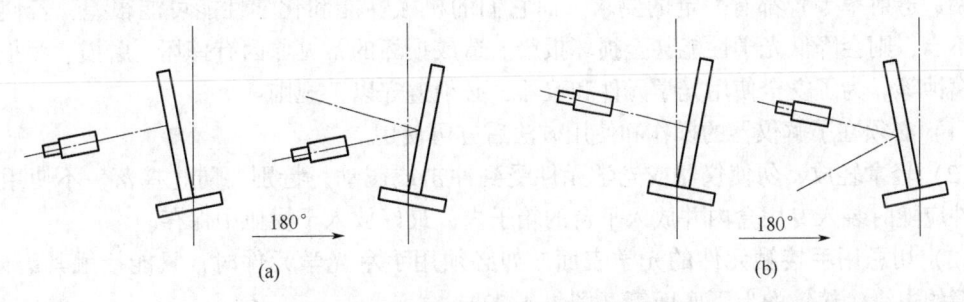

图 1.4.19 望远镜与平面镜位置关系

第三步：注意望远镜调好之后望远镜倾度调节螺钉12就不能再动了。

② 平行光管的调整。

平行光管产生平行光——以聚焦于无穷远的望远镜为标准，接通钠灯照亮狭缝，调节螺钉28使狭缝宽窄适中。松开螺钉2，前后移动狭缝体使狭缝清晰地成像于分划板上，此时狭缝处于物镜的焦平面上，平行光管产生平行光。

使平行光管光轴与仪器转轴垂直——用已调好的望远镜为标准，使狭缝成水平位置，调节螺钉27使缝像中心与分划板中央的水平刻线重合，如图1.4.20所示；再将狭缝调到竖直方向，转动望远镜，使缝像中心与分划板中央的竖直刻线重合，再微微调整狭缝前后距离，使它们无视差地重合，拧紧螺钉2。此时分光计已调整到正常使用状态。

③ 载物台的调节。

为了便于调节，将三棱镜按图1.4.21所示放于载物台上。

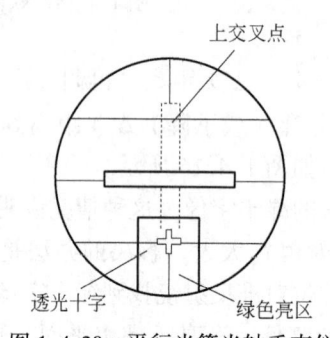

图1.4.20　平行光管光轴垂直仪　　　图1.4.21　三棱镜的放法

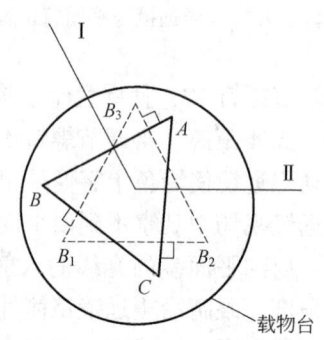

首先使三棱镜的一个光学面 AB 正对望远镜，找到 AB 反射回的绿色十字像，若像与分划板的上交叉点距离 Δ，则调节 B_3 使像移到上交叉点（或上横刻线）。然后转动平台使三棱镜另一个光学面 AC 对准望远镜，按前述方法调节 B_1，使绿色十字像处在上交叉点位置。反复调节数次，使两个光学面反射回来的绿色像在不调任何螺钉的情况下均处在分划板的上交叉点位置（即标准位置），此时，三棱镜的主截面就与仪器转轴垂直了。同时，载物台也调好了，此种方法称为自准法。

完成上述调节后，分光计才算调好。

1.4.2　常用光学实验仪器的使用与维护

透镜、棱镜等光学元件，大多数是用光学玻璃制成的。它们的光学表面都经过了仔细的研磨和抛光，有些还镀有一层或多层薄膜。对这些元件或其材料的光学性能（如折射率、反射率、透射率等）都有一定的要求，而它们的机械性能和化学性能可能很差，若使用和维护不当，则会降低光学性能甚至损坏报废。造成损坏的常见原因有摔坏、磨损、污损、发霉、腐蚀等。为了安全使用光学元件和仪器，必须遵守以下规则：

（1）必须在了解仪器的操作和使用方法后方可使用。

（2）轻拿轻放，勿使仪器或光学元件受到冲击或震动，特别要防止摔落。不使用的光学元件应随时装入专用盒内并放入平台的箱子内，最好放入干燥皿中保存。

（3）切忌用手接触元件的光学表面。如必须用手拿光学元件时，只能接触其磨砂面，如透镜的边缘、棱镜的上下底面等（图1.4.22）。

(4) 光学表面上如有灰尘，用实验室专备的干燥脱脂棉轻轻拭去或用橡皮球吹掉。

(5) 光学表面上若有轻微的污痕或指印，用清洁的镜头纸轻轻拂去，但不要加压擦拭，更不准用手帕、普通纸片、衣服等擦拭。若表面有较严重的污痕或指印，应由实验室人员用丙酮或酒精清洗。所有镀膜面均不能接触或擦拭。

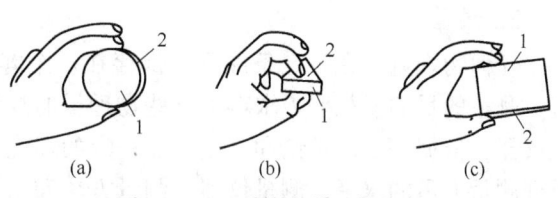

图1.4.22 手持光学元件的方法
1—光学面；2—磨砂面

(6) 防止唾液或其溶液溅落在光学表面上。

(7) 调整光学仪器时，要耐心细致，一边观察一边调整，动作要轻、慢，严禁盲目及粗鲁操作。

(8) 仪器用毕后应放回箱内或加罩，防止灰尘沾污。

实验操作者不但要爱护自己的眼睛，还要十分爱惜实验室的各种仪器。实践经验证明，只有认真注意保养和正确地使用仪器，才能得到符合实际的结果，同时这也是培养良好实验素质的重要方面。由于光学仪器一般比较精密，光学元件表面加工（磨平、抛光）也比较精细，有的还镀有膜层，且光学元件大多由透明、易碎的玻璃材料制成，使用时一定要十分小心，不能粗心大意。如果使用和维护不当，很容易造成不必要的损坏。

1.5 测量误差及不确定度分析

1.5.1 测量与误差

1. 测量

在科学实验中，一切物理量都是通过测量得到的。所谓测量，就是将被测物理量与规定作为标准单位的同类物理量（或称为标准量）通过一定方法进行比较，得出被测物理量大小的过程，得到的大小即为被测量以此标准量为单位的测量值。测量值是由数值和单位两部分组合而成。

按测量方法的不同，可将测量分为两类：

(1) 直接测量：借助测量仪器能直接读出被测量量值的测量。例如，用米尺测量长度、用秒表测量时间等都属于直接测量，而相应的被测量值如长度、时间等称为直接被测量值。

(2) 间接测量：需要先获取直接被测量的值，然后按照已知的函数关系经过一定运算才能求得被测量的量值的测量。

按测量条件是否相同又可将测量分为两类：

(1) 等精度测量：在相同条件下进行一系列的测量。例如，同一人员在同样的环境下，在同一台仪器上，采用相同测量方法，对同一被测量进行多次测量。

(2) 非等精度测量：在测量过程中，若测量人员、测量仪器、测量方法、测量参数及测量环境等测量条件发生了改变，则这样的测量就是非等精度测量。

在实验测量中，测量条件也是不可忽略的影响因素。测量条件是指一切能够影响测量结果，而本质上又可控制的全部因素。它包含进行测量的人员、测量方法、测量仪器与调整方法、环境条件等。环境条件是指测量过程中的环境温度、湿度、大气压、气流、振动、辐射等。

2. 误差

任何物理量，在一定条件下，都存在一个客观真实的数值，这个值称为该物理量的真值。测量的目的就是要力求得到这些物理量的真值。但测量总是要依赖于测量人员，使用一定仪器，依据一定的理论和方法，在一定的环境和实验条件下进行的。在测量过程中，由于受到测量人员的水平、测量仪器、测量方法和测量条件的限制或受一些不确定因素的影响，测量结果与客观存在的真值之间，总是存在一定的差异，也就是说，被测值只能是该真值的近似值。因此，任何一种测量值与其真值之间总会或多或少地存在一定的差值，这种差值称为该测量值的测量误差（或称被测值的绝对误差），即

$$绝对误差 = 测量结果 - 真值 \tag{1.5.1}$$

式(1.5.1)中真值是指一个特定的物理量在特定条件下所具有的客观真实量值。它是一个理想的概念，一般无法得到，所以，人们在长期的实践和科学研究中归纳出以下几种真值的替代值。

（1）理论真值：理论设计值、公理值或者理论公式计算值。

（2）计量约定真值：权威的计量组织和机构规定的各种基本常数值和基本单位值。

（3）标准器件相对真值：高一级的标准器件或仪表的示值可视为第一级器件或仪表的相对真值。

（4）算术平均值：指多次测量的平均结果。当测量次数趋于无穷时，修正过的被测量的算术平均值趋于真值。

式(1.5.1)所表示的绝对误差，其值可正可负，它是随机变量，没有确定的大小。绝对误差并非误差的绝对值，它表示被测量的测量值偏离真值的大小和方向。当两被测量相同时，可以用绝对误差的大小评定测量的精密度，但当两被测量不相同时，只从绝对误差的大小，是难以评定各测量结果谁优谁劣的。例如，用同一把米尺测量两物体长度，分别测得 $L = 2.5 \pm 0.5(\text{mm})$ 和 $L' = 250.0 \pm 0.5(\text{mm})$，两者的绝对误差都是 0.5mm，哪一个测量的精度高呢？为了比较，采用相对误差的概念，其定义为

$$E = \frac{绝对误差}{真值} \times 100\% \tag{1.5.2}$$

引入相对误差的概念后，上述的用同一把米尺测量的两物体长度代入式(1.5.2)中，并分别以百分数表示为

$$E_L = \Delta L / L \times 100\% = 0.5/2.5 \times 100\% = 20\%$$

$$E'_L = \Delta L' / L' \times 100\% = 0.5/250.0 \times 100\% = 0.2\%$$

通过比较，显然，L' 的相对误差小于 L 的相对误差，表明 L' 的精度要比 L 高得多。

误差按其产生的原因及其特征可以分为两类，系统误差和随机误差。

1）系统误差

测量中，由测量所依据的理论的近似性、测量仪器、测量方法、测量环境、测量人员等因素所引入的，具有确定性的测量误差称为系统误差。

系统误差主要来自理论方法误差、仪器误差、环境条件误差及人员误差。对于系统误差，其规律及来源可能是测量者已知的，称为可定系统误差；也可能是未知的，称为未定系统误差。对于前者，一般可在测量中采取一定措施予以减小、消除或在测量结果中予以修正；而对于后者一般难以做出修正，只能估计它的取值范围。

2) 随机误差

测量中，由随机因素和不确定因素所引入的误差称为随机误差，其特征是随机性。若系统误差已减小到可忽略的程度，则在等精度条件下对该被测量进行多次重复测量时，测量值时大时小，符号时正时负，无确定的变化规律，完全表现为随机性的。但当测量次数无限增加时，它们一般服从统计规律。

随机误差主要来自主观方面和客观方面。主观方面主要由于实验者的感官灵敏度和仪器分辨力有限，实验者又对仪器操作不熟练，对仪器的示值估读不准等。客观方面由于外界温度的涨落、气流的扰动、电磁场的干扰，造成对实验者的干扰，在有限的测量中，既无法排除，又无法估量其影响的大小。

科学实验离不开测量，凡测量就必然存在测量的误差。误差存在一切测量之中，而且贯穿测量过程的始末，因此，测量者的根本任务就在承认误差存在这一基本事实的前提下，通过科学的测量方法，将测量误差限制到最低限度，这就是一个优秀的实验工作者应遵循的最基本的原则，也是一切科技工作者进行科学实验应有的基本素质。

1.5.2 测量不确定度的含义及分类

测量不确定度表示为由于测量误差的存在而使被测量值不能确定的程度。从此意义上讲，测量不确定度是评定被测量的真值所处范围的一个参数。用不确定度来评定实验结果，可反映出各种来源不同的误差对结果的影响，而对它们的计算又反映出这些误差所服从的分布规律。

测量结果的不误确定度一般包含有几个分量，按其数值的评定方法，这些分量可归为两大类，即 A 类分量（或称为 A 类评定）和 B 类分量（或称为 B 类评定）。

（1）A 类分量：多次等精度重复测量时，可用统计方法处理得到的那些分量。

（2）B 类分量：不能用统计方法处理，而需要用其他方法处理得到的那些分量。

1.5.3 测量不确定度的评定

评定测量不确定度的方法不是唯一的。按国际计量局的建议，测量不确定度可用算术平均值的标准差 $S_{\bar{X}}$、标准误差 σ 和自由度 ν 等来评定。考虑到实验教学需要，为了便于操作，本书作统一的简化处理，即省略有关自由度的计算。

1. 直接测量量不确定度的评定

1) 多次直接测量量不确定度的评定

A 类不确定度分量用统计学方法估算，可用平均值 $\bar{X}$ 的标准差 $S_{\bar{X}}$ 与 t_p 因子的乘积来估算，即

$$u_A = t_p \sqrt{\frac{\sum_{i=1}^{n}(X_i - \bar{X})^2}{n(n-1)}} \tag{1.5.3}$$

式中，因子 t_p 与测量次数 n 和对应的置信概率 p 有关，当置信概率 $p=0.95$、测量次数 $n=6$ 时，可查阅计算得到 $t_{0.95}/\sqrt{6} \approx 1$，则标准差为

$$u_A = S_X = \sqrt{\frac{1}{n-1}\sum_{i=1}^{n}(X_i - \bar{X})^2} \tag{1.5.4}$$

在实验教学中，测量次数取 $5<n<10$，因子 $t_{0.95}/\sqrt{n} \approx 1$，则有 $u_A \approx S_X$。为了简化和统一，本书约定置信概率 p 取 95%。

B 类不确定度分量用非统计学方法，常用估计的方法确定。本书对 B 类不确定度分量的估算也作简化处理，约定 B 类不确定度分量仅涉及仪器的最大允差（仪器误差）Δ_{ins}。

多次直接测量量的总不确定度是 A 类不确定度分量与 B 类不确定度分量的方差合成，即

$$u_x = \sqrt{u_A^2 + u_B^2} \tag{1.5.5}$$

在物理实验教学中，考虑到 $\Delta_{仪}$ 一般服从均匀分布，因而 B 类标准不确定度可取为

$$u_B = \frac{\Delta_{ins}}{\sqrt{3}} \tag{1.5.6}$$

则总合成标准不确定度由下式进行计算：

$$u_x = \sqrt{\left(\frac{t_p}{\sqrt{n}}\right)^2 S_X^2 + \left(\frac{\Delta_{ins}}{\sqrt{3}}\right)^2} \tag{1.5.7}$$

2）单次直接测量量不确定度的评定

物理实验中，如果符合下列两种情况，则可以考虑进行单次测量。这两种情况分别为：

（1）多次测量的 A 类不确定度对实验的最后结果的总不确定度影响很小；

（2）因测量条件的限制，不可能进行多次测量。

在这两种情况下，单次直接测量量的不确定度可取为

$$u_x = u_B = \frac{\Delta_{ins}}{\sqrt{3}} \tag{1.5.8}$$

3）直接测量量不确定度计算

对于被测量 X 的直接测量结果，可按如下程序计算：

$$\bar{X} = \frac{1}{n}\sum_{i=1}^{n} X_i \qquad u_A = t_p \sqrt{\frac{\sum_{i=1}^{n}(X_i - \bar{X})^2}{n(n-1)}}$$

$$u_B = \frac{\Delta_{ins}}{\sqrt{3}} \qquad u_x = \sqrt{u_A^2 + u_B^2} \qquad E_r = \frac{u_x}{\bar{X}} \times 100\%$$

若测量中存在可修正的系统误差（可定系统误差）Δ，则应对测量值进行修正，这时的最佳值应为

$$\bar{X} = \frac{1}{n}\sum_{i=1}^{n} X_i - \Delta \tag{1.5.9}$$

4）直接测量结果的表示

对于被测量 X 的直接测量结果最终可表示为

$$X = \bar{X} \pm u_x, \quad E_r = \frac{u_x}{\bar{X}} \times 100\%$$

上述结果，既可反映多次直接测量的结果，也可反映单次直接测量的结果。实验者都应学会怎样正确、规范、科学地表述测量结果的最终报告形式。

2. 间接测量量不确定度的评定

在物理实验中，一些物理量的测量值是要通过它与直接测量量的某些函数关系计算出来的。由于每个直接测量量都存在误差，则这种误差必将通过函数关系传递给间接测量量，使间接测量量也产生误差，与此同时，间接测量量也就有了自己的不确定度。

1) 间接测量量的平均值

设间接测量量 Y 和各直接测量量 $X_1, X_2, \cdots, X_i, \cdots, X_n$ 有下列函数关系：

$$Y = f(X_1, X_2, \cdots, X_i, \cdots, X_n) = f(X_i) \tag{1.5.10}$$

该物理量的平均值为

$$\overline{Y} = f(\overline{X}_1, \overline{X}_2, \cdots, \overline{X}_i, \cdots, \overline{X}_n) \tag{1.5.11}$$

即间接测量量的最佳值由各直接测量量的最佳值代入函数表达式求得。

2) 间接测量量的不确定度

对表征间接测量量 Y 的函数关系式（1.5.10）求全微分，得

$$dY = \frac{\partial f}{\partial X_1} dX_1 + \frac{\partial f}{\partial X_2} dX_2 + \cdots + \frac{\partial f}{\partial X_n} dX_n \tag{1.5.12}$$

上式表明，当各直接测量量 $X_1, X_2, \cdots, X_i, \cdots, X_n$ 有微小改变 $dX_1, dX_2, \cdots, dX_i, \cdots, dX_n$ 时，间接测量量 Y 也将改变 dY。通常误差远小于测量值，故可以将 dX_i 和 dY 看作误差，式(1.5.12)就是误差传递公式。如果求得了各直接测量量 X_i 的合成不确定度 u_{X_i}，则间接测量量 Y 的不确定度即可求得。设 $u_{X_1}, u_{X_2}, \cdots, u_{X_n}$ 分别为 $X_1, X_2, \cdots, X_n$ 等相互独立的直接测量量的不确定度，则间接测量量的总不确定度为

$$U_Y = \sqrt{\left(\frac{\partial f}{\partial X_1}\right)^2 u_{X_1}^2 + \left(\frac{\partial f}{\partial X_2}\right)^2 u_{X_2}^2 + \cdots + \left(\frac{\partial f}{\partial X_n}\right)^2 u_{X_n}^2} \tag{1.5.13}$$

式中，偏导数 $\frac{\partial f}{\partial X_1}, \frac{\partial f}{\partial X_2}, \cdots, \frac{\partial f}{\partial X_n}$ 称为传递系数，其大小直接代表了各直接测量量的不确定度对间接测量量不确定度的贡献。间接测量量的相对不确定度可表示为

$$\frac{U_Y}{Y} = \sqrt{\left(\frac{\partial \ln f}{\partial X_1}\right)^2 u_{X_1}^2 + \left(\frac{\partial \ln f}{\partial X_2}\right)^2 u_{X_2}^2 + \cdots + \left(\frac{\partial \ln f}{\partial X_n}\right)^2 u_{X_n}^2} \tag{1.5.14}$$

式中，$\ln f$ 表示对函数 f 取自然对数。式(1.5.13)和式(1.5.14)就是不确定度传递的基本公式。实际计算时，传递系数 $\frac{\partial f}{\partial X_i}$ 或 $\frac{\partial \ln f}{\partial X_i}$ 中的各直接量均以平均值代入即可。由式(1.5.10)判断间接测量量和各直接测量量存在的函数形式进行简便计算，对于和差形式的函数，用式(1.5.13)计算较为方便，而对于积、商、和、乘方、开方形式的函数，用式(1.5.14)较为方便。为了方便读者，表 1.5.1 将常用函数的不确定度传递公式列入其中。

表 1.5.1 常用函数不确定度使用说明

间接测量结果的函数表达式	不确定度的传递公式	说明
$N = x \pm y$	$u_N = \sqrt{u_x^2 + u_y^2}$	直接求 u_N
$N = xy$	$E_N = \dfrac{u_N}{N} = \sqrt{\left(\dfrac{u_x}{x}\right)^2 + \left(\dfrac{u_y}{y}\right)^2}$	宜先求相对不确定度 E_N

续表

间接测量结果的函数表达式	不确定度的传递公式	说明
$N = \dfrac{x}{y}$	$E_N = \dfrac{u_N}{N} = \sqrt{\left(\dfrac{u_x}{x}\right)^2 + \left(\dfrac{u_y}{y}\right)^2}$	宜先求相对不确定度 E_N
$N = \dfrac{x^a y^b}{z^c}$	$E_N = \dfrac{u_N}{N} = \sqrt{a^2\left(\dfrac{u_x}{x}\right)^2 + b^2\left(\dfrac{u_y}{y}\right)^2 + c^2\left(\dfrac{u_z}{z}\right)^2}$	宜先求相对不确定度 E_N
$N = Ax$	$u_N = A u_x$; $E_N = \dfrac{u_N}{N} = \dfrac{u_x}{\bar{x}}$	直接求 u_N
$N = \sqrt[n]{x}$	$E_N = \dfrac{u_N}{N} = \dfrac{u_x}{nx}$	宜先求相对不确定度 E_N
$N = \sin x$	$u_N = u_x \cos x$	直接求 u_N

3) 扩展不确定度 U_Y 的评定

将间接测量量的合成标准不确定度 u_y 乘以一个与所要求的置信概率 p 相关的覆盖因子 k_p，即构成相应的扩展不确定度 U_Y，即

$$U_Y = k_p u_y \qquad (1.5.15)$$

应该指出，直接测量量的合成标准不确定度 u_x 乘以一个与所要求的置信概率 p 相关的覆盖因子 k_p，也可以构成相应的扩展不确定度。但是，由于在报告中只需要报告间接测量量的扩展不确定度，直接测量量的扩展不确定度便没有必要计算了。另外，如果最终测量结果只由直接测量量构成，实际上是间接测量的特例，即函数关系为 $Y = X$，则被测量 Y 的合成标准不确定度与直接测量量的合成标准不确定度相同。

覆盖因子 k_p 的大小不仅与置信概率 p 有关，还与需要进行扩展的标准不确定度所服从的分布类型及自由度有关。当确定间接测量量的合成标准不确定度的输入参数较多，且自由度又非常高时，可按正态分布处理。而实际测量中自由度的大小通常是有限的，所以 k_p 需要根据 t 分布来确定。由于 B 类不确定度"等效自由度"的确定和合成标准不确定度"等效自由度"的计算过于复杂，因此，在物理实验中，为了简化计算，就约定置信概率为 $p = 0.95$，近似取 $k_{0.95} = 2$，即

$$U_{0.95} = 2u_y \qquad (1.5.16)$$

4) 最终测量结果的扩展相对不确定度的计算

在约定置信概率 $p = 0.95$ 的情况下：

$$\dfrac{U_p}{\bar{Y}} \times 100\% = \dfrac{U_{0.95}}{\bar{Y}} \times 100\% = \dfrac{2u_y}{\bar{Y}} \times 100\% \qquad (1.5.17)$$

5) 间接测量结果的表示

对于间接测量的最终结果可表示为

$$Y = \bar{Y} \pm U_p \qquad E_Y = \dfrac{U_Y}{\bar{Y}} \times 100\%$$

在约定置信概率 $p = 0.95$ 的情况下，可表示为

$$Y = \bar{Y} \pm 2u_y \qquad E_Y = \dfrac{U_p}{\bar{Y}} \times 100\% = \dfrac{2u_y}{\bar{Y}} \times 100\%$$

其中，需要自己确定置信概率 p。上述表示结果，作为一种教学规范形式，实验者务必正确、规范、科学地表述测量结果的最终报告形式。

1.6 实验数据处理

1.6.1 列表法

列表法是把测量数据按一定规律列成表格的数据处理方法。它是记录数据和处理实验数据最常用的方法，又是其他数据处理的基础。数据表格必须简单而明确地表示出有关物理量之间的对应关系，便于检查核实，易于分析和比较，及时发现问题，有助于找出与实验现象相关联的规律性，并能求出经验公式等。

列表的要求是：

（1）表格设计要合理、简单明了，能完整地记录原始数据，并反映相关量之间的函数关系。

（2）表格的标题栏中注明物理量的名称和单位，各物理量的名称应使用符号简捷表示，单位不必在数据栏内重复书写。

（3）表格中的数据应能正确反映被测量的有效数字位数，同一列数值的小数点应上下对齐。

（4）表格中还应包括各种所要求的计算平均值和误差。

（5）提供与数据处理有关的说明和参数，包括表格名称、主要测量仪器的规格（分度值、仪器误差限、准确度等级等）、测量环境参数（如温度、湿度等）及可修正误差的修正值等。

1.6.2 直接测量的最佳值

1. 算术平均值

假设系统误差已被消除或被减小到可忽略的程度，在等精度测量条件下，对某一被测量进行了 n 次测量，其测量值分别为 $X_1, X_2, X_3, \cdots, X_n$（又称为测量列），其算术平均值 $\overline{X}$ 为

$$\overline{X} = \frac{1}{n} \sum_{i=1}^{n} X_i \tag{1.6.1}$$

容易证明，测量值的算术平均值最接近被测量的真值。由最小二乘法原理，一列等精度测量的最佳估计值（近真值）是能够使各次测量值与该值之差的平方和为最小的那个值。设被测量的真值的最佳估计值为 X，可写出差值平方和如下：

$$f(X) = \sum_{i=1}^{n} (X_i - X)^2 \tag{1.6.2}$$

令 $\dfrac{\mathrm{d}f(X)}{\mathrm{d}X} = 0$，求极值，有

$$\frac{\mathrm{d}f(X)}{\mathrm{d}X} = -2 \sum_{i=1}^{n} (X_i - X) = 0 \tag{1.6.3}$$

则

$$X = \frac{1}{n} \sum_{i=1}^{n} X_i = \overline{X} \tag{1.6.4}$$

因此，可用算术平均值表示近真值，每次测量值 X_i 与算术平均值 $\overline{X}$ 之差称为偏差，即
$$\Delta X_i = X_i - \overline{X} \tag{1.6.5}$$
显然，这些偏差也有正有负，有大有小，它们反映了测量结果的离散性。

2. 标准偏差

无穷多次等精度测量的标准误差 σ_X 为
$$\sigma_X = \sqrt{\frac{1}{n}\sum_{i=1}^{n}(X_i - X_0)^2} \qquad (n \to \infty) \tag{1.6.6}$$

σ_X 是无穷多次测量这一总体的特征参数。在实际测量中，测量次数 n 总是有限的，且真值 X_0 也是一个未知数，因此，标准误差也是未知的，实际应用中，只能对它进行估算。这样，可用 $\overline{X}$ 取代式(1.6.6)中的真值 X_0，其结果 S_X 定义为有限次测量标准偏差，即
$$S_X = \sqrt{\frac{1}{n-1}\sum_{i=1}^{n}(X_i - \overline{X})^2} \tag{1.6.7}$$

S_X 是 σ_X 的估算值，实验结果的最佳估计值是测量列的算术平均值 $\overline{X}$，人们也更加关注它的标准误差的估算。根据数理统计理论，算术平均值 $\overline{X}$ 的标准差（简称为平均值的标准差）为
$$S_{\overline{X}} = \frac{S_X}{\sqrt{n}} = \sqrt{\frac{\sum_{i=1}^{n}(X_i - \overline{X})^2}{n(n-1)}} \tag{1.6.8}$$

1.6.3 逐差法

逐差法是针对自变量等量变化，所测得有序数据进行等间隔项相减后取其逐差平均值得到的结果。其优点是充分利用了测量数据，具有对数据取平均的效果。它也是物理实验中处理数据常用的一种方法。

逐差法处理数据适应的条件如下：

（1）自变量 x 等间隔变化。

（2）被测的物理量之间的函数形式可写成 x 的多项式，即
$$y = \sum a_m x^m = a_m x^m + a_{m-1} x^{m-1} + \cdots + a_2 x^2 + a_1 x + a_0 \tag{1.6.9}$$

通常等间隔地将被测量分成前后两组，以长度变化为例，前一组为 $l_0, l_1, \cdots, l_4$，后一组为 $l_5, l_6, \cdots, l_9$，将前后两组的对应项相减为
$$\Delta l_1' = l_5 - l_0, \qquad \Delta l_2' = l_6 - l_1, \qquad \cdots, \qquad \Delta l_5' = l_9 - l_4$$

取其平均值
$$\overline{\Delta l'} = \frac{1}{5}\sum_{i=0}^{4}(l_{5+i} - l_i) \tag{1.6.10}$$

式中，$\overline{\Delta l'}$ 是长度变化的平均伸长量。由此可见，每一测量数据都对平均值有贡献，对应项逐差可以充分利用测量数据，具有对数据取平均值和减小误差的效果。

1.6.4 最小二乘法直线拟合

1. 用最小二乘法进行直线拟合

最小二乘法是一种比较精确的曲线拟合方法。它的主要原理是，若能找到一条最佳的拟

合曲线，则各测量值与这条拟合曲线上对应点之差的平方和最小。

现假设两物理量之间可满足线性关系，其函数形式为 $y=mx+b$，并等精度地测得一组数据（x_i、y_i, $i=1, 2, 3, \cdots, k$）。因为误差总是伴随测量而存在的，因此 x_i 和 y_i 中均含有误差，相对来说，x_i 的误差远比 y_i 的误差小。为了简便起见，可认为 x_i 值是准确的，而误差只与 y_i 相关联。假如对于一组（x_i、y_i, $i=1, 2, 3, \cdots, k$）数据点，$y=mx+b$ 是最佳拟合方程，则每一次测量值与按方程 $y=mx+b$ 计算出的 y 值之间偏差为

$$v_i = y_i - (mx_i + b) \tag{1.6.11}$$

根据最小二乘法原理，所有偏差平方和为最小，即

$$S(m,b) = \sum_{i=1}^{k} v_i^2 = \sum_{i=1}^{k} [y_i - (mx_i + b)]^2 \tag{1.6.12}$$

式中，x_i、y_i 是已经测定出的数据点，已不再是变量，要使所有偏差平方和最小，只能变动 m 和 b，如果设法确定这两个参数，则该直线也就随之确定了。由求解极小值的条件，式（1.6.12）对 m 和 b 的一阶导数分别为零，即

$$\frac{\partial S}{\partial m} = -2 \sum_{i=1}^{k} x_i(y_i - mx_i - b) = 0 \tag{1.6.13}$$

$$\frac{\partial S}{\partial b} = -2 \sum_{i=1}^{k} (y_i - mx_i - b) = 0 \tag{1.6.14}$$

求解 m 和 b，联立求解式（1.6.13）和式（1.6.14），得

$$m = \frac{\overline{xy} - \bar{x}\,\bar{y}}{(\bar{x})^2 - \overline{x^2}} \tag{1.6.15}$$

$$b = \bar{y} - m\bar{x} \tag{1.6.16}$$

式中，$\bar{x} = \frac{1}{k}\sum_{i=1}^{k} x_i$；$\bar{y} = \frac{1}{k}\sum_{i=1}^{k} y_i$；$\overline{x^2} = \frac{1}{k}\sum_{i=1}^{k} x_i^2$；$\overline{xy} = \frac{1}{k}\sum_{i=1}^{k} x_i y_i$。

求各参量的标准误差。测量值 y 的标准误差为

$$\sigma_y = \sqrt{\frac{\sum_{i=1}^{k}(y_i - mx_i - b)^2}{k - 2}} \tag{1.6.17}$$

上式分母是 $k-2$，是因为确定两个未知数要用到两个方程，多余的方程数为 $k-2$。

斜率 m 值的标准误差为

$$\sigma_m = \frac{\sigma_y}{\sqrt{k[\overline{x^2} - (\bar{x})^2]}} \tag{1.6.18}$$

截距 b 值的标准误差为

$$\sigma_b = \frac{\sqrt{\overline{x^2}}}{\sqrt{k[\overline{x^2} - (\bar{x})^2]}} \sigma_y \tag{1.6.19}$$

拟合直线的检验，在待定参量确定之后，还要检验拟合直线是否成功。为此，引入一个称为相关系数的参量，记为 r，定义为

$$r = \frac{\overline{xy} - \bar{x}\cdot\bar{y}}{\sqrt{[\overline{x^2} - (\bar{x})^2][\overline{y^2} - (\bar{y})^2]}} \tag{1.6.20}$$

相关系数 r 表征了两个物理量之间关于线性关系的符合程度。r 值总是在 $-1\sim1$ 之间。r 值越接近于 1，表明 y_i 和 x_i 各实验点聚集在一条直线上或者直线附近，越符合所求得的直线，或 y_i 和 x_i 之间线性关系越好。相反，r 值等于零或趋近于零，表明实验点分布很分散，y_i 和 x_i 相互独立，无线性关系，不能用线性函数拟合，而用其他函数重新试探。$r>0$，拟合直线斜率为正，称为正相关；$r<0$，拟合直线斜率为负，称为负相关。

2. 用 EXCEL 软件进行直线拟合

具有曲线拟合功能的软件很多，例如 EXCEL、ORIGIN、MATLAB 等。EXCEL 软件是微软 OFFICE 办公套件的一个组件，一般来说，安装了 WORD 软件的计算机，也安装 EXCEL 软件，因此 EXCEL 软件很容易获取。下面简单介绍如何用 EXCEL 软件进行直线拟合。表 1.6.1 列出了几种拟合直线时常用函数。

表 1.6.1　EXCEL 软件中的 LINEST 函数

参量	EXCEL 函数
斜率 b	INDEX(LINEST($y_1:y_n,x_1:x_n$,1,1),1,1)
截距 a	INDEX(LINEST($y_1:y_n,x_1:x_n$,1,1),1,2)
相关系数 r	INDEX(LINEST($y_1:y_n,x_1:x_n$,1,1),3,1)$\wedge$0.5
应变量标准差 s_y	INDEX(LINEST($y_1:y_n,x_1:x_n$,1,1),3,2)
斜率标准差 s_b	INDEX(LINEST($y_1:y_n,x_1:x_n$,1,1),2,1)
截距标准差 s_a	INDEX(LINEST($y_1:y_n,x_1:x_n$,1,1),2,2)
残差平方和 s	INDEX(LINEST($y_1:y_n,x_1:x_n$,1,1),5,2)

EXCEL 软件还提供了直接求截距、斜率、相关系数和因变量标准差等拟合参量的函数，函数的句型列于表 1.6.2 中。

表 1.6.2　EXCEL 软件中直接求拟合参量的函数

参量	EXCEL 函数
斜率 b	SLOPE($y_1:y_n,x_1:x_n$)
截距 a	INTERCEPT($y_1:y_n,x_1:x_n$)
相关系数 r	CORREL($y_1:y_n,x_1:x_n$)
应变量标准差 s_y	STEYX($y_1:y_n,x_1:x_n$)

利用"图表"功能中的"添加趋势线"功能给出拟合参数。这种方法可以给出拟合直线的截距、斜率和相关系数等参数。具体做法是：选定数据（x_i，y_i）后，使用 EXCEL 软件工具栏或"插入"下拉菜单"图表"功能中"XY 散点图"的"平滑散点图"作图，然后将鼠标移到图中的直线上，按鼠标右键选择"添加趋势线"，进而选择"添加趋势线"标签"类型"栏中的"线性"与"选项"栏中的"显示公式"和"显示 R 平方值"两个选项，则在曲线图中就自动添加出方程 $y=kx+b$ 及相关系数 R^2 的值。

第 2 章　波动光学实验

光学的发展是一个漫长而曲折的历史过程，主要经历了萌芽时期、几何光学时期、波动光学时期、量子光学时期和现代光学时期这五大历史时期。1801 年，托马斯·杨（Thomas Young，1773—1829）通过双缝干涉实验验证了光的波动性，从此光学由几何光学时代进入波动光学时代。波动光学是现代激光光学、信息光学、非线性光学和应用光学的重要基础。光的波动性最重要的特征是具有干涉、衍射和偏振现象。波动光学的研究成果使人们对光的本性认识得到深化。在应用领域，以干涉原理为基础的干涉计量术为人们提供了精密测量和检验的手段，其精度提高到前所未有的程度。衍射理论指出了提高光学仪器分辨本领的途径，衍射光栅已成为分离光谱线以进行光谱分析的重要色散元件。各种偏振器件、仪器可对晶体和溶液进行检验与测量。

本章围绕光的干涉、衍射和偏振原理开展波动光学实验，其中光的干涉实验主要包括杨氏双缝干涉实验，洛埃镜、菲涅尔双面镜干涉实验，利用双棱镜测量钠光波波长，用牛顿环测量平凸透镜的曲率半径及利用迈克尔逊干涉仪、马赫—曾德干涉仪和法布里—玻罗干涉仪完成干涉实验。光的衍射实验包括夫琅禾费单缝衍射条纹分析与缝宽测量，单缝衍射光强分布测量，菲涅尔单缝和圆孔衍射，透射式衍射光栅测量光波波长，激光双光栅法测微小位移和光栅单色仪的使用。光的偏振实验主要包括偏振光实验，布儒斯特角测量实验和偏振光旋光实验。这些实验以光的干涉、衍射、偏振原理为基础，结合典型的干涉仪、光栅衍射仪及偏振片的使用开展实验，目的是通过对实验现象的观察，巩固和加深学生对光的波动理论的理解，提升学生实践能力，培养学生对波动光学应用领域的学习兴趣。

实验 2.1　杨氏双缝干涉实验

【引言】

杨氏双缝干涉实验是光的干涉实验的典型代表，该实验巧妙地把单个波面分解为两个波面以锁定两个点光源之间的相位差来研究光的干涉现象。英国物理学家托马斯·杨用叠加原理解释了干涉现象，在历史上第一次测定了光的波长，为光的波动学说确立奠定了基础。杨氏实验以简单的装置和巧妙的构思实现用普通光源来实现光的干涉，它不仅是许多其他光学干涉装置的原型，而且在理论上还可以从中提出许多重要的概念和启发。无论从经典光学还是从现代光学的角度来看，杨氏实验都具有十分重要的意义。

【实验目的】

（1）了解双缝干涉条件；
（2）观察杨氏双缝干涉现象；
（3）测量钠光波波长。

【实验原理】

杨氏双缝干涉实验原理如图 2.1.1 所示。在普通单色光源（如钠灯）前面放一个开有小孔 S 的屏，以此作为单色点光源。在光源 S 照明范围内，再放置一个开有两个小孔

S_1 和 S_2 的屏。S_1 和 S_2 彼此相距很近，且到 S 等距。在较远的位置再放置一个接收屏，用来观察干涉条纹。

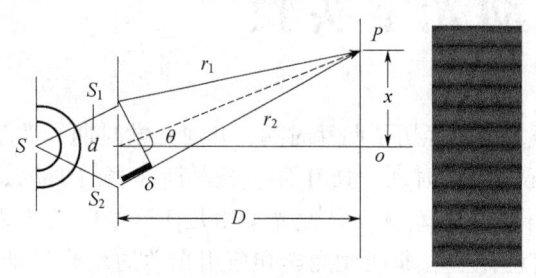

根据惠更斯原理，S_1 和 S_2 将作为两个次波源向前发射次波（球面波），形成交叠的波场。这两个相干的光波在距离双孔屏为 D 的接收屏上叠加，形成干涉图样。为了提高干涉条纹的亮度，实际中 S、S_1 和 S_2 用三个互相平行的狭缝（杨氏双缝干涉），而且可以不用接收屏，而用目镜代之直接观测。在激光出现以后，利用它的相干性和高亮度，人们可以用氦氖激光束直接照明双孔，在观察屏幕上同样可获得一组相当明显的干涉条纹。

图 2.1.1 杨氏双缝干涉实验原理图

图 2.1.1 中，设双缝 S_1 和 S_2 的间距为 d，S_1 和 S_2 所在平面到接收屏的垂直距离为 D（接收屏与双缝连线的中垂线相垂直）。由于 S_1 和 S_2 到 S 的距离相等，S_1 和 S_2 处的光波具有相同的相位，接收屏上各处的光强由会聚于此的两束光的相位差 $\Delta\varphi$ 或者光程差 δ 决定，其中 $\Delta\varphi = \dfrac{2\pi}{\lambda}\delta$。

为了确定接收屏上光强极大和光强极小的位置，选取如图 2.1.2 所示的直角坐标系 $O\text{-}xyz$。坐标系的原点 O 位于 S_1 和 S_2 连线的中心，x 轴的方向为 S_1 和 S_2 连线方向，接收屏上任意点 P 的坐标为 (x,y,D)，那么 S_1 和 S_2 到 P 点的距离 r_1 和 r_2 可表示为

$$\begin{cases} r_1 = \overline{S_1P} = \sqrt{\left(x-\dfrac{d}{2}\right)^2 + y^2 + D^2} \\ r_2 = \overline{S_2P} = \sqrt{\left(x+\dfrac{d}{2}\right)^2 + y^2 + D^2} \end{cases} \tag{2.1.1}$$

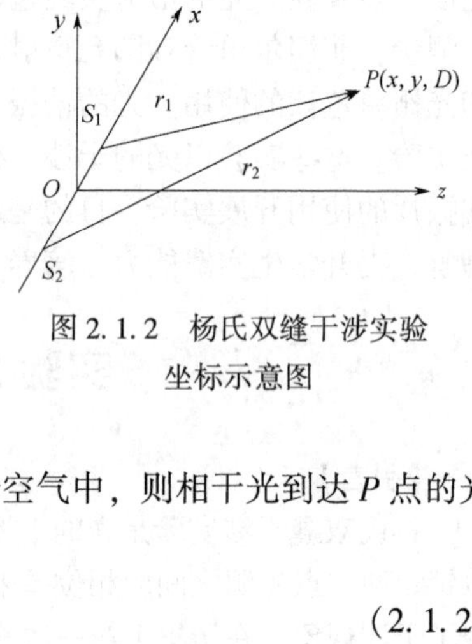

图 2.1.2 杨氏双缝干涉实验坐标示意图

根据式(2.1.1) 可以得到 $r_2^2 - r_1^2 = 2xd$，若整个装置处于空气中，则相干光到达 P 点的光程差为

$$\delta = r_2 - r_1 = \dfrac{2xd}{r_1 + r_2} \tag{2.1.2}$$

实际中 $d \ll D$，如果 x 和 y 也比 D 小得多，即 $x \ll D$，$y \ll D$（即在 z 轴附近观察），则有 $r_1 + r_2 \approx 2D$，在此条件下光程差化简为

$$\delta = \dfrac{xd}{D} \tag{2.1.3}$$

则光强可表示为

$$I = 4I_0 \cos^2\left(\dfrac{\delta}{2}\right) = 4I_0 \cos^2\left(\dfrac{\Delta\varphi\lambda}{4\pi}\right) \tag{2.1.4}$$

根据光的干涉加强、减弱的条件，有

$$\delta(p) = \begin{cases} \pm m\lambda & m = 0, 1, 2, \cdots, \text{光强极大} \\ \pm\left(m+\dfrac{1}{2}\right)\lambda & m = 0, 1, 2, \cdots, \text{光强极小} \end{cases} \quad (2.1.5)$$

式中，m 为干涉级次，λ 为光波波长。

由式(2.1.3)和式(2.1.5)可知，在接收屏上各级干涉极大（明纹）位置为

$$x = \pm\dfrac{mD\lambda}{d} \quad (m = 0, 1, 2, \cdots) \quad (2.1.6)$$

式中，干涉级次 $m = 0, 1, 2, \cdots$，依次称为零级、第一级、第二级明纹等，零级明纹（中央明纹）在 $x = 0$ 处。明纹光强极大为 $I_{\max} = 4I_0$。

干涉极小（暗纹）的位置是

$$x = \pm\left(m+\dfrac{1}{2}\right)\dfrac{D\lambda}{d} \quad (m = 0, 1, 2, \cdots) \quad (2.1.7)$$

式中，干涉级次 $m = 0, 1, 2, \cdots$，依次称为零级、第一级、第二级暗纹等。光强极小 $I_{\min} = 0$。

对于光程差，$\delta(P) = \pm m\lambda$（明纹）和 $\delta(P) = \pm\left(m+\dfrac{1}{2}\right)\lambda$（暗纹），任何两条相邻的明（或暗）条纹所对应的光程差之差等于一个波长，相邻两极大或两极小值的位置之间的间距为干涉条纹间距，用 Δx 来表示，它反映了条纹的疏密程度。干涉条纹强度曲线如图 2.1.3 所示。

由式(2.1.6)得相干明条纹的间距为

$$\Delta x = \dfrac{D}{d}\lambda \quad (2.1.8)$$

变换可得

$$\lambda = \dfrac{\Delta x d}{D} \quad (2.1.9)$$

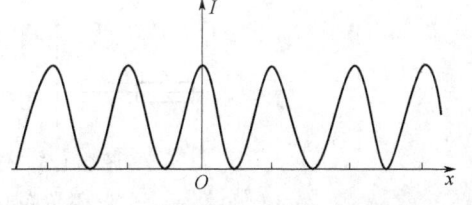

图 2.1.3　干涉条纹强度分布曲线图

式中，d 为两个狭缝中心的间距，λ 为单色光波波长，D 为双缝屏到接收屏（测微目镜焦平面）的距离。式(2.1.9)为本实验所要使用的原理公式，从实验中测得 D、d 及 Δx，即可算出 λ。

【实验仪器】

钠灯、双缝、延伸架测微目镜、3 个二维平移底座、三维底座、2 个升降调节座、凸透镜 L、二维调整架、可调狭缝 S、透镜架。

【实验内容与步骤】

实验方案 1：使用钠光光源完成杨氏双缝干涉实验，观察干涉现象，测量干涉条纹间距，计算钠光波波长。

操作步骤：

(1) 把全部仪器按照图 2.1.4 的顺序在平台上摆放好，并调成共轴系统（见本书 1.4 节光具座调节部分）。钠灯（可加圆孔光阑）经透镜聚焦于狭缝上，使单缝和双缝平行，而且由单缝射出的光照射在双缝的中间（图中数据均为参考数据）。

(2) 直接用眼睛观测到干涉条纹后，再放入测微目镜后进行测量，使相干光束处在目镜视场中心，并调节单缝和双缝的平行度（调节单缝即可），使干涉条纹最清晰。

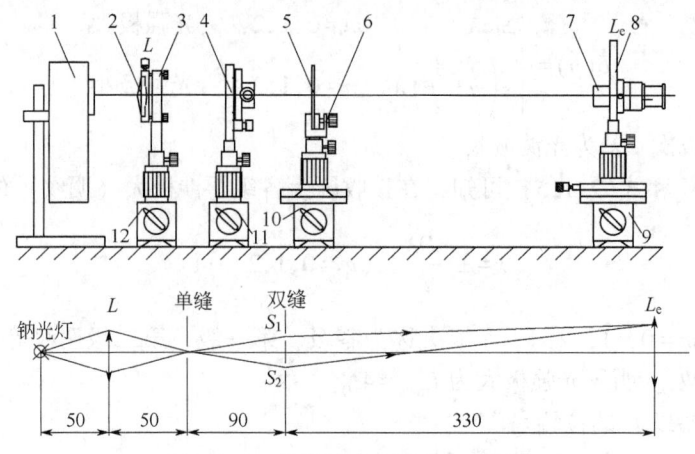

图 2.1.4　使用钠光光源的实验方案

1—钠灯（可加圆孔光阑）；2—凸透镜 $L(f=50\mathrm{mm})$；3—二维调整架；4—单面可调狭缝；
5—双缝（使用多缝板）；6—干板架；7—测微目镜 L_e（去掉其物镜头的
读数显微镜）；8—读数显微镜架；9—三维底座；10—二维底座；11、12—一维底座

（3）用测微目镜测出干涉条纹的间距 Δx，双缝到测微目镜焦平面上叉丝分划板的距离 D。

实验方案 2：使用激光光源完成杨氏双缝干涉实验，观察干涉现象，测量干涉条纹间距，计算激光波长。

实验方案 2 的操作步骤同实验方案 1，实验仪器布置如图 2.1.5 所示。

图 2.1.5　使用激光光源的实验方案

1—激光光源；2—双缝（使用多缝板）；
3—接收屏（计算纸）；4—测微目镜 L_e（有物镜头的读数显微镜）

【数据及处理】

1. 数据记录

实验数据见表 2.1.1，测量双缝间距 d、双缝屏到衍射屏距离 D 和条纹间距 Δx，将测量值代入式(2.1.9)求出光源波长 λ。

表 2.1.1　杨氏双缝干涉测量光波波长实验数据记录表　　　　　（单位：mm）

数值次数	d	D	x_1	x_2	Δx	λ	$\bar{\lambda}$
1							
2							
3							
4							
5							

2. 数据处理

波长：$\lambda = \dfrac{\Delta x d}{D}$ 平均值：$\bar{\lambda} = \dfrac{1}{n}\sum \lambda_i$

绝对误差：$\Delta\lambda = |\bar{\lambda} - \lambda_{真}|$ 相对误差：$E = \dfrac{\Delta\lambda}{\lambda_{真}} \times 100\%$

【注意事项】
（1）请勿用眼睛直接观看激光，以免损伤眼睛。
（2）严格按照操作规程调节半导体激光器工作电流，切勿超过规定电流，以免发生意外。
（3）读数显微镜在读数的时候只能单向移动，机械的还要估读一位。

【问题讨论】
（1）波长及装置结构发生如下变化时，干涉条纹如何移动或变化？
① 光源 S 位置改变；
② 双缝间距 d 改变；
③ 双缝与屏幕间距 D 改变；
④ 入射光波长改变。
（2）分析介质对干涉条纹的影响。
① 在 S_1 后加透明介质薄膜，干涉条纹如何变化？
② 若把整个实验装置置于折射率为 n 的介质中，干涉条纹如何变化？

实验2.2 洛埃镜、菲涅尔双面镜干涉

【引言】
1801年托马斯·杨通过分波面法获得相干光，实现了双缝干涉。除杨氏双缝干涉实验外，洛埃镜和菲涅尔双面镜也属于分波面法双光束干涉的实验装置。其中，1834年洛埃德（H. Lloyd）提出的洛埃镜干涉，是一种比较简单的观察光干涉的方法，具有直观、操作方便的优点。值得注意的是，洛埃镜干涉实验揭示了光从光疏介质（折射率较小的介质，光在其中速度较大）进入光密介质（折射率较大的介质，光在其中速度较小）时，反射光存在半波损失的事实，在光学中具有重要的意义。

【实验目的】
（1）理解分波面法获得相干光的原理；
（2）观察洛埃镜干涉现象，理解半波损失及其产生的条件；
（3）观察菲涅尔双面镜干涉现象；
（4）掌握洛埃镜干涉和菲涅尔双面镜干涉条纹特点。

【实验原理】

1. 洛埃镜（Lloyd's Mirror）干涉

洛埃镜是一块下表面涂黑的平行金属板或玻璃板，图2.2.1为洛埃镜干涉实验的装置和光路示意图。在图中 S_1 是狭缝光源，垂直于纸面放置，M 是洛埃镜，狭缝光源 S_1 与洛埃镜镜面平行，E 为接收屏，可以用来观察干涉条纹。

从狭缝光源 S_1 发出的光，一部分直接投射到接收屏 E 上，另一部分以接近90°的入射

角掠入射到洛埃镜 M 上,经镜面反射后也投射到接收屏 E 上。因为这两部分光来自同一个光源 S,在接收屏 E 上的交叠区域会发生干涉。经镜面反射到接收屏 E 的光可以看作是光源 S_1 经镜面所成的虚像 S_2 发出的,S_1 和 S_2 可看作是一对相干光源,接收屏 E 上干涉条纹的分布与杨氏双缝干涉实验的条纹分布相同,是平行于狭缝光源方向、明暗相间、等间距分布的条纹。

如图 2.2.2 所示,如果移动接收屏 E 使其靠近洛埃镜 M,并使接收屏 E 与 M 接触,接触点设为 A。根据图中的几何关系,S_1 到 A 点的距离与 S_2 到 A 点的距离相等,因而到达该处的两束光光程相等,A 处应为明纹。但是,实际上 A 处出现的却是暗纹,这表明到达接触点 A 处的两束光振动相位相反,相干叠加之后干涉极小(暗纹)。这个事实说明,光在掠入射的情况下,光由光疏介质射向光密介质时,在反射点处,反射光的相位相比于入射光相位发生了量值为 π 的变化,称为"相位突变"。也可以理解为当光由光疏介质射向光密介质时,反射光的光程有半个波长的附加光程,所以这种情况也可称为"半波损失"。在处理光的干涉问题时,必须要分析考虑光是否存在半波损失的情况,其判断条件为:(1)光从折射率较小的介质射向折射率较大的介质;(2)反射光存在半波损失,折射光不存在半波损失。

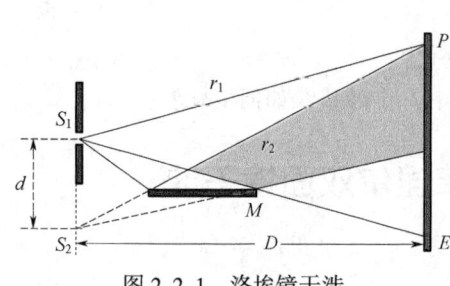

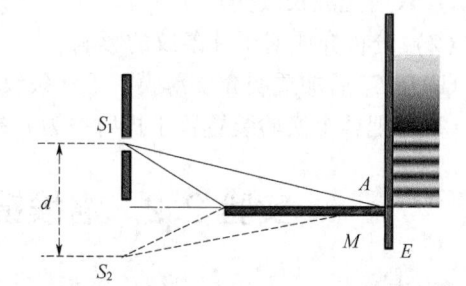

图 2.2.1　洛埃镜干涉　　　　　图 2.2.2　反射光的半波损失

在图 2.2.1 中,设由狭缝光源 S_1 发出的单色光波长为 λ,一束光自 S_1 出发直接到达接收屏上的 P 点,另一束经洛埃镜面反射后也投射到 P 点,这一束可看作是从 S_2 发出的光。设 S_1 到 P 点和 S_2 到 P 点的光程分别为 r_1、r_2,考虑到反射光的半波损失,这两束相干光的光程差 δ 满足:

$$\delta = r_2 - r_1 + \frac{\lambda}{2} = \begin{cases} m\lambda & m=0,1,2,\cdots \text{明纹} \\ (2m+1)\frac{\lambda}{2} & m=0,1,2,\cdots \text{暗纹} \end{cases} \quad (2.2.1)$$

式中,m 表示干涉条纹级次。

设狭缝光源 S_1 到接收屏的距离为 D,S_1 到洛埃镜面 M 的距离为 l,则 S_1 和其虚光源 S_2 的距离为 d,$d=2l$。S_1 和 S_2 相当于杨氏双缝干涉中的双缝,则在洛埃镜干涉中,相邻两明纹或暗纹的间距可写为

$$\Delta x = \frac{D}{2l}\lambda = \frac{D}{d}\lambda \quad (2.2.2)$$

可见,干涉条纹间距与光源到接收屏的距离 D、入射光波长 λ 成正比,与光源 S_1 和它的虚像 S_2 之间的距离 d 成反比。

由式(2.2.2)可知,如果改变实验参数,就可以改变接收屏上干涉条纹的间距。如果

分别测出 Δx、D 和 d 的值，就可以计算出入射光波长 λ：

$$\lambda = \frac{\Delta x d}{D} \tag{2.2.3}$$

如果采用白光或非单色光来做实验，接收屏上是多套不同波长的光产生的干涉条纹。除零级条纹外，不同波长同一级次的明（暗）纹位置也不相同，条纹均错开，不同波长光的相邻明（暗）纹间距也不相同。

2. 菲涅尔双面镜（Fresnel's Double Mirror）干涉

菲涅尔双面镜干涉原理与杨氏双缝干涉、洛埃镜干涉相同，也是利用分波面法获得相干光实现干涉。如图 2.2.3 所示，菲涅尔双面镜由两块平面反射镜 M_1 和 M_2 组成，两镜均垂直纸面放置，两镜面间成一很小夹角 θ。光源 S 是一个狭缝光源，与两反射镜交线平行，S 发出的光经 M_1 和 M_2 反射后投射到接收屏 P。这些光都是由 S 发出的相干光，在接收屏的交叠区域会发生干涉。

设 S_1 和 S_2 是狭缝光源 S 分别关于反射镜 M_1、M_2 所成的虚像。经两镜面反射到接收屏上的光，可以看成是由 S_1 和 S_2 发出的，所以屏幕上的干涉图样与杨氏双缝干涉类似，是明暗相间的等间距条纹，平行于两反射镜 M_1 和 M_2 镜面交线。在图 2.2.3 中，S_1 和 S_2 到接收屏的距离为 D，光源 S 到两镜面交线的距离为 l，则 S_1 到 S_2 的距离 d 可以表示为

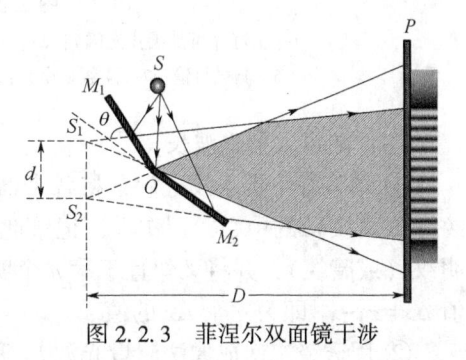

图 2.2.3 菲涅尔双面镜干涉

$$d = 2l\sin\theta \approx 2l\theta \tag{2.2.4}$$

相应地，接收屏上相邻明纹或暗纹的间距为

$$\Delta x = \frac{D}{2l\theta}\lambda = \frac{D}{d}\lambda \tag{2.2.5}$$

利用菲涅尔双面镜干涉及式（2.2.5），测量出明纹（暗纹）间隔 Δx，就可以测出入射光波长 λ。

【实验仪器】

钠灯（加圆孔光阑）、可调狭缝、洛埃镜、菲涅尔双面镜、凸透镜、测微目镜、二维调整架、底座、白屏。

【实验内容与步骤】

1. 观察洛埃镜干涉实验现象，测量入射光波长

（1）搭建光路：按照图 2.2.4 所示，依次将钠灯、凸透镜、可调狭缝、洛埃镜摆放在光学平台上。用目视法粗调各仪器等高共轴，注意洛埃镜镜面垂直于平台且与光轴平行。

（2）调节与观察干涉条纹：打开钠灯，光经过凸透镜会聚于可调狭缝上。将洛埃镜慢慢移向狭缝，使入射光能够掠入射在洛埃镜上，沿掠反射光的方向观察，可以看到狭缝光源 S_1 和虚像 S_2，继续将洛埃镜向狭缝靠近，使 S_1 和 S_2 之间距离为 2mm 左右。手执白屏在入射光经洛埃镜反射的光路上接收光，然后将测微目镜置于反射光路上观察干涉条纹。仔细调节狭缝宽度，并可前后移动狭缝、洛埃镜及测微目镜的位置，使观察到的干涉条纹清晰可见，在条纹清晰度良好的情况下，可适当增加狭缝宽度，使条纹获得足够的亮度。

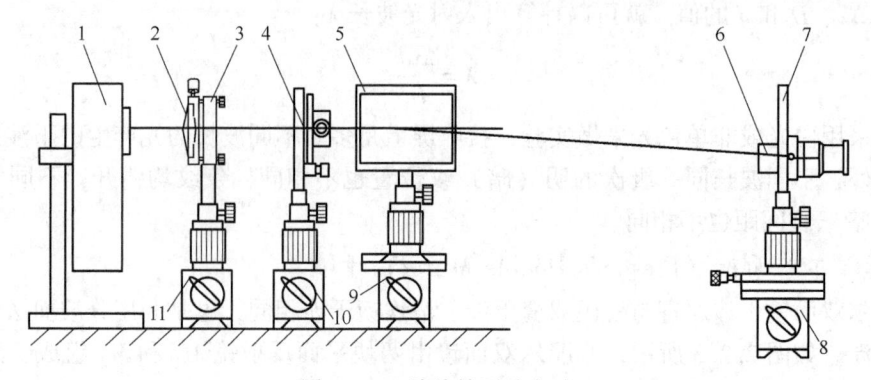

图 2.2.4 洛埃镜干涉实验
1—钠灯（可加圆孔光阑）；2—凸透镜；3—二维调整架；4—可调狭缝；5—洛埃镜；
6—测微目镜；7—读数显微镜；8—三维底座；9—二维底座；10、11——维底座

(3) 测量入射光波长：

① 调节好干涉条纹之后，将各个器件固定。旋转测微目镜鼓轮螺旋，使叉丝对准某明纹（或暗纹）的中心，记作零，记录此时读数 x_1。再旋转鼓轮使叉丝向一个方向移过 n 个明纹（或暗纹），并将叉丝置于第 n 个明纹（或暗纹）中心处，记录读数 x_2。两次读数的差值 $\Delta x = x_2 - x_1$ 即为 n 个 Δx 的值。

② 用透镜二次成像法测量光源 S_1 和 S_2 的间距 d，分别测得两次清晰成像时 S_1 与 S_2 的间距 d_1 和 d_2，则最终间距 $d = \sqrt{d_1 d_2}$。

③ 测量狭缝光源到测微目镜叉丝平面的距离 D。

④ 将数据记录在表 2.2.1 中，根据式（2.2.3）将以上测量各量代入，即可求得入射光波波长 λ。

2. 观察菲涅尔双面镜干涉实验现象，测量入射光波长

(1) 搭建光路：按照图 2.2.5 所示，依次将钠灯、凸透镜、可调狭缝摆放在光学平台上。用目视法粗调仪器等高共轴，放入菲涅尔双面镜，注意要调节镜面，使其与入射光之间保持较小夹角。

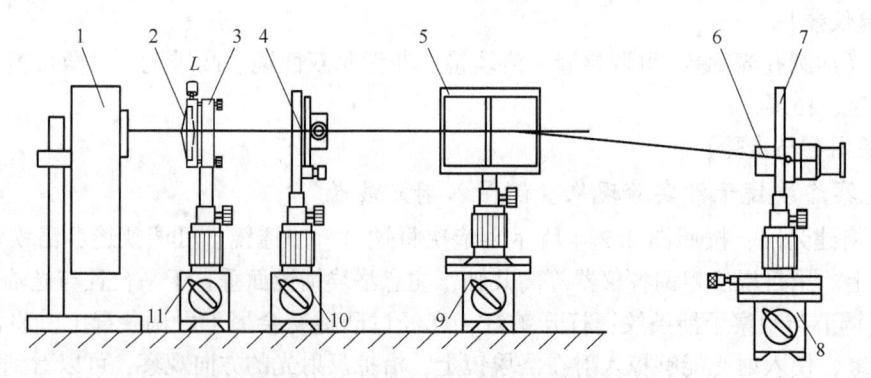

图 2.2.5 菲涅尔双面镜干涉实验
1—钠灯（可加圆孔光阑）；2—凸透镜；3—二维调整架；4—可调狭缝；5—双面镜；
6—测微目镜；7—读数显微镜；8—三维底座；9—二维底座；10、11——维底座

(2) 调节与观察干涉条纹：打开钠灯，光经过凸透镜会聚于可调狭缝上，调节狭缝使

其与双面镜的棱平行。手执白屏在入射光经洛埃镜反射的位置接收光，然后将测微目镜置于反射光路上观察干涉条纹，可以看到明暗相间的条纹。观察菲涅尔双面镜干涉条纹分布及特点。

（3）测量入射光波长：根据洛埃镜干涉实验测光波波长的方法，采用相同的步骤，测量入射光波波长。

【数据及处理】

1. 数据记录

数据记录见表2.2.1和表2.2.2。

表2.2.1 洛埃镜干涉测光波长

测量组数	x_1 mm	x_2 mm	$\Delta x = x_2 - x_1$ mm	d_1 mm	d_2 mm	$d = \sqrt{d_1 d_2}$ mm	D mm	λ nm	$\bar{\lambda}$ nm
1									
2									
3									
4									
5									

表2.2.2 菲涅尔双面镜干涉测光波长

测量组数	x_1 mm	x_2 mm	$\Delta x = x_2 - x_1$ mm	d_1 mm	d_2 mm	$d = \sqrt{d_1 d_2}$ mm	D mm	λ nm	$\bar{\lambda}$ nm
1									
2									
3									
4									
5									

2. 数据处理

波长：$\lambda = \dfrac{\Delta x \cdot d}{D}$ 　　　　　平均值：$\bar{\lambda} = \dfrac{1}{n}\sum \lambda_i$

绝对误差：$\Delta\lambda = |\bar{\lambda} - \lambda_{真}|$ 　　　相对误差：$E = \dfrac{\Delta\lambda}{\lambda_{真}} \times 100\%$

【注意事项】

（1）不要用手触摸光学仪器表面。

（2）使用测微目镜时，要使测微目镜的叉丝显示清楚。

（3）测量时旋转测微目镜鼓轮动作要平稳、缓慢，严禁来回旋转造成空程误差。

【问题讨论】

（1）比较洛埃镜干涉和菲涅尔双面镜干涉，它们的相同点和不同点分别是怎样的？

（2）半波损失（相位突变）发生的条件是什么？

（3）在菲涅尔双面镜干涉中，是否需要考虑半波损失？

（4）观察光的干涉现象时，如果存在半波损失（相位突变）情况，但是没有考虑到光程差内，对测量会有怎样的影响？

(5) 将洛埃镜干涉实验、菲涅尔双面镜干涉实验的光源换成激光光源，能否利用本实验步骤测量出激光波长？

实验2.3 利用双棱镜测钠光波波长

【引言】

波动光学研究光的波动性质、规律及其应用，主要内容包括光的干涉、衍射和偏振。1818年菲涅尔的双棱镜干涉实验不仅对波动光学的发展起到了重要作用，同时也提供了一种简单的测量单色光波波长的方法。

【实验目的】

(1) 掌握菲涅尔双棱镜获得双光束干涉的方法；
(2) 观察双棱镜产生的双光束干涉现象，进一步理解产生干涉的条件；
(3) 学会用双棱镜测定光波波长。

【实验原理】

如果两列频率相同的光波沿着几乎相同的方向传播，并且这两列光波的相位差不随时间而变化，那么在两列光波相交的区域内，光强的分布不是均匀的，而是在某些地方表现为加强，在另一些地方表现为减弱（甚至可能为零），这种现象称为光的干涉。

将一块平玻璃板的上表面加工成楔形，两端与棱脊垂直，楔角较小（一般小于1°），如图2.3.1所示。当单色光源照射在双棱镜表面时，经其折射后形成两束好像由两个光源发出的光，即两列光波的频率相同，传播方向几乎相同，相位差不随时间变化，那么，在两列光波相交的区域内满足光的相干条件，光强的分布是不均匀的，称这种棱镜为双棱镜。菲涅尔利用图2.3.2所示的装置，获得了双光束的干涉现象。

图2.3.1 双棱镜

图2.3.2 菲涅尔双棱镜干涉实验

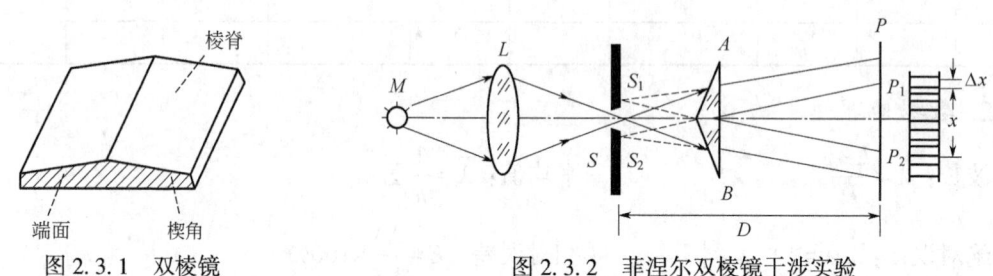

图2.3.2中双棱镜 AB 是一个分割波前的分束器。从单色光源 M 发出的光波，经透镜 L 会聚于狭缝 S，使 S 成为具有较大亮度的线状光源。当狭缝 S 发出的光波投射到双棱镜 AB 上时，经折射后，其波前便被分割成两部分，形成沿不同方向传播的两束相干波。通过双棱镜观察这两束光，就好像它们是由 S_1 和 S_2 发出的一样，故在其相互交叠区域 P_1P_2 内产生干涉。如果狭缝的宽度较小，双棱镜的棱脊与光源平行，就能在白屏 P 上观察到平行于狭缝的等间距干涉条纹。

设 d 代表两虚光源 S_1 和 S_2 间的距离，D 为虚光源所在的平面（近似地在光源狭缝 S 的平面内）至观察屏的距离，且 $d \ll D$，干涉条纹宽度为 Δx，则实验所用光波波长 λ 可由下式确定：

$$\lambda = \frac{\Delta x d}{D} \qquad (2.3.1)$$

式(2.3.1) 表明，只要测出 d、D 和 Δx，便可计算出光波波长。

由于干涉条纹宽度 Δx 很小，必须使用测微目镜进行测量。两虚光源间的距离 d，可用已知焦距为 f' 的会聚透镜 L' 置于双棱镜与测微目镜之间，由透镜的两次成像法求得，如图 2.3.3 所示。

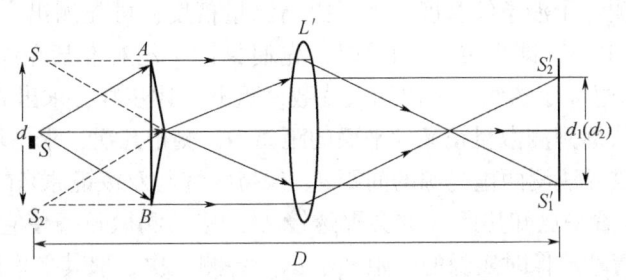

图 2.3.3 菲涅尔双棱镜干涉测量光波光路图

只要使测微目镜到狭缝的距离 $D>4f'$，前后移动透镜，就可以在两个不同位置上从测微目镜中看到两组实像，其中一组为放大的实像，另一组为缩小的实像。如果分别测得放大像间距 d_1 和缩小像间距 d_2，则有

$$d = \sqrt{d_1 d_2} \qquad (2.3.2)$$

由式(2.3.2) 可求得两虚光源之间的距离。

【实验仪器】

光具座、单色光源（钠灯）、可调狭缝、双棱镜、辅助透镜、测微目镜、滑块、滑块支架、白屏。

【实验内容与步骤】

（1）利用双棱镜测钠光波波长，按图 2.3.3 搭建光路，并调节光路水平、共轴等高。

① 将单色光源 M、会聚透镜 L、狭缝 S、双棱镜 AB 与测微目镜 P，按图 2.3.2 的次序放置在光具座上，目视粗略地调整它们的中心等高共轴；双棱镜的底面与系统的光轴垂直，棱脊和狭缝的取向大体平行。

② 点亮光源 M，通过透镜照亮狭缝 S，用手执白屏在双棱镜后面观察，经双棱镜折射后的光束，应有较亮的叠加区域 P_1P_2，且叠加区域能够进入测微目镜，当白屏移动时，叠加区域能逐渐向左、右或上、下偏移。根据观察到的现象，做出判断，反复调节直至共轴。

（2）光路调节共轴后，调节钠光经双棱镜后产生的干涉条纹。

① 减小狭缝的宽度，一般情况下，可从测微目镜中观察到不太清晰的干涉条纹（测微目镜的结构及使用调节方法见实验基础知识有关内容）。若远一点观察不到干涉条纹，有两种原因，一是各光学系统没有共轴，二是棱镜的棱脊与狭缝的取向没有严格平行。

② 在光具座的另一端，根据视差原理用眼睛直接向棱脊及狭缝的方向观察，可观察到一条或多条与眼睛的运动方向相反的斜线或斜干涉条纹，这时可根据条纹的倾斜方向来判断相对于狭缝来说棱脊偏向哪一边。

③ 围绕系统光轴缓慢地向右或向左旋转双棱镜 AB，当然也可旋转狭缝 S，使得眼睛在光具座的另一端观察不到与眼睛的移动方向相反的斜线或斜干涉条纹，这时棱镜的棱脊与狭

缝的取向严格平行，可从测微目镜中观察到清晰的干涉条纹。

④ 看到清晰的干涉条纹后，将双棱镜或测微目镜前后移动，使干涉条纹的宽度适当，同时在不影响条纹清晰度的情况下，适当地增加缝宽，以保持干涉条纹有足够的亮度。但双棱镜和狭缝的距离不宜过小，因为减小它们的距离，S_1 与 S_2 的间距也会减小，对测量 d 不利。

（3）干涉条纹调节至清晰，测量条纹间距 Δx、距离 D，以及用透镜两次成像法测两虚光源的间距 d。

① 用测微目镜测量干涉条纹宽度。为了提高测量精度，可先测出 n 条（10~20 条）干涉条纹的间距，再除以 n，即得 Δx。测量时，先使目镜叉丝对准某亮纹的中心，然后旋转测微螺旋，使叉丝移过 n 个条纹，读出两次读数。重复上述步骤，求出 Δx。

② 用米尺量出狭缝到测微目镜叉丝平面的距离 D，测量几次，求平均值。

③ 用透镜两次成像法测两虚光源的间距 d。保持狭缝与双棱镜原来的位置不变，在双棱镜和测微目镜之间放置一已知焦距 f' 的会聚透镜 L'，移动测微目镜使它到狭缝的距离大于 $4f'$，分别测得两次清晰成像时实像的间距 d_1、d_2，各测几次，取其平均值，再计算 d 值。

④ 用所得的 Δx、D、d 值，求出光源的光波波长 λ。

【数据及处理】

1. 数据记录

数据记录见表 2.3.1 和表 2.3.2。

表 2.3.1　测量干涉条纹的宽度　　　　　　　　　　　（单位：mm）

测量次数	x_1	x_2	Δx	$\overline{\Delta x}$
1				
2				
3				
4				
5				

表 2.3.2　测狭缝到测微目镜叉丝平面的距离 D　　　（单位：mm）

次数	狭缝位置 s	测微目镜叉丝平面位置 P	D	$\overline{D}$
1				
2				
3				
4				
5				

表 2.3.3　测两虚光源的间距 d　　　　　　　　　　（单位：mm）

测量次数		1	2	3	4	5	$\overline{d}_1(\overline{d}_2)$
d_1	x_1						
	x_2						
	d_1						
d_2	x_1						
	x_2						
	d_2						

2. 数据处理

$$\bar{d}_{(2)} = \frac{1}{n}\sum d_i \qquad \bar{d}=\sqrt{\bar{d_1}\bar{d_2}} \qquad \overline{\Delta x} = \frac{1}{n}\sum(x_2-x_1)_i \qquad \bar{\lambda}=\frac{\bar{d'}}{\bar{d}}\overline{\Delta x}$$

绝对误差：$\Delta\lambda = |\bar{\lambda} - \lambda_{真}|$ 　　　　　相对误差：$E = \frac{\Delta\lambda}{\lambda_{真}} \times 100\%$

【注意事项】

（1）使用测微目镜时，首先要确定测微目镜读数装置的分格精度；要注意防止空程误差；旋转读数轮时动作要平稳、缓慢；测量装置要保持稳定。

（2）在测量光源狭缝至观察屏的距离 D 时，因为狭缝平面和测微目镜的分划板平面均不和光具座滑块的读数准线共面，必须引入相应的修正量（例如 GP-78 型光具座狭缝平面位置的修正量为 42.5mm，MCU-15 型测微目镜分划板平面的修正量为 27.0mm），否则将引进较大系统误差。

（3）测量 d_1、d_2 时，由于透镜像差的影响，实像 S_1' 和 S_2' 的位置确定不准，将给测量的 d_1、d_2 引入较大误差，可在透镜 L' 上加一直径约 1cm 的圆孔光阑（用墨纸），增加 d_1、d_2 测量的精确度（可对比一下加或不加光阑的测量结果）。

【问题讨论】

（1）双棱镜是怎样实现双光束干涉的？干涉条纹是怎样分布的？干涉条纹的宽度、数目由哪些因素决定？

（2）在实验时，双棱镜和光源之间为什么要放一狭缝？为什么狭缝很窄时，才可以得到清晰的干涉条纹？

（3）试着证明 $\lambda = \frac{\Delta x d}{D}$。

实验 2.4　用牛顿环测量平凸透镜的曲率半径

【引言】

牛顿环又称牛顿圈，1675 年牛顿（Isaac Newton，1643—1727）首先观察到这种干涉图样。牛顿在考察肥皂泡薄膜的色彩问题时发现，如果将一块曲率半径较大的平凸透镜放在玻璃平板上，用单色光照射透镜和玻璃平板，就可以观察到一些明暗相间的同心圆环。这些圆环呈现中间稀疏、边缘密集的不均匀分布，这种光学现象就是牛顿环。作为典型的等厚干涉现象，牛顿环在科学研究和工业测量中有着重要的应用，比如可以利用牛顿环测量光波波长、检测光学器件表面的光洁度和平整度、测量液体折射率及测量平凸透镜的曲率半径等。

【实验目的】

（1）理解光的等厚干涉原理；

（2）观察等厚干涉条纹特点；

（3）掌握利用等厚干涉测量平凸透镜曲率半径的方法；

（4）掌握逐差法处理实验数据的方法。

【实验原理】

1. 牛顿环原理

将一块曲率半径较大的平凸透镜凸面对着一块平板玻璃放置，在平凸透镜和平板玻璃之间便形成了一层厚度不均匀的空气薄膜。如果光从平凸透镜上方垂直照射平凸透镜和平板玻璃，可以观察到明暗相间、半径不等的同心圆环，这就是牛顿环。图 2.4.1 为牛顿环仪的结构示意图，平凸透镜 L 和表面光滑的平板玻璃 P 叠合起来，放置在圆形金属框架 F 中。框架上有三个螺钉 H，用来调节 L 和 P 的接触程度，适度调节螺钉 H，可以改变牛顿环条纹形状和分布，也可以避免由于 L 和 P 接触过紧而损坏仪器。牛顿环仪中空气薄膜厚度是关于平凸透镜和平板玻璃接触点对称的，从接触点到牛顿环仪边缘，空气厚度薄膜逐渐增大。单色光垂直照射平凸透镜，光在空气薄膜的上下两表面分别反射，而后在上表面相遇发生干涉。由于这种情况中干涉的光程差由反射光相遇处薄膜的厚度决定，因而属于等厚干涉。薄膜厚度相同处的条纹对应的光程差相同，干涉条纹明暗情况也相同。由于空气薄膜厚度分布呈现相对于接触点对称的情况，因而观察到的干涉条纹是以接触点为圆心、明暗相间的同心干涉圆环，中心是一个暗斑，如图 2.4.2(a) 所示。如果在透射光的方向观察，也会看见明暗相间的圆环。由于薄膜干涉中反射光和折射光光强互补，所以透射光所形成的干涉条纹中心是亮斑，如图 2.4.2(b) 所示。

图 2.4.1　牛顿环仪结构

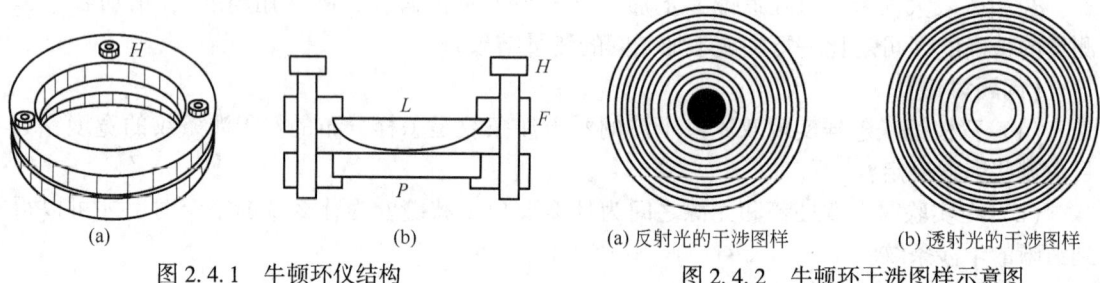

图 2.4.2　牛顿环干涉图样示意图

2. 牛顿环干涉明、暗环公式

如图 2.4.3 所示，波长为 λ 的单色光垂直照射牛顿环仪，O' 点是平凸透镜曲率中心，平凸透镜曲率半径为 R，O 点是平凸透镜和平板玻璃的接触点。设有一束光在射入空气膜上表面 D 点处入射，该处空气薄膜厚度为 d。由于发生干涉的两束光是由同一束入射光在射入空气薄膜时在空气薄膜上、下表面分别反射得到的，经空气薄膜下表面反射的光是由光疏介质空气进入光密介质玻璃界面，存在半波损失的情况，则这两束反射光的光程差为

$$\delta = 2nd + \frac{\lambda}{2} \qquad (2.4.1)$$

式中，n 是空气折射率，$n \approx 1$，则上式可简化为

$$\delta = 2d + \frac{\lambda}{2} \qquad (2.4.2)$$

设 r 是 D 处 m 级干涉圆环的半径，由牛顿环仪结构的几何关系有

$$R^2 = r^2 + (R-d)^2 \qquad (2.4.3)$$

由于通常使用的平凸透镜曲率半径 R 都比较大，空气薄膜厚度又非常小，式(2.4.3) 中的 d^2 非常小，近似等于零，所以由式(2.4.3) 可得出

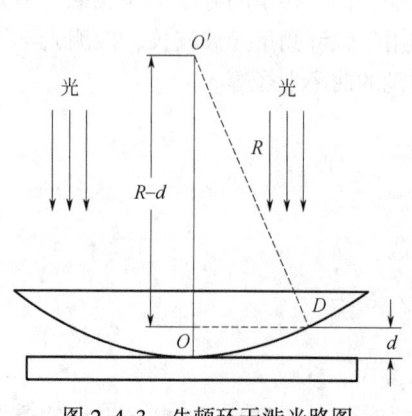

图 2.4.3　牛顿环干涉光路图

$$d = \frac{r^2}{2R} \tag{2.4.4}$$

根据光的干涉加强和减弱的条件，可以得出以下公式：

明环（相长干涉）：$\delta = 2d + \frac{\lambda}{2} = m\lambda \quad (m=1,2,3,\cdots)$ (2.4.5)

暗环（相消干涉）：$\delta = 2d + \frac{\lambda}{2} = (2m+1)\frac{\lambda}{2}$

$(m=0,1,2,3,\cdots)$ (2.4.6)

将式(2.4.4)代入式(2.4.5)和式(2.4.6)中，可分别得到牛顿环干涉明、暗环的半径公式：

$$\begin{cases} 明环半径：r_m = \sqrt{\dfrac{(2m-1)R\lambda}{2}} & (m=1,2,3,\cdots) \\ 暗环半径：r_m = \sqrt{mR\lambda} & (m=0,1,2,3,\cdots) \end{cases} \tag{2.4.7}$$

如果入射光波长 λ 已知，测得 m 级明环或暗环半径 r_m，代入式(2.4.7)，就可以计算得到平凸透镜的曲率半径 R；或者平凸透镜的曲率半径 R 已知，测得 m 级明环或暗环半径 r_m，就可以计算出入射光波长 λ。

如果牛顿环仪的平凸透镜和平板玻璃之间的薄膜是折射率为 n 的透明介质膜，比如在平凸透镜与平板玻璃之间注入水，当单色光垂直照射牛顿环仪时，也会看见明暗相间的牛顿环条纹。由于水的折射率不同于空气，所以在相同薄膜厚度处，两束反射光的光程差就会发生变化。根据干涉相长和相消的规律，可得薄膜折射率为 n 时明、暗环的半径：

$$\begin{cases} 明环半径：r_m = \sqrt{\dfrac{(2m-1)R\lambda}{2n}} & (m=1,2,3,\cdots) \\ 暗环半径：r_m = \sqrt{\dfrac{mR\lambda}{n}} & (m=0,1,2,3,\cdots) \end{cases} \tag{2.4.8}$$

如果用白光垂直照射牛顿环仪，每一波长的光都会产生一套牛顿环干涉图样，得到的就是彩色的牛顿环条纹了。

3. 平凸透镜曲率半径的测量

理想情况下，牛顿环仪中平凸透镜和平板玻璃接触处是一个点，但是在实际中，由于平凸透镜和平板玻璃接触时存在压力等原因，实际接触处是一个面，而不是一个理想的接触点，因此观察到的干涉条纹中央区域是一个暗斑；或者由于空气薄膜存在尘埃颗粒等原因，实际观察到的牛顿环干涉中央区域的暗斑里可能包括了若干级次干涉条纹，这样使得判断某个环的级次变得很不准确。为了消除这种误差并避免测量困难，实际中测量两个暗环的半径，如 r_m 和 r_n，利用平方差的形式来测量平凸透镜的曲率半径 R。

如图2.4.4所示，以空气牛顿环为例，设观察到两级暗环，从牛顿环中心开始计算，半径较大的环级次为 $(m+j)$，半径较小的环级次为 $(n+j)$，j 是干涉级次的修正项。

根据式(2.4.7)可得出这两级环对应的半径为

$$r_{m+j}^2 = (m+j)R\lambda \tag{2.4.9}$$

$$r_{n+j}^2 = (n+j)R\lambda \tag{2.4.10}$$

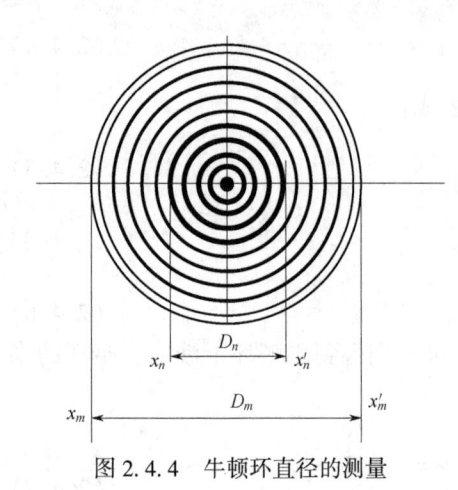

将以上两式相减,可得

$$R = \frac{r_m^2 - r_n^2}{(m-n)\lambda} \quad (2.4.11)$$

由式(2.4.11)可见,干涉环级次的修正项 j 被减掉了,采用两个干涉环半径平方求差的方法,避免了实际测量中干涉环级次不能确定而引入的误差。

通常为了减小测量误差,常用直径代替半径来测量,所以式(2.4.11)可写为

$$R = \frac{D_m^2 - D_n^2}{4(m-n)\lambda} \quad (2.4.12)$$

式中,m、n 分别是自牛顿环中央起的第 m 级和第 n 级环;D_m、D_n 是相应的环的直径。利用读数显微镜分别测量出第 m 级、第 n 级环左右两侧的读数 x_m、x_m' 和 x_n、x_n' 就可以计算出 D_m、D_n 的值了。

图 2.4.4 牛顿环直径的测量

【实验仪器】

钠灯、读数显微镜、牛顿环仪。

【实验内容与步骤】

1. 牛顿环实验装置的调节

(1) 手执牛顿环仪,在室内光照下用眼睛直接观察,调节牛顿环仪边框上的三个螺钉 H,使得观察到的牛顿环位于牛顿环仪中心,且呈圆形,注意不要将螺钉 H 旋得过紧,以免损坏牛顿环仪。按照图 2.4.5 所示,在读数显微镜载物台上放置牛顿环仪,在读数显微镜前放置钠灯,打开钠光预热几分钟后,调节分光板使之与水平方向成 45°夹角,使水平照射的光经分光板反射后垂直照射牛顿环仪。将载物台下方的反射镜翻转,使其不能反射来自钠灯的光。

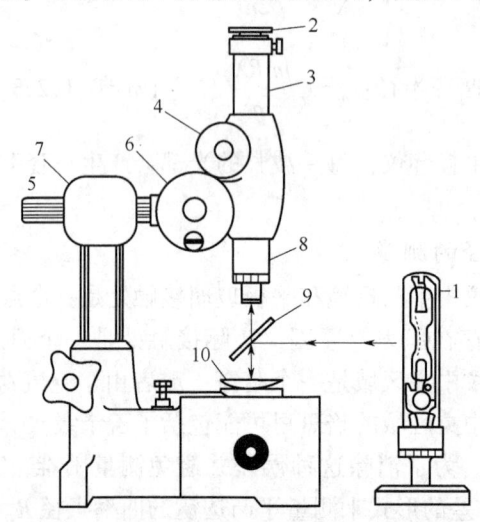

图 2.4.5 牛顿环测量平凸透镜曲率半径实验示意图

1—钠灯;2—目镜;3—目镜镜筒;4—目镜接筒;5—方轴;6—测微鼓轮;
7—接头轴;8—物镜;9—分光板;10—牛顿环

(2) 转动测微鼓轮,使显微镜位于标尺中央位置。调节显微镜目镜,使得视场里能清楚看见叉丝的像。将显微镜对准牛顿环仪,从显微镜外观察,调节显微镜物镜,先使物镜距

离牛顿环仪距离尽量小，然后从下往上移动镜筒对牛顿环调焦，在目镜中观察，使得牛顿环尽可能清晰，并与显微镜叉丝无视差，注意使横向叉丝与显微镜筒测量时移动方向一致。

（3）先向一个方向转动测微鼓轮，再向另一侧转动测微鼓轮，定性观察视场里左侧和右侧大约30个环是否清晰成像，如不清晰，可按照步骤（2）和（3）再次调节分光板、目镜、物镜，直到左右两侧大约30个环成清晰的像。

（4）完成以上调节和观察后，旋转测微鼓轮，使之位于读数中央位置。轻轻移动牛顿环的位置，使叉丝中心与牛顿环中心重合，检查叉丝方位，保证横向叉丝与镜筒移动方向一致，竖向叉丝与移动方向垂直，准备测量。

2. 测量平凸透镜曲率半径

（1）先向一个方向转动测微鼓轮，从中心环开始计数，使物镜镜筒向左移动至比第30个环稍远的位置，然后反向旋转鼓轮至第30环外侧，注意缓慢转动鼓轮，使目镜叉丝竖线与第29环的外侧相切，记录读数。继续旋转测微鼓轮，利用相同的方法，始终使镜筒向右侧移动，依次完成对第28~26环、第20~16环左侧位置的测量。

（2）完成左侧位置测量后，继续旋转测微鼓轮，仍然使物镜向右侧移动，越过牛顿环纹中心后，到达视场右侧。继续转动鼓轮移动镜筒至第16环，注意此时要缓慢转动鼓轮，使叉丝竖线与第16环的内侧相切，记录读数。继续旋转鼓轮使物镜向右侧移动，完成对剩余的第17~20环、第26~30环右侧位置的测量。

（3）将实验所得数据填入数据记录表，同一级次牛顿环左右两侧读数之差即为该环直径。根据式(2.4.12)计算出平凸透镜的曲率半径，并表示出相对误差。

【数据及处理】

1. 数据记录

牛顿环测量平凸透镜曲率半径的数据记录见表2.4.1。

表2.4.1 牛顿环测量平凸透镜曲率半径数据记录

级数 m	30	29	28	27	26
左侧					
右侧					
环的直径 D_m					
直径平方 D_m^2					
级数 n	20	19	18	17	16
左侧					
右侧					
环的直径 D_n					
直径平方 D_n^2					
$D_m^2 - D_n^2$					

2. 数据处理

曲率半径：$R = \dfrac{D_m^2 - D_n^2}{4(m-n)\lambda}$ 平均值：$\bar{R} = \dfrac{1}{n}\sum R_i$

绝对误差：$\Delta R = |\bar{R} - R_{真}|$ 相对误差：$E = \dfrac{\Delta \lambda}{R_{真}} \times 100\%$

【注意事项】
(1) 不要用手触摸光学仪器表面。
(2) 不要随意调节牛顿环仪的螺钉，以免损坏仪器。
(3) 实验时载物台下方的反射镜要翻转，使之不能反射来自钠灯的光。
(4) 旋转显微镜测微鼓轮时动作要轻、要慢、要仔细。测量时不要来回转动，以免引起空程误差。
(5) 钠灯需要先预热几分钟再使用。

【问题讨论】
(1) 如果采用白光垂直照射牛顿环仪，是否会出现干涉条纹？如果是，干涉条纹是怎样分布的？试着分析讨论。
(2) 牛顿环中央斑在什么条件下是亮的？什么条件下是暗的？如果实验时中央斑是亮的，是否影响实验结果？
(3) 如果测量牛顿环的直径时，由于操作不当测成了环的弦长，会对实验结果产生什么影响？
(4) 如何利用本实验装置，测量某种液体的折射率？想一想，写出实验方案，并表示出实验结果。

实验2.5 用迈克尔逊干涉原理测量空气折射率

【引言】
迈克尔逊干涉仪是一种精密干涉仪，它设计精巧，用途广泛，其他很多干涉仪是由此派生出来的。迈克尔逊干涉仪的特点是光源，两个反射面 M_1、M_2 和接收器（或观察者）四者在空间完全分开，东南西北各据一方，以便于在光路中安插其他器件，从而可进行众多干涉现象的观察、实验和测量。利用迈克尔逊干涉仪原理可测定微小长度，如光波波长和透明媒质的折射率等物理量。美国物理学家迈克尔逊和莫雷在1887年利用这种装置，做了著名的迈克尔逊—莫雷实验，实验结果否定了以太的存在，它是爱因斯坦创立的狭义相对论的实验基础之一。本实验是利用迈克尔逊干涉仪对空气折射率进行测量。

【实验目的】
(1) 了解迈克尔逊干涉仪的结构、原理；
(2) 学习调整光路的方法，进一步了解光的干涉现象及其形成条件；
(3) 掌握利用迈克尔逊干涉原理测量气体折射率的方法。

【实验原理】
迈克尔逊干涉仪光路示意图如图 2.5.1 所示。图中 G_1 为平板玻璃，称为分光板，它的一个表面镀有半透半反射膜，使光在 G_1 处的反射光束与透射光束的光强基本相等。M_1、M_2 为互相垂直的平面反射镜，M_1、M_2 镜面与分光板 G_1 均成 45°角；M_1 可以移动，M_2 固定。M_2' 表示 M_2 对 G_1 膜的虚像。补偿板 G_2 的材料和厚度与 G_1 相同，也平行于 G_1，起着补偿光线 2 的光程的作用。如果没有 G_2，则光线 1 会三次经过玻璃板，而光线 2 只能一次经过玻璃板。G_2 的存在使得光线 1、2 经过玻璃板而获得相等的光程，从而使光线 1、2 的光程差只由其他几何路程决定。

本实验使用迈克尔逊干涉仪进行测量。利用光源 S 发出的光束射到分光板 G_1 上，光束

在 G_1 的半透膜上反射和透射后被分成光强接近相等、并相互垂直的两束光。这两束光分别射向两平面镜 M_1 和 M_2，经它们反射后又会聚于分光板 G_1，再射到光屏 E 处，从而得到清晰的干涉条纹。将相干光通过气压可调气室，改变气室的气压值会导致干涉图像的变化，通过观察干涉条纹可以测量出空气的折射率。

由图 2.5.1 可知，迈克尔逊干涉仪中，当光束垂直入射至 M_1、M_2 镜时，两束光的光程差 δ 为

$$\delta = 2(n_1 L_1 - n_2 L_2) \tag{2.5.1}$$

式中，n_1 和 n_2 分别是路程 L_1、L_2 上介质的折射率。

设单色光在真空中的波长为 λ，若

$$\delta = m\lambda, \quad m = 0, 1, 2, 3, \cdots \tag{2.5.2}$$

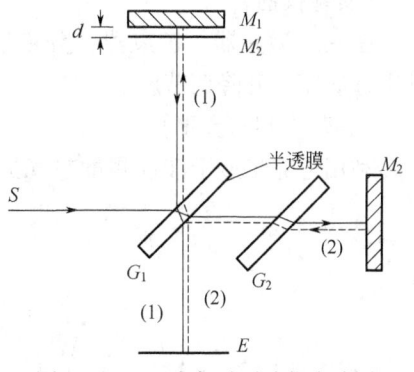

图 2.5.1 迈克尔逊干涉仪光路图

此时干涉相长，相应地在接收屏中心的总光强为极大。由式 (2.5.1) 知，两束相干光的光程差不但与几何路程有关，还与路程上介质的折射率有关。当 L_1 支路上介质折射率改变 Δn_1 时，光程的相应改变而引起干涉条纹的变化数为 N。由式 (2.5.1) 和式 (2.5.2) 可知

$$|\Delta n_1| = \frac{N\lambda}{2L_1} \tag{2.5.3}$$

按图 2.5.1 调好光路后，先将气室抽成真空（气室内压强接近于零，折射率 $n=1$），然后再向气室内缓慢充气，此时，在接收屏上看到条纹移动。当气室内压强由 0 变到大气压强 p 时，折射率由 1 变到 n。若屏上某一点（通常观察屏的中心）条纹变化数为 N，则由式 (2.5.3) 可知

$$n = 1 + \frac{N\lambda}{2L} \tag{2.5.4}$$

但实际测量时，气室内压强难以抽到真空，因此利用式 (2.5.4) 对数据作近似处理所得结果的误差较大，采用下面的方法比较合理。

理论证明，在温度和湿度一定的条件下，当气压不太大时，气体折射率的变化量 Δn 与气压的变化量 Δp 成正比，即 $\dfrac{n-1}{p} = \dfrac{\Delta n}{\Delta p} =$ 常数，所以

$$n = 1 + \frac{|\Delta n|}{|\Delta p|} p \tag{2.5.5}$$

将式 (2.5.3) 代入式 (2.5.5)，可得

$$n = 1 + \frac{N\lambda}{2L} \frac{p}{|\Delta p|} \tag{2.5.6}$$

式 (2.5.6) 给出了气压为 p 时的空气折射率 n。可见，只要测出气室内压强由 p_1 变化为 p_2 时的条纹变化数 N，即可由式 (2.5.6) 计算出压强为 p 时的空气折射率 n。气室内压强不必从零开始，例如，取 $p=760\text{mmHg}$，改变 Δp 的大小，测定条纹变化数目 N，用式 (2.5.6) 就可以求出一个大气压下的空气折射率 n 的值。

正常状态（$t=15°C$，$p=1.01325\times 10^5 \text{Pa}$）下，空气对在真空中波长为 633.0nm 的光的折射率 $n=1.00027652$，它与真空折射率之差为 $(n-1)=2.765\times 10^{-4}$。用一般方法不易测出这个折射率差，而用干涉法能很方便地测量，且准确度高。

【实验仪器】

He-Ne 激光器、扩束器、分束器、气室、白屏、平面镜、二维架、二维平移底座、三维平移底座、升降调节座。

【实验内容与步骤】

利用迈克尔逊干涉仪测量空气折射率实验装置如图 2.5.2 所示。

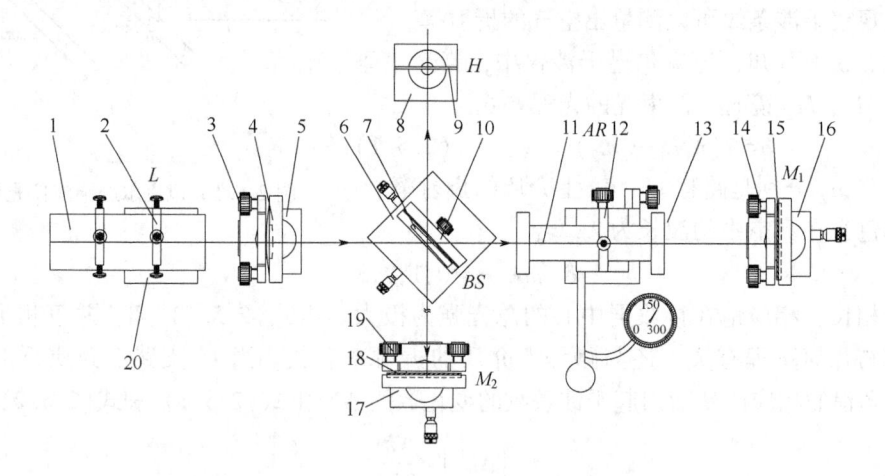

图 2.5.2 利用迈克尔逊干涉仪测量空气折射率实验装置

1—He—Ne 激光器 L；2—激光器架；3、14、19—二维架；4—扩束器 BE；5、20—升降调节座；6—三维平移底座；7—分束器 BS；8—通用底座；9—小孔 H；10—干板架；11—气室 AR；12—二维调节架；13、16、17—二维平移底座；15—平面镜 M_1；18—平面镜 M_2

(1) 按实验装置图 2.5.2 将各仪器夹好、靠拢，调等高同轴，打开激光光源。

(2) 调节迈克尔逊光路。光路调节的要求：M_1、M_2 两镜相互垂直；经过扩束和准直后的光束应垂直入射到 M_1、M_2 的中心部分。

① 粗调：调激光光束平行于台面，如图 2.5.1 所示，组成迈克尔逊干涉光路（暂不用扩束器 BE）。小孔 H 先不放入光路，调节激光管支架，目测使光束基本水平并且入射在 M_1、M_2 反射镜中心部分。若不能同时入射到 M_1、M_2 的中心，可稍微改变光束方向或光源位置。注意操作要小心，动作要轻慢，防止损坏仪器。

② 细调：调节反射镜 M_1 和 M_2 的倾角，直到屏上两组最强的光点重合。

第一步：放入小孔 H，使激光束正好通过小孔。然后，在光源和干涉仪之间沿光束移动小孔。若移动后光束不再通过小孔而位于小孔上方或下方，说明光束未达到水平入射，应该缓慢调整激光管的仰俯倾角，最后使得移动小孔时光束总是正好通过小孔为止。此时，在小孔屏上可以看到由 M_1、M_2 反射回来的两列小光斑。

第二步：用小纸片挡住 M_2 镜，小孔屏上留下由 M_1 镜反射回来的一列光斑，稍稍调节光束的方位，使该列光斑中最亮的一个正好进入小孔（其余较暗的光斑与调节无关，可不管它）。此时，光束已垂直入射到 M_1 镜上了。调节时应注意尽量使光束垂直入射在 M_1 镜的中心部分。

第三步：用小纸片挡住 M_1 镜，看到由 M_2 镜反射回来的光斑，调节 M_2 镜后面的三个调节螺钉，使最亮的一个光斑正好进入小孔。此时，光束已垂直入射到 M_2 镜的中心部分了。记住此时光点在 M_2 镜上的位置。

第四步：放入扩束镜，并调节扩束镜的方位，使经过扩束后的光斑中心仍处于原来它在 M_2 镜上的位置。

调节至此，通常即可在接收屏上看到非定域干涉圆条纹。若仍未见条纹，则应按第二步至第四步重新调节。条纹出现后，进一步调节垂直和水平拉簧螺钉，使条纹变粗、变疏，以便于测量。

(3) 测量迈克尔逊干涉条纹的"吞进"或"吐出"条纹个数。测量时反复紧握橡胶球向气室充气，至气压表满量程（40kPa）为止，然后再缓慢放气，同时默数干涉环变化数 N，至表针回零（气压值为 0kPa），记录气压变化值为 Δp，相应地看到有条纹"吞进"或"吐出"（即前面所说条纹变化），记录"吞进"或"吐出"条纹个数。重复前面的步骤，共取 5 组数据，记录在表 2.5.1 中。

(4) 根据上述测量量计算空气折射率。将上述测量值代入式(2.5.6)中，即可求出空气折射率：

$$n = 1 + \frac{N\lambda}{2L} \frac{p}{|\Delta p|} \tag{2.5.7}$$

式中，激光波长 λ 和气室长度 L 已知，N 值为多次测量值，干涉环变化数可估计出一位小数。

【数据及处理】

1. 数据记录

数据记录见表 2.5.1。

表 2.5.1 测量空气折射率数据记录表

室温 $T=$ _____；　　标准气压 $p=$ _____；　　气室长度 $L=$ _____；　　激光波长 $\lambda=$ _____。

测量次数	1	2	3	4	5
气压值 Δp,mmHg					
条纹数 N					
空气折射率 n					

2. 数据处理

空气折射率：$n = 1 + \frac{N\lambda}{2L} \frac{p}{|\Delta p|}$　　平均值：$\bar{n} = \frac{1}{k}\sum \bar{n}_i$　　（其中 k 为测量次数）

绝对误差：$\Delta n = |\bar{n} - n_{真}|$　　相对误差：$E = \frac{\Delta n}{n_{真}} \times 100\%$

【注意事项】

(1) 干涉装置系精密的光学仪器，要注意防潮、防尘，严禁用手触摸光学面，要防止唾液溅到光学面上。

(2) 调节动作要轻缓，不允许强扭硬扳。调节前相应的调节钮要置于中度状态，以便有双向调节的余地。

(3) 防止小气室及气压表摔坏。打气时不要超过气压表量程。

(4) 点燃激光管需要几千伏直流高压，调节时不要碰到激光管上的电极，以免触电。注意眼睛不要直视激光器，以免灼伤。

【问题讨论】

本实验能否用白炽灯作光源？

【知识拓展：公式推导】

在测定空气折射率实验中，若气室内空气压力改变了 Δp，折射率随之改变了 Δn，就会导致光程差增大 δ，引起干涉条纹 N 个环的变化。设气室内空气柱长度为 L，则

$$\delta = 2\Delta n L = N\lambda$$

$$\Delta n = N\lambda/2L \tag{2.5.8}$$

若将气室抽真空（室内压强近似于零，折射率 $n=1$），再向室内缓慢充气，同时计数干涉环变化数 N，由式(2.5.8)可计算出不同压强下折射率的改变值 Δn，则相应压强下空气折射率为

$$n = 1 + \Delta n$$

若采取打气的方法增加气室内的粒子（分子和原子）数量，根据气体折射率的改变量与单位体积内粒子数改变量成正比的规律，可求出相当于标准状态下的空气折射率 n_0。对有确定成分的干燥空气来说，单位体积内的粒子数与密度 ρ 成正比，于是有

$$\frac{n-1}{n_0-1} = \frac{\rho}{\rho_0} \tag{2.5.9}$$

式中，ρ_0 是空气在热力学标准状态（$T_0 = 273\text{K}$，$p_0 = 101.325\text{kPa}$）下的密度，n_0 是相应状态下的折射率；n、ρ 是相对于任意温度 T 和压强 p 下的折射率和密度。

联系理想气体的状态方程，有

$$\frac{\rho}{\rho_0} = \frac{pT_0}{p_0 T} = \frac{n-1}{n_0-1} \tag{2.5.10}$$

若实验中 T 不变，对上式求 p 的变化所引起的 n 的变化，则有

$$\Delta n = \frac{n_0-1}{p_0} \frac{T_0}{T} \Delta p \tag{2.5.11}$$

因 $T = T_0(1+\alpha t)$（其中 α 是相对压力系数，等于 $1/273.15 = 3.661\times 10^{-3}\text{℃}^{-1}$，$t$ 是温度，即室温），代入式(2.5.11) 有

$$\Delta n = \frac{n_0-1}{p_0} \frac{\Delta p}{(1+\alpha t)}$$

于是

$$n_0 = 1 + p_0(1+\alpha t)\frac{\Delta n}{\Delta p} \tag{2.5.12}$$

将式(2.5.8)代入 (2.5.12) 得

$$n_0 = 1 + p_0(1+\alpha t)\frac{\lambda}{2L}\frac{N}{\Delta p} \tag{2.5.13}$$

测出若干不同的 Δp 所对应的干涉环变化数 N，N—Δp 关系曲线的斜率即为 $N/\Delta p$。p_0 和 α 已知，t 见温度计显示，λ 和 L 已知，一并代入式(2.5.13)，即可求得相当于热力学标准状态下的空气折射率。

根据式(2.5.10) 求得 p_0，代入式(2.5.12)，经整理，并联系式(2.5.8)，即可得

$$n = 1 + \frac{N\lambda}{2L}\frac{p}{\Delta p} \tag{2.5.14}$$

其中环境气压 p 从实验室的气压计读出,根据式(2.5.14),通过实验即可测得实验环境下的空气折射率。

实验2.6 马赫—曾德干涉

【引言】

马赫—曾德干涉仪(Mach-Zehnder Interferometer,M-Z Interferometer)是一种利用分振幅法获得相干光而产生干涉的仪器,是一种重要的光子学器件。与迈克尔逊干涉仪相比,马赫—曾德干涉仪中的两支光不返回激光器,因而没有回波干扰的影响。马赫—曾德干涉仪中的两支光路分得较开,方便使用。光纤技术的发展为马赫—曾德干涉仪提供了新的思路,以光纤作为传光臂制成光纤马赫—曾德干涉仪,可以应用于温度、压力等物理量的测量。光纤马赫—曾德干涉仪具有抗干扰能力强的特点,广泛应用于传感、通信和干涉计量领域。

【实验目的】

(1) 理解马赫—曾德干涉仪的结构及原理;
(2) 掌握马赫—曾德干涉仪光路的调节;
(3) 理解光纤马赫—曾德干涉仪的原理。

【实验原理】

1. 马赫—曾德干涉仪

马赫—曾德干涉仪是一种利用分振幅法实现双光束干涉的干涉仪,其结构及光路如图2.6.1所示,包括光源、扩束镜、准直镜、两块半反半透镜 SB_1 和 SB_2、两块全反镜 M_1 和 M_2。在光源(激光器)后放置扩束镜和准直透镜,使出射光成为平行光。准直镜后放置第一块半反半透镜 SB_1,光在这里被反射和透射后,分成两支分别向两个全反镜 M_1 和 M_2 方向传播。被 M_1 和 M_2 分别反射后,在第二个半反半透镜 SB_2 处会聚产生干涉。在该处两束光的交叠区域(干涉面)放置接收屏,可以观察干涉条纹。

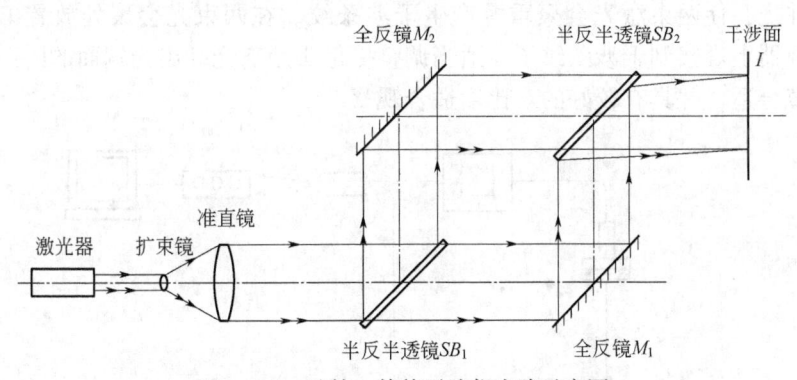

图2.6.1 马赫—曾德干涉仪光路示意图

半反半透镜 SB_1、SB_2 的镜面与两块全反镜 M_1、M_2 镜面相互平行,其中心连线构成一个平行四边形。如果两束光在干涉面处平行,则没有干涉条纹;如果两束光之间有夹角,干涉面处会得到干涉条纹;如果改变其中一束光路的光程,或改变两束光的夹角,干涉面上的条纹会因此变化。

2. 光纤马赫—曾德干涉仪

光导纤维又称为光纤，通常以玻璃或者塑料制成光学纤维，作为光的传导介质来传输信号。按照光在光纤中的传输模式，光纤可分为单模光纤和多模光纤。图2.6.2为常用的单模光纤结构示意图，由纤芯、包层和涂覆层组成。通常纤芯材料折射率大于包层介质折射率，涂覆层用来保护光纤。光从光纤的一个端面进入光纤纤芯，在纤芯和包层的界面处发生全反射而在光纤中传播。这些特点使光纤具有尺寸小、损耗低、速度快、抗干扰能力强、信息承载能力大及使用寿命长的优势，所以光纤广泛地应用于光通信和光传感领域。

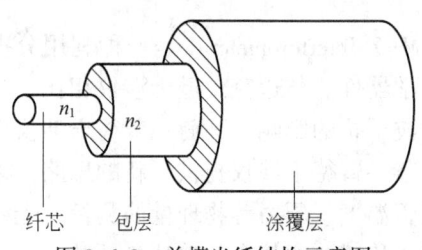

图2.6.2 单模光纤结构示意图

单模光纤纤芯小于$10\mu m$，包层直径大约$125\mu m$，所以通常比较纤细，接近于人的头发丝。利用光纤的传光特性，可以搭建成光纤马赫—曾德干涉仪。该类干涉仪体积小、性能稳定，可以测量温度、压力、湿度等物理量，常常用于光纤传感领域。

光纤马赫—曾德干涉仪也包括信号光路和参考光路两支光路，这两支光路中的光是相干光。如果两束光具有相等光强，从出发到会聚处的相位差为$\Delta\varphi$，根据双光束干涉原理，干涉光强I与相位差$\Delta\varphi$具有如下关系：

$$I \propto (1+\cos\Delta\varphi) \tag{2.6.1}$$

式(2.6.1)中，来自信号臂和参考臂的两束光的相位差$\Delta\varphi$决定了干涉光强的大小，光强的变化情况也反映了光纤马赫—曾德干涉仪中两束光的相位差的变化。

图2.6.3为一种光纤马赫—曾德干涉仪示意图，包括激光器、分束镜、光纤耦合调整架、温控仪、光纤座、CCD摄像头、监视器及光纤等。由激光器发出的光束，经分束镜后一分为二，分别照射到两个光纤耦合调整架中的聚焦透镜上聚焦。调整光纤的方向、距离和位置，使激光焦点打在光纤端面处。光在两支光纤中传播，从光纤的另一端输出。将两支光纤的输出端并拢，使两束激光会聚重叠产生干涉条纹。在两束光会聚处放置CCD摄像头，就可以在监视器上观察到干涉条纹了。适当调整摄像头距离光纤出光端面的距离和位置，使干涉条纹宽窄合适，并具有较好的对比度适合观察。

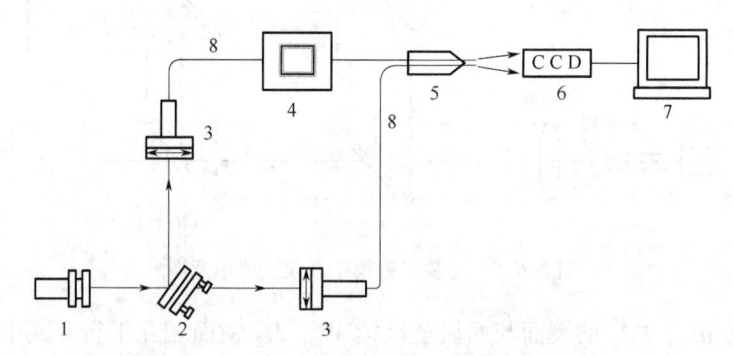

图2.6.3 一种光纤马赫—曾德干涉仪示意图
1—激光器；2—分束镜；3—光纤耦合调整架；4—温控仪；5—光纤座；
6—CCD摄像头；7—监视器；8—光纤

在图2.6.3中，有温控仪的一支光路即为信号臂，另外一支光路称为参考臂。当温控仪改变信号臂光纤所处的环境温度时，两支光路中光的相位差会发生改变，从而引起干涉条纹的变化，该变化反映了信号臂温度的变化。

相位差与光程差的关系为

$$\Delta\varphi = \frac{2\pi}{\lambda}\delta \tag{2.6.2}$$

式中，δ 是两束光的光程差，$\Delta\varphi$ 是相位差，λ 是光在真空中的波长。

假设开始时两支光纤所处环境温度都为 t，参考臂光纤长度为 l_1，信号臂光纤长度为 l_2。如果信号臂温度改变 Δt，使得光纤折射率变化 Δn，忽略光纤直径的变化，则信号臂光纤相位的变化量为

$$\Delta\varphi' = \frac{2\pi}{\lambda}(\Delta n l_2 + n\Delta l_2) \tag{2.6.3}$$

光纤会聚处两束光的相位差可表示为

$$\Delta\varphi = \frac{2\pi}{\lambda}(\Delta n l_2 + n\Delta l_2) + (\varphi_{20} - \varphi_{10}) \tag{2.6.4}$$

式中，$(\varphi_{20} - \varphi_{10})$ 是两束光本身存在的相位差。如果参考臂和信号臂长度一开始就相等，则该项等于零。在上式两边同时除以 $l_2\Delta t$，可以得到

$$\frac{\Delta\varphi}{l_2\Delta t} = \frac{2\pi}{\lambda}\left(\frac{\Delta n}{\Delta t} + \frac{n\Delta l_2}{\Delta t l_2}\right) \tag{2.6.5}$$

式(2.6.5)反映了相位差与温度变化之间的关系，所以图 2.6.3 所示实际上也是一种光纤温度传感器。

【实验仪器】

He-Ne 激光器、扩束镜、准直透镜、半反半透镜（两块）、平面分束镜、镜头纸、光纤耦合调整架、温控仪、光纤座、CCD 摄像头、监视器、单模光纤、光纤切割机。

【实验内容与步骤】

1. 自组马赫—曾德干涉仪，观察干涉现象

（1）搭建光路：按图 2.6.1 所示马赫—曾德干涉仪的光路，将激光器、扩束镜、准直透镜、半反半透镜 SB_1 和 SB_2、全反镜 M_1 和 M_2 摆放在光学平台上，使其中心连线成平行四边形。

（2）调节光路：调节各器件，使各个器件的光心等高，并且信号臂和参考臂长度相等。打开激光器，前后调节扩束镜和准直镜，使出射激光束为平行光。在 SB_2 处放置镜头纸，调节其中一块全反镜，使得两束光在纸屏上重合。将镜头纸移到出射面处，调节第二块半反半透镜，使两束光重合。

（3）观察干涉条纹：上述调节完成后，在干涉面处可看见干涉条纹。改变 SB_2 或 M_1、M_2 的转角和仰角，观察干涉条纹强弱和形状，并与迈克尔逊干涉仪干涉条纹作比较。

2. 光纤马赫—曾德干涉仪测温度与干涉条纹变化关系

1）搭建并调节光路

按照图 2.6.3 摆放仪器，将分束镜放置在激光器后，调整分束镜，使两束光光强基本相等。将光纤耦合调整架放在两支光路上，使激光束正入射聚焦透镜并固定底座。将一张白纸放在聚焦透镜后，前后移动白纸，并仔细调整聚焦透镜的位置，使白纸上的光斑明亮而对称，并记下焦点处的大致位置。

将经过切割处理的光纤（长度大约1~1.5m）放入光纤夹的细缝中，并伸出一小段距离，压上弹簧压片，插入光纤耦合调整架中，使光纤端面大致位于激光焦点处，旋紧锁紧螺钉。调整光纤耦合调整架，使激光耦合进光纤，可以看到有激光输出。使输出激光打在白屏上，观察其强弱和形状。反复调整光纤耦合调整架并观察输出光强和形状的变化，尽量使之最亮并对称。按照相同步骤安装另一根光纤。

将两个光纤出光端合并并使之具有相等的长度，放在光纤座上固定。在出光端后放置CCD摄像头并使两光束进入摄像头，就可以在监视器里观察到条纹。适当调整距离和对比度，使得条纹具有合适的宽窄和对比度。

2）测量温度与干涉条纹变化的关系

将其中的一条光纤作为测量臂，将其固定在制冷片上，压上盖板，待干涉条纹稳定一段时间后，缓慢调节制冷片的温度并同时观察条纹的移动情况，并记录下来，利用作图法找出温度与干涉条纹变化的关系。

【数据及处理】

（1）按照实验内容1的步骤安装并调节光路，自组搭建马赫—曾德干涉仪光路，观察干涉条纹，总结归纳实验现象。

（2）光纤马赫—曾德干涉仪测温度与干涉条纹变化关系实验数据记录见表2.6.1。

表2.6.1 光纤马赫—曾德干涉仪数据记录

测量组数	温度 t,℃	移动条纹数 N	测量组数	温度 t,℃	移动条纹数 N
1			6		
2			7		
3			8		
4			9		
5			10		

根据表2.6.1的数据，绘制干涉条纹移动数目 N 与温度 t 的关系曲线图，说明 N 随 t 变化的规律。

【注意事项】

（1）不要触摸光学仪器表面，以免损坏或弄脏镜面。

（2）调节激光器和使用激光时，避免眼睛直视，以免受伤。

（3）切割光纤时注意安全，以免被纤细的光纤扎伤。

【问题讨论】

（1）马赫—曾德干涉仪与迈克尔逊干涉仪有什么区别？

（2）如何用马赫—曾德干涉仪测某种透明介质折射率？试着设计方案，写出过程，并表示出结果。

（3）如何用光纤马赫—曾德干涉仪测压力？试着设计方案，写出测量过程，并表示出结果。

实验2.7 法布里—珀罗干涉仪的调节和使用

【引言】

法布里—珀罗（Fabry-Perot，F-P）干涉仪是19世纪末法国物理学家法布里

（C. Fabry，1867—1945）和珀罗（A. Perot，1863—1925）最先构造出来的一种多光束干涉仪。F-P 干涉仪不仅是一种分辨率极高的光谱仪器，还可以构成激光器的谐振腔，在光学和光子学中有着重要的应用。如 F-P 干涉仪所产生的干涉条纹具有清晰细锐的特点，使其成为研究光谱线超精细结构的有力工具。

【实验目的】
（1）熟悉 F-P 干涉仪的结构；
（2）掌握 F-P 干涉仪的调节方法；
（3）理解多光束干涉的原理，掌握 F-P 干涉仪条纹特征；
（4）掌握利用 F-P 干涉仪测量激光波长的方法。

【实验原理】

F-P 干涉仪是一种可以实现多光束干涉的仪器，它利用分振幅法获得振幅不相等的多光束，可以产生细锐的干涉条纹。图 2.7.1 为 F-P 干涉仪结构示意图，F-P 干涉仪由两块平行平板 G_1 和 G_2 组成，两板之间有一定的距离。来自光源 S 上一点的光经过会聚透镜 L_1 后成为平行光照射到 F-P 干涉仪的镜面 G_1 进入干涉仪，在干涉仪两平板 G_1、G_2 多次反射和透射，经 G_2 透射的平行光被会聚透镜 L_2 会聚到其焦平面上一点 P。

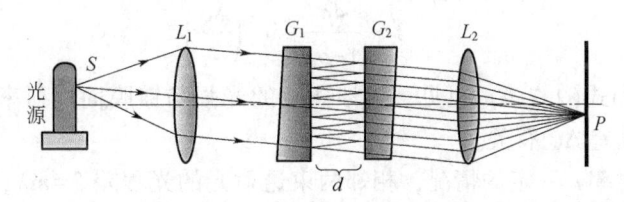

图 2.7.1　F-P 干涉仪结构示意图

为了提高光的反射率，通常在两平行平板的内表面镀有银膜、铝膜或者多层介质膜。F-P 干涉仪镀膜的两个表面严格保持平行，没有镀膜的两个表面通常有一个小的楔角，以避免反射光对干涉仪产生影响。如果两平行平板之间的间隙可以改变，就构成了 F-P 干涉仪；如果两板间距保持不变，就称为 F-P 标准具（F-P etalon）。

1. 多光束干涉

如图 2.7.2 所示，设一束振幅为 A_0、波长为 λ 的光入射到 F-P 干涉仪的第一个平板 G_1 上，入射角为 i_1，折射角为 i_2，反射光振幅为 A'，则镀膜面反射率可表示为 $\rho = \left(\dfrac{A'}{A_0}\right)^2$，透射光振幅为 $\sqrt{1-\rho}\,A_0$；经第二个表面 G_2 反射的光振幅为 $\sqrt{\rho(1-\rho)}\,A_0$，透射的光振幅为 $(1-\rho)A_0$。这样依次反射的光振幅为 $\rho\sqrt{(1-\rho)}\,A_0$，$\rho\sqrt{\rho(1-\rho)}\,A_0$，$\rho^2\sqrt{(1-\rho)}\,A_0$，…。从第二表面相继透射出的光振幅为 $(1-\rho)A_0$，$\rho(1-\rho)A_0$，$\rho^2(1-\rho)A_0$，…。可见反射光和透射光的振幅各自并不相等，而是成等比数列递减。

由于 F-P 干涉仪的两块平板互相平行，所以

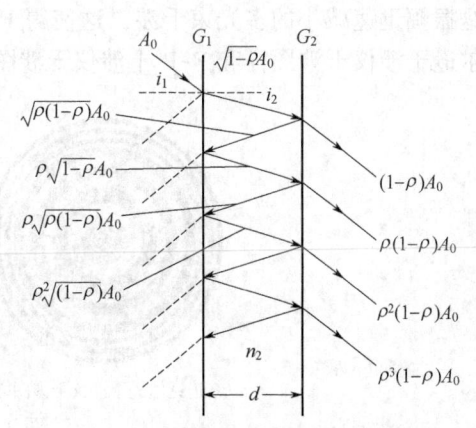

图 2.7.2　光在两平行平板间的多次反射和透射

反射光和透射光都是平行光。如果在 F-P 干涉仪后放置会聚透镜，则透射光在透镜焦平面上形成干涉条纹。每相邻的两束透射光在到达透镜的焦平面上的同一点时，具有相同的光程差：

$$\delta = 2nd\cos i_2 \tag{2.7.1}$$

式中，n 是 F-P 干涉仪两平行平板之间介质的折射率，d 是两板正对距离，i_2 是光进入第一块平板时的折射角。

相邻两束透射光的相位差可表示为

$$\Delta\varphi = \frac{2\pi\delta}{\lambda} = \frac{4\pi}{\lambda}nd\cos i_2 \tag{2.7.2}$$

多束透射光相干叠加后的振幅为

$$A^2 = \frac{A_0^2}{1+\frac{4\rho}{(1-\rho)^2}\sin^2\left(\frac{\Delta\varphi}{2}\right)} \tag{2.7.3}$$

设入射光强为 I_0，根据光的振幅与光强的关系，透射光强可表示为

$$I_T = \frac{I_0}{1+\frac{4\rho}{(1-\rho)^2}\sin^2\left(\frac{\Delta\varphi}{2}\right)} \tag{2.7.4}$$

由式(2.7.2)和式(2.7.4)可见，干涉条纹的光强与镀膜面反射率 ρ 和相邻两透射光束的光程差 δ 或相位差 $\Delta\varphi$ 有关。

对于镀膜面反射率 ρ 一定的情况，相邻两束透射光的光程差 $\delta = m\lambda$ ($m=0,1,2,\cdots$) 时，透射光强有最大值；当 $\delta = (2m+1)\lambda/2$ ($m=0,1,2,\cdots$) 时，透射光强有最小值。由以上分析可见，在多光束干涉的情况下，相同入射角的光经 F-P 干涉仪多次反射透射后，形成多束平行光再经透镜会聚，这些点都位于透镜的焦平面的同一个圆周上。入射角不同，经透镜会聚后的圆周也不相同，条纹光强也不相同，这样就形成同心圆形的等倾干涉条纹。

由以上分析可见，随着镀膜面反射率增大，透射光暗条纹强度降低，亮条纹宽度变窄，干涉条纹的锐度和可见度增大。值得注意的是，F-P 干涉仪中相邻两束透射光的光程差的表达式与迈克尔逊干涉仪光程差的表达式完全相同，所以这两种干涉仪产生的圆形条纹的间距和径向分布也非常相似。但是在迈克尔逊干涉仪中，两束光的振幅相等，而 F-P 干涉仪是振幅迅速减小的多光束干涉，这使得 F-P 干涉仪的条纹非常细锐，图 2.7.3 分别为迈克尔逊干涉仪干涉图样和 F-P 干涉仪干涉图样。

(a) 迈克尔逊干涉仪干涉图样　　(b) F-P干涉仪干涉图样

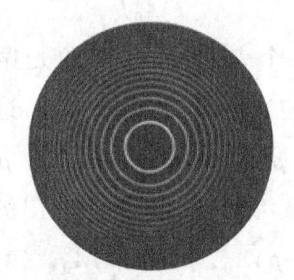

图 2.7.3　干涉图样

如果采用复色面光源，相干光的相位差还随光的波长变化，不同波长的最大值出现在不同方向，形成彩色光谱，同时镀膜面反射率越大，干涉条纹越细锐。

2. F-P 干涉仪测波长

当波长为 λ 的光通过 F-P 干涉仪，在透镜的后焦面处会出现干涉环。根据式（2.7.1），透射光中振动加强的条件为

$$\delta = 2nd\cos i_2 = m\lambda \quad (m = 0, 1, 2, \cdots) \tag{2.7.5}$$

由式（2.7.5）可见透射角 i_2 一定的情况下，F-P 干涉仪两平板之间的距离每改变半个波长，条纹级次变化一级。对于透射角 $i_2 = 0$ 的情况，干涉环位于透镜焦平面中心，改变平板间距 d 为 $d+\Delta d$，中央位置处由 N 个圆环移过，则有

$$\Delta d = N\frac{\lambda}{2} \tag{2.7.6}$$

根据式（2.7.6），测量出 Δd 和 N 就可以计算出入射光波长 λ。

3. F-P 干涉仪测波长差

如果波长为 λ_1 和 λ_2 的两种光通过 F-P 干涉仪，在透镜的后焦面处会出现两套干涉环。如图 2.7.4 所示，改变 F-P 干涉仪平板间距，在某一位置 d_1 恰好一套环夹在另一套环的中间，这时在中央处两种波长的光程差为

$$\delta_1 = 2nd_1 = m_1\lambda_1 = \left(m_1 + j + \frac{1}{2}\right)\lambda_2 \tag{2.7.7}$$

即 λ_1 的第 m_1 级明环和 λ_2 的第 m_1+j 级暗环重合。继续改变间距平板间距为 d_2，第二次出现一套环夹在另一套环的中间，这时有

$$\delta_2 = 2nd_2 = m_2\lambda_1 = \left(m_2 + j + 1 + \frac{1}{2}\right)\lambda_2 \tag{2.7.8}$$

如果两波长 λ_1 和 λ_2 相差很小，用式（2.7.8）减去式（2.7.7），可得

$$\lambda_1 - \lambda_2 = \frac{\lambda_1^2}{2(d_2 - d_1)} \tag{2.7.9}$$

由式（2.7.9）可知，如果给定 λ_1，并测出 $d_2 - d_1$，就可以计算出两波长差值。

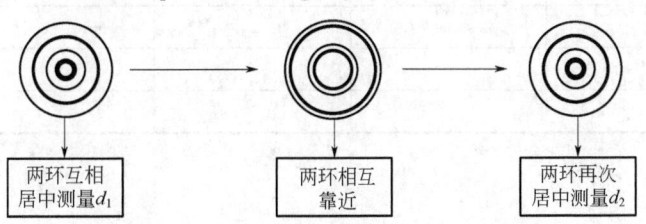

图 2.7.4 两种波长的 F-P 干涉仪干涉环

【实验仪器】

钠灯、F-P 干涉仪（SGM-3）、小孔屏、毛玻璃屏。

【实验内容与步骤】

1. F-P 干涉仪的调节

按图 2.7.5 所示，将钠灯、F-P 干涉仪放置在光学平台上，调节 F-P 干涉仪使两镜面 G_1、G_2 的距离为 1~2mm，注意避免两镜面相碰撞。在钠灯前放置小孔屏，因光在镜面 G_1、

G_2 间多次反射,在小孔屏上会看到一系列的光斑,调节 G_2 后的旋钮,使正对镜面观察时这些光斑是重合的,这说明两镜面 G_1、G_2 已近乎平行,这时通过 F-P 干涉仪镜面可看见干涉条纹。取走小孔屏,在 G_1 前放置毛玻璃屏,就可以观察明亮、细锐的干涉条纹了,再细致调节镜面,使移动眼睛观察时,干涉环不随眼睛移动发生变化。

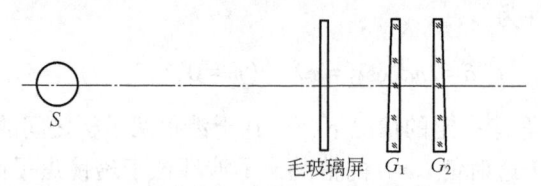

图 2.7.5　F-P 干涉仪测钠光双线波长差实验光路图

2. F-P 干涉仪测钠光双线波长差

(1) 调节 F-P 干涉仪的鼓轮改变 G_1 和 G_2 镜面的距离,观察白屏上干涉条纹的分开→重合→分开的变化过程。

(2) 仔细调节 F-P 干涉仪的鼓轮,当一套干涉环恰好位于另一套干涉环的中间时,记录鼓轮读数 D_1。继续调节鼓轮,当两套干涉环经历重合后再次出现一套干涉环恰好位于另一套干涉环的中间时,记录鼓轮读数 D_2。

(3) 将数据记录在表 2.7.1 中,并根据式(2.7.9)计算出波长差。多次测量取平均值,并表示出测量误差。注意,由于实验测得的 D_1、D_2 并不是真正 G_1 和 G_2 镜面的距离,实际上微调测微头每旋转一个最小刻度,动镜移动 250nm,即 $d_2-d_1=(D_2-D_1)K$,$K=250$。

【数据及处理】

1. 数据记录

F-P 干涉仪测波长差数据记录见表 2.7.1。

表 2.7.1　F-P 干涉仪测波长差　　　　　　　　　　（单位:nm）

测量组数	D_1	D_2	D_2-D_1	d_2-d_1	$\overline{d_2-d_1}$
1					
2					
3					
4					
5					

2. 数据处理

波长差:$\Delta\lambda=\dfrac{\lambda_1^2}{2(d_2-d_1)}$　　　　平均值:$\overline{(\Delta\lambda)}=\dfrac{1}{n}\sum(\Delta\lambda)_i$

绝对误差:$\Delta(\Delta\lambda)=\left|\overline{(\Delta\lambda)}-(\Delta\lambda)_真\right|$　　　相对误差:$E=\dfrac{\Delta(\Delta\lambda)}{(\Delta\lambda)_真}\times100\%$

【注意事项】

(1) 严禁触摸光学仪器表面。

(2) 调节 F-P 干涉仪时,注意两个平行平面 G_1 和 G_2 不能相接触,以免损坏干涉仪。

(3) 使用钠灯时需要先预热几分钟。

【问题讨论】
(1) F-P 干涉仪的两个镜面为什么要做成楔形？
(2) F-P 干涉仪形成的干涉条纹与迈克尔逊干涉仪形成的干涉条纹有什么区别？
(3) 调节 F-P 干涉仪两镜面之间的距离时，观察屏上出现条纹的"吞进"或"吐出"分别对应怎样的距离变化情况？
(4) 测量钠光双线波长差时，实验中为什么选择一套干涉环恰好在另一套干涉环中间时记录数据？

实验2.8 夫琅禾费单缝衍射条纹分析与缝宽测量

【引言】
观察衍射现象的实验装置一般由光源、衍射屏和接收屏三部分组成。按它们相互间距离的不同，通常将衍射分为两类：一类是衍射屏离光源或接收屏的距离为有限远时的衍射，称为菲涅尔衍射；另一类是衍射屏与光源和接收屏的距离都是无穷远的衍射，也就是照射到衍射屏上的入射光和离开衍射屏的衍射光都是平行光的衍射，称为夫琅禾费衍射。

夫琅禾费在 1821—1822 年研究了观察点和光源距障碍物都无限远（平行光束）时的衍射现象。若衍射屏上有一单狭缝，宽度为 a，则在接收屏上将出现一组明暗相间的平行直条纹。在这种情况下计算衍射图样中光强分布时，数学运算就比较简单。在使用光学仪器的多数情况中，光束总是要通过透镜的，因而经常会遇到这种衍射现象，由于透镜的会聚，衍射图样的光强将比菲涅尔衍射图样的光强大大增加。

【实验目的】
(1) 学习测量单缝宽度的一种方法；
(2) 观察夫琅禾费衍射图样及演算单缝衍射公式；
(3) 观察单缝衍射现象，了解单缝宽度对衍射条纹的影响。

【实验原理】
让一束平行光通过宽度可调狭缝时产生的衍射条纹定位于无穷远，称作夫琅禾费单缝衍射。夫琅禾费衍射图样比较简单，便于用菲涅尔半波带法计算各级加强和减弱的位置。设狭缝 AB 的宽度为 a（如图 2.8.1 所示，其中把缝宽放大了约百倍），入射光波长为 λ，若缝隙的宽度 a 足够大，接收屏上将出现亮度均匀的光斑。随着缝隙宽度 a 变小，光斑的宽度也相应变小。但当缝隙宽度小到一定程度时，光斑的区域将变大，并且原来亮度均匀的光斑变成了一系列明暗相间的条纹。根据

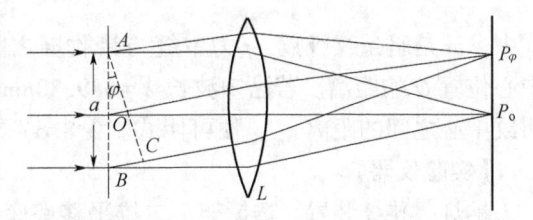

图 2.8.1 平行光通过狭缝时产生的衍射条纹

惠更斯—菲涅尔原理，接收屏上的这些明暗条纹，是从同一个波前上发出的子波产生干涉的结果。为满足夫琅禾费衍射的条件，必须将衍射屏放置在两个透镜之间。

O 点是缝宽的中点，OP_0 是 AB 面的法线方向。AB 波阵面上大量子波发出的平行于该方向的光线经透镜 L 会聚于 P_0 点，这部分光波因相位相同而得到加强。衍射角为 φ 时，AB 波阵面均分为 AO、BO 两个波阵面，若从每个波带上对应的子波源发出的子波光线到达 P_φ 点时的光程差 δ 为 $\lambda/2$，相位差为 π。此处的光波因干涉相消成为暗点，屏幕上出现暗条纹。

如此讨论，随着衍射角 φ 增大，单缝波面被分为更多个偶数波带时，屏幕上会有另外一些暗条纹出现。若波带数为奇数，则有一些次级子波在屏上别的一些位置相干出现明条纹。如波带为非整数，干涉现象介于明暗之间。

此时对于中央明纹，$\varphi = 0$，有

$$a\sin\varphi = 0 \quad (\text{中央明纹中心}) \tag{2.8.1}$$

中央明纹是零级明纹，因为所有光线到达中央明纹中心的光程差相同。

当衍射光满足

$$BC = \pm a\sin\varphi = \pm m\lambda \quad (m = 1, 2, \cdots) \tag{2.8.2}$$

时产生暗条纹。

当衍射光满足

$$BC = \pm a\sin\varphi = \pm(2m+1)\lambda/2 \quad (m = 0, 1, 2, \cdots) \tag{2.8.3}$$

时产生明条纹。

下面来推导单缝缝宽的测量公式。中央明纹的宽度可用其两侧暗条纹之间的角距离来表示，由于对称性，主极大的角宽度为从点 O 到第一暗条纹中心的角距离的两倍，所以从点 O 到第一暗条纹中心的角距离，称为主极大的半角宽度。主极大的半角宽度就是第一暗条纹的衍射角 φ，近似等于 λ/a。中央明纹的宽度等于各次极大的两倍，也就是说，各次极大的角宽度都等于中央明纹的半角宽度，并且绝大部分光能都落在了中央明纹上。

在远场条件下，即单缝至屏距离 $D \gg a$ 时，各级暗条纹衍射角 φ_m 很小，$\sin\varphi_m \approx \varphi_m$，于是第 m 级暗条纹在接收屏上距中心的距离 x_m 可写为 $x_m = \varphi_m f$。而第 m 级暗条纹衍射角 φ_m 满足

$$\sin\varphi_m = \frac{m\lambda}{a} \tag{2.8.4}$$

所以

$$\frac{m\lambda}{a} \approx \frac{x_m}{f} \tag{2.8.5}$$

于是，单缝的宽度为

$$a = \frac{m\lambda f}{x_m} \tag{2.8.6}$$

式中，m 是暗条纹级数，f 为单缝与接收屏之间的距离，x_m 为第 m 级暗条纹距中央主极大中心位置 O 的距离。若已知波长 $\lambda = 589.30 \text{nm}$，测出单缝至光屏距离 f、第 m 级暗纹离中央明纹中心之间的距离 x_m，便可用式 (2.8.6) 求出缝宽。

【实验仪器】

钠灯、狭缝装置、透镜架、二维平移底座、三维平移底座、宽度可调单缝、测微目镜、测微目镜架、透镜 L_1 和 L_2、升降调节座。

【实验内容与步骤】

实验内容：调节夫琅禾费单缝衍射条纹，测量缝宽。

实验步骤：实验装置如图 2.8.2 所示，按如下步骤进行实验。

(1) 参照图 2.8.2 调节夫琅禾费单缝衍射光路共轴等高。

(2) 调节夫琅禾费单缝衍射条纹。使狭缝 S_1 靠近钠灯，位于透镜 L_1 的焦平面上，通过透镜 L_1 形成平行光束，垂直照射狭缝 S_2，用透镜 L_2 将衍射光束会聚到测微目镜的分划板，

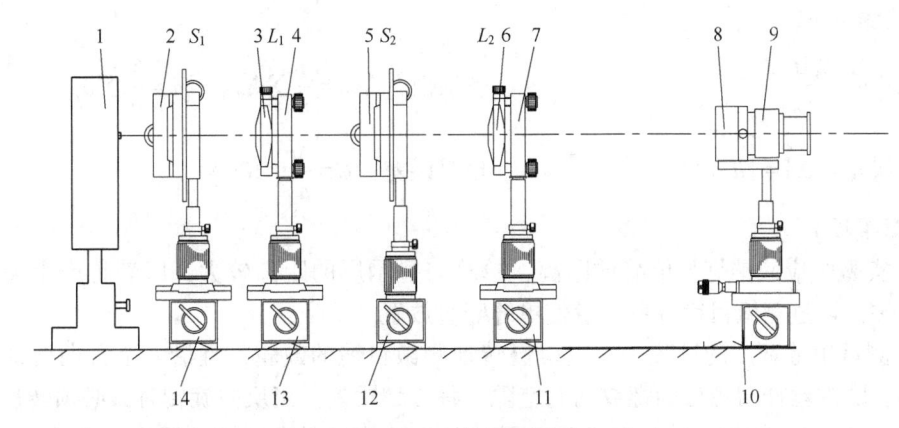

图 2.8.2 实验装置图

1—钠灯；2—狭缝 S_1；3—透镜 $L_1(f'=150\text{mm})$；4、7—二维架或透镜架；
5—狭缝 S_2；6—透镜 L_2 $(f'=300\text{mm})$；8—测微目镜架；9—测微目镜；
10—三维平移底座；11、13、14—二维平移底座；12—升降调节座

调节狭缝铅直，并使分划板的毫米刻线与衍射条纹平行，S_1 的缝宽小于 0.1mm（兼顾衍射条纹清晰与视场光强）。

(3) 测量中央明条纹线宽度为 Δx_0，并计算单缝宽度。当中央明条纹线宽度为 Δx_0，衍射级次 $m=1$ 时，此时可根据式(2.8.6) 得到缝宽计算式：$a=\dfrac{2\lambda f}{\Delta x_0}$。用测微目镜测量中央明条纹线宽度 Δx_0，将已知的 λ 和 f 值代入缝宽计算式中，即可求出缝宽 a。将 Δx_0、f、a 及入射光波长 λ 的值填写到单缝缝宽的数据记录表 2.8.1 中。

(4) 用显微镜直接测量缝宽 a'，并将 a' 填写到单缝缝宽的数据记录表 2.8.1 中，以便与上一步的结果作比较。

【数据及处理】

1. 数据记录

数据记录见表 2.8.1，将已知的 λ 和 f 值代入公式计算出缝宽 a。

表 2.8.1 中央明条纹宽度及单缝缝宽的测量数据记录

$\lambda=$ _____； $f=$ _____。

测量次数	Δx_0,mm	a',mm	a,mm	$\Delta a=\lvert a-a'\rvert$
1				
2				
3				
4				
5				

2. 直接测量

用显微镜直接测量缝宽，与上一步的结果作比较（用测微目镜可验证中央主极大宽度是次极大宽度的两倍）。

3. 数据处理

缝宽：$a = \dfrac{2\lambda f}{\Delta x_0}$ 　　　　　　　平均值：$\Delta \bar{x}_0 = \dfrac{1}{n}\sum \Delta x_{0i}$，$\bar{a} = \dfrac{1}{n}\sum \bar{a}_i$

绝对误差：$\Delta a = |a - a'|$ 　　　　　　相对误差：$E = \dfrac{\Delta a}{a'} \times 100\%$

【注意事项】

（1）实验中应使钠灯与单缝的距离、单缝与显示屏的距离较大，以满足产生夫琅禾费衍射的条件，通过测微目镜观察尽量使单缝竖直放置。

（2）测量单缝宽度的过程中，应缓慢转动测微目镜的鼓轮，且沿一个方向转动，中途不要反向。因为丝杆与螺母的螺纹间有空隙，称为螺距差。当反向旋转时，必须转过此间隙后分划板（叉丝）才能跟着螺旋移动。所以在测量的过程中若转过了头，必须退回几圈，再沿原方向旋转推进。不得移出刻度尺所示的刻度范围，如已到达刻度尺一端，则不能再强行旋转鼓轮。

【问题讨论】

（1）缝宽 a 满足什么条件时，光的衍射效应明显？在什么条件下光的衍射效应不明显？

（2）当缝宽增加一倍时，衍射图样和条纹宽度将会怎样改变？若缝宽减半，又会怎样改变？

（3）如果入射光是复色光（如白光）将会看到什么现象？

（4）若在单缝和单缝到屏之间的空间区域内，充满着某种透明介质，单缝衍射图样将有何差别？

（5）为什么说当显示衍射图样的屏与单缝之间的距离 z 比较远（$D \gg a$）时，透镜 L_1 可省去，可以认为屏上接收到的是平行光？试推导各量所需满足的条件。

实验2.9　单缝衍射光强分布的测量

【引言】

光的衍射现象是光的波动性的一种表现。衍射现象的存在，说明了光子的运动是受测不准关系制约的，因此研究光的衍射不仅有助于加深对光的本质的理解，也是近代光学技术（如光谱分析、晶体分析、全息分析、光学信息处理等）的实验基础。

衍射导致光强在空间的重新分布，利用光电传感元件探测光强的相对变化，是近代技术中常用的光强测量方法之一。

【实验目的】

（1）观察单缝衍射现象，加深对衍射理论的理解；

（2）会用光电元件测量单缝衍射的相对光强分布，掌握衍射光强分布规律；

（3）学会用衍射法测量微小量。

【实验原理】

1. 单缝衍射的光强分布

当光在传播过程中经过障碍物，如不透明物体的边缘、小孔、细线、狭缝等时，一部分光会传播到几何阴影中去，产生衍射现象。如果障碍物的尺寸与波长相近，那么这样的衍射现象就比较容易观察到。

单缝衍射有两种：一种是菲涅尔衍射，单缝距光源和接收屏均为有限远，或者说入射波和衍射波都是球面波；另一种是夫琅禾费衍射，单缝距光源和接收屏均为无限远或相当于无限远，即入射波和衍射波都可看作是平面波。

用散射角极小（<0.002rad）的激光器产生激光束，通过一条很细的狭缝（宽0.1~0.3mm），在狭缝后超过0.5m的地方放上观察屏，就可看到衍射条纹。它实际上就是夫琅禾费衍射条纹，如图2.9.1所示。

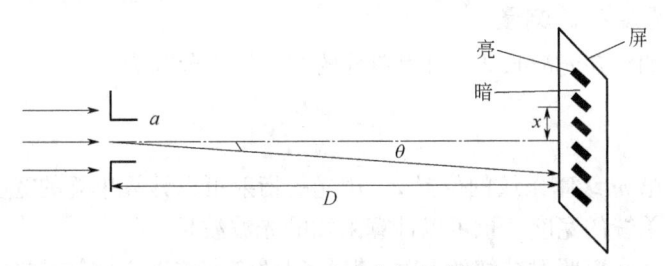

图2.9.1 夫琅禾费衍射条纹

当激光照射在单缝上时，根据惠更斯—菲涅尔原理，单缝上每一点都可看成是向各个方向发射球面子波的新波源。由于子波叠加的结果，在屏上可以得到一组平行于单缝的明暗相间的条纹。

激光的方向性极强，可视为平行光束。宽度为 a 的单缝产生的夫琅禾费衍射图样其衍射光路图满足近似条件（$D \gg a$）：

$$\sin\theta \approx \theta \approx \frac{x}{D} \tag{2.9.1}$$

产生暗条纹的条件是

$$a\sin\theta = m\lambda \quad (m = \pm 1, \pm 2, \pm 3, \cdots) \tag{2.9.2}$$

暗条纹的中心位置为

$$x = m\frac{D\lambda}{a} \tag{2.9.3}$$

式中，a 是狭缝宽，λ 是波长，D 是单缝位置到光屏（光电池）位置的距离，x 是从衍射条纹的中心位置到测量点之间的距离，两相邻暗纹之间的中心是明纹中心。

由理论计算可得，垂直入射于单缝平面的平行光经单缝衍射后光强分布的规律为

$$I = I_0 \frac{\sin^2 u}{u^2} \quad \left(u = \frac{\pi a \sin\theta}{\lambda}\right) \tag{2.9.4}$$

式（2.9.4）所表达的光强分布如图2.9.2所示。当 θ 相同，即 x 相同时，光强相同，所以在屏上得到的光强相同的图样是平行于狭缝的条纹。当 $\theta = 0$ 时，$x = 0$，$I = I_0$，在整个衍射图样中，此处光强最强，称为中央主极大，中央明纹最亮、最宽，它的宽度为其他各级明纹宽度的两倍。当 $\theta = \pm m\pi$（$m = 1, 2, 3, \cdots$），即 $\theta = m\lambda D/a$ 时，$I = 0$，在这些地方为暗条纹。暗条纹是以光轴为对称轴，呈等间隔、左右对称分布。中央亮条纹的宽度 Δx_0 可用 $m = \pm 1$ 的两条暗条纹间的间距确定，$\Delta x_0 = 2\lambda D/a$。某一级暗条纹的位置与缝宽 a 成

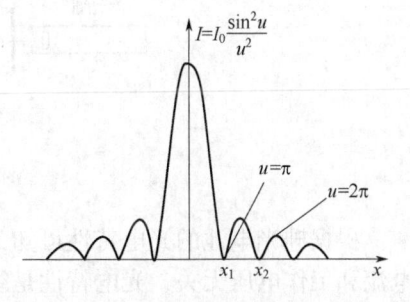

图2.9.2 单缝衍射光强分布

反比，a 大，x 小，各级衍射条纹向中央收缩。当 a 宽到一定程度，衍射现象便不再明显，只能看到中央位置有一条亮线，这时可以认为光线是沿几何直线传播的。

除了中央明纹外，屏上其他明纹光强远小于中央明纹，所以其他明纹又称为次极大明纹，前三个次极大明纹与中央明纹的相对光强分别为

$$\frac{I}{I_0} = 0.047, 0.017, 0.008 \tag{2.9.5}$$

2. 衍射障碍宽度 a 的测量

由以上分析，如已知光波长 λ，可得单缝的宽度计算公式为

$$a = \frac{m\lambda D}{x} \tag{2.9.6}$$

因此，如果测到了第 m 级暗条纹的位置 x，用光的衍射可以计算单缝的宽度。

同理，如已知单缝的宽度，也可以计算未知的光波波长。

根据互补原理，光束照射在细丝上时，其衍射效应和狭缝一样，在接收屏上得到同样的明暗相间的衍射条纹。于是，利用上述原理也可以测量细丝直径及其动态变化。测量原理光路如图 2.9.3 所示。

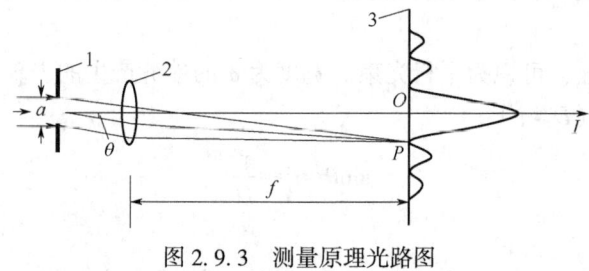

图 2.9.3 测量原理光路图
1—单缝；2—透镜；3—光屏

3. 光电检测法测光强

光的衍射现象是光的波动性的一种表现。研究光的衍射现象不仅有助于加深对光本质的理解，而且能为进一步学好近代光学技术打下基础。衍射使光强在空间重新分布，利用光电元件测量光强的相对变化，是测量光强的方法之一，也是光学精密测量的常用方法。

在小孔屏位置处放上硅光电池和一维光强读数装置，与数字检流计（也称光电检流计）相连的硅光电池可沿衍射展开方向移动，那么数字检流计所显示出来的光电流的大小就与落在硅光电池上的光强成正比。图 2.9.4 所示为实验装置。

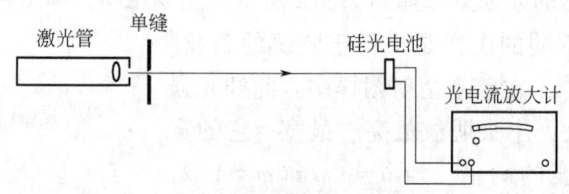

图 2.9.4 一维光强读数装置

根据硅光电池的光电特性可知，光电流和入射光能量成正比，只要工作电压不太小，光电流和工作电压无关，光电特性是线性关系。所以当光电池与数字检流计构成的回路内电阻恒定时，光电流的相对强度就直接表示了光的相对强度。

由于硅光电池的受光面积较大，而实际要求测出各个点位置处的光强，所以在硅光电池前装一细缝光阑（0.5mm），用以控制受光面积，并把硅光电池装在带有螺旋测微装置的底座上，可沿横向方向移动，这就相当于改变了衍射角。

【实验仪器】

激光器、可调宽单缝、光导轨、小孔屏、光电探头、一维测量装置、数字检流计、测微显微镜等。

【实验内容与步骤】

实验主要内容是观察单缝衍射现象，测量单缝衍射的光强分布。实验中用硅光电池作光强 I 的测量器件。

硅光电池可直接将光能转变为电能，在一定的光照范围内，光电池的光电流 i 与光照强度 I 成正比。本实验用检流计以数字显示来检测光电流，该检流计采用低漂移运算放大器、模/数转换器和发光数码管将光电流 I 进行处理，从而将光强 I 以数字显示出来。按图 2.9.5 安装好各实验装置。开启光传感器，预热 5min，先目测粗调，使各光学元件同轴等高，要注意将激光器调平。

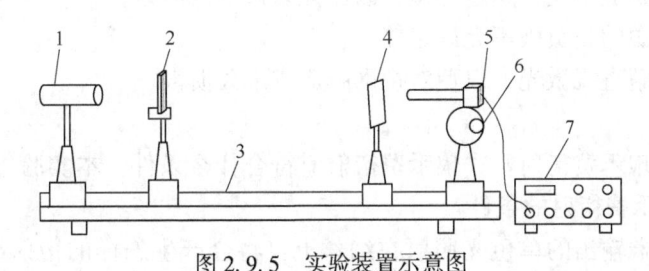

图 2.9.5 实验装置示意图

1—激光器；2—单缝；3—光导轨；4—小孔屏；5—光电探头；6—一维测量装置；7—数字检流计

1. 按照图 2.9.5 进行单缝衍射光强分布光路调节

（1）将移动光靶装入一个无横向调节装置的普通滑座上。转动测量架百分手轮，将测量架调到适当位置，移动光靶，使光靶平面和测量架进光口平行。

（2）接通激光器电源，沿导轨移动光靶，调节激光器架上的六个方向控制手轮，使得光点始终打在靶心上。

（3）将有多个单缝的单缝片装入干板架，放进有横向调节装置的滑座上。调节共轴等高，使激光束通过狭缝中央。

（4）取下光靶，装上白屏。白屏放在光传感器前，观察衍射图样。调节单缝片倾斜度及左右位置，使衍射光斑水平，两边对称。移动单缝片，观察衍射光斑变化规律。

2. 观察单缝衍射现象，测量单缝衍射的光强分布

（1）取下白屏，接通光电流放大器电源，转动百分鼓轮，横向微移测量架，使衍射中央主极大进入光传感器接收口，左右移动的同时，观察数显值。若数显值出现 1，说明光能量太强，应逆时针调节光电流放大器的增益，建议示值在 1500 左右，或者调节光传感器侧面的测微头，减少入射面到接收面上的能量（注意：此狭缝在调节中绝不能小于 0.1mm）。

（2）在略小于中央主极大处开始，选定任意单方向转动鼓轮，每转动 0.2mm（百分鼓轮上的 20 格），记录一次数据，测出中央主极大，1 级极小，2 级主极大，2 级极小，3 级主极大，3 级极小。

【数据及处理】
1. 数据记录

数据记录见表2.9.1。

表 2.9.1　衍射光强测量结果

坐标 x, mm				……			
光强 I, mA				……			
坐标 x, mm				……			
光强 I, mA				……			

2. 数据处理

根据表 2.9.1 中的数据，绘制 I—x 曲线图，反映单缝衍射光强特性。

【注意事项】
（1）不允许用激光器或其他强光照射光传感器。
（2）单面测微狭缝不允许超过零位，以保证刃口不被损坏。
（3）激光器电源的正负极不允许错接。
（4）不能用眼睛直视激光，以免对视网膜造成永久损害。

【问题讨论】
（1）什么叫夫琅禾费衍射？夫琅禾费衍射应符合什么条件？本实验中用 He-Ne 激光做光源是否满足夫琅禾费衍射的条件？
（2）如果激光器输出的单色光照射在细丝上，将会产生怎样的衍射纹样？如何据此测量细丝（如头发丝）的直径？

实验 2.10　透射式衍射光栅常数与光波波长测量

【引言】
光栅是一种具有空间周期性结构的光器件，是一种重要的分光元件，常用于光谱仪等仪器。当入射光照到光栅上时，其振幅或相位或两者被周期性地调制，可以实现色散、分束、偏振和相位匹配。利用透射光衍射的光栅称为透射式光栅，利用反射光衍射的光栅称为反射式光栅。除此之外，还有全息光栅、闪耀光栅、正交光栅、光纤光栅等，适用于不同的科研和工程领域，发挥着重要的作用。

【实验目的】
（1）了解光栅的结构、分类和作用，掌握光栅常数的含义；
（2）理解光的衍射及光栅分光原理；
（3）掌握分光计的调节和使用方法；
（4）掌握利用衍射测量光栅常数和光波长的方法。

【实验原理】
1. 光栅

光栅是一种具有空间周期性结构的器件，是一种重要的分光元件。光栅可分为透射式光栅和反射式光栅（图 2.10.1），透射式光栅是利用透射光衍射，反射式光栅是利用反射光衍射。例如在一个矩形玻璃平板上，平行等间距刻上等宽度的刻痕，就形成了一种透射式光栅，刻痕是不透光的，刻痕之间的玻璃是可以透光的。如图 2.10.1(a) 所示，透射式光栅中刻痕之间的距离是 a，每一刻痕的宽度是 b，一个周期结构的长度为 d，$d=a+b$，称为光栅常数。实际中使用的光栅，每毫米可以有几十甚至上千条刻痕或是透光缝。图 2.10.1(b) 所示为一个反射式光栅，在一块表面平整、光洁度很好的金属板上等间隔刻一些相同的槽，光照射到这些槽时，就会发生反射光衍射。

2. 光栅衍射

以透射式光栅为例说明光栅衍射过程，图 2.10.2 所示为光栅衍射原理图，包括光栅 G、会聚透镜 L 和观察屏 E。观察屏 E 放置在透镜 L 的后焦面处，用来接收衍射条纹。光栅由一些等间隔分布的相同宽度透光缝组成，缝数 N，缝宽为 a，缝间距离 b，光栅常数为 $d=a+b$。

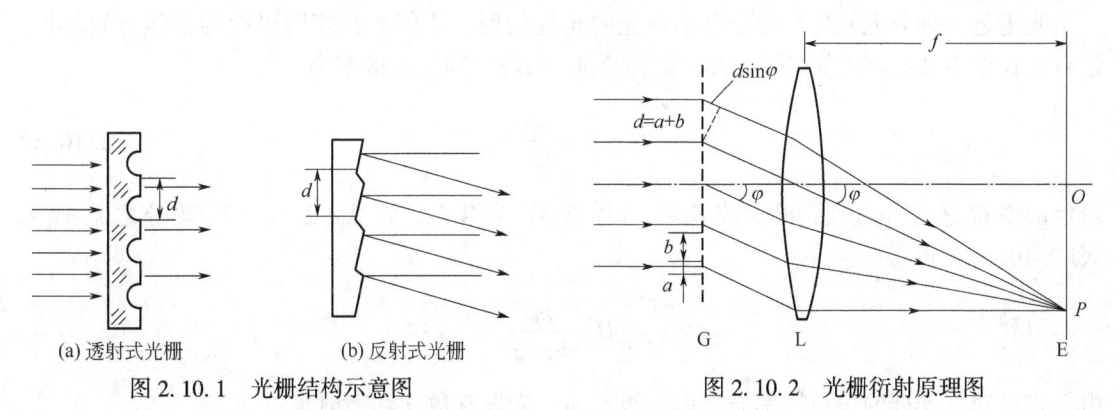

(a) 透射式光栅　　(b) 反射式光栅

图 2.10.1　光栅结构示意图

图 2.10.2　光栅衍射原理图

1) 光栅方程

当波长为 λ 的平行单色光照射到光栅上时，根据惠更斯原理，每一个透光缝处的光因衍射而向不同方向传播。将每个缝沿同一方向传播的光与光轴夹角 φ 称为这些光线的衍射角。衍射角相同的光经透镜会聚到观察屏上同一点，而产生相干叠加，相干叠加的结果由光波之间的光程差决定。如果相邻两透光缝相对应部分发出的衍射角为 φ 的光线，经透镜后会聚于观察屏上的 P 点，其光程差满足

$$d\sin\varphi = (a+b)\sin\varphi = \pm m\lambda \qquad m=0,1,2,\cdots \qquad (2.10.1)$$

因为两两光线叠加时相位差都是 2π 的整数倍，因此振动加强，光线会聚处是明纹。将式 (2.10.1) 称为光栅方程，符合光栅方程的条纹也称为光栅主极大明纹。在式 (2.10.1) 中，m 是主极大明纹级次。当 $\varphi=0$，衍射光会聚到透镜后焦点 O，这就是 $m=0$ 的中央主极大明纹，在其两侧对称分布着不同衍射角的各级主极大明纹，衍射角越大，级次越高，明纹离屏幕中央就越远。

2) 衍射条纹

光栅衍射实际上是单缝衍射和缝间干涉叠加的结果，光通过每个透光缝都会发生衍射，缝间的光又会发生干涉。如果单色光照射光栅，屏幕上会得到明暗相间衍射条纹。相邻两级主极大明纹之间还有 $N-2$ 条光强很小的次级大明纹和 $N-1$ 条暗纹，所以在观察屏上看到的光栅衍射图样是在暗背景上分布着很亮很细的各级主极大明纹。

如果光栅常数 d 和缝宽 a 满足

$$m = \frac{d}{a}m' \qquad m' = \pm 1, \pm 2, \cdots \qquad (2.10.2)$$

就会出现缺级现象,也即本应出现的光栅 m 级主极大明纹没有出现。这是由于光栅常数和缝宽成整数比,这使得在某些方向的衍射光线既满足光栅方程,又满足单缝衍射暗纹条件,所以某些级次的主极大就缺失了。

根据式(2.10.1)可知,若已知入射光波长 λ,测出某级主极大条纹衍射角,就可以计算出光栅常数 d;若已知光栅常数 d,测出某级主极大条纹衍射角,就可以求出光波长 λ。如果是复色光照射光栅,每一波长的光都会有对应的一套衍射条纹,除了衍射角 $\varphi=0$ 的 $m=0$ 级各波长的光重叠在一起外,各个波长其他级次的主极大明纹就分开了。同级主极大条纹中,波长越小,离中央明纹越近,反之则越远,这些不同波长主极大明纹就称为光谱。

3) 光栅角色散率

光栅是一种分光元件,对于非单色光的光栅衍射,不同波长相同级次的谱线位置不同。设有波长差为 $\Delta\lambda$ 的两条谱线,其衍射角之差为 $\Delta\varphi$,则角色散率为

$$D=\frac{\Delta\varphi}{\Delta\lambda} \qquad (2.10.3)$$

角色散率描述了光栅将单位波长差的谱线分开能力。将式(2.10.1)微分之后代入式(2.10.3),可得

$$D=\frac{m}{d\cos\varphi} \qquad (2.10.4)$$

由上式可知,光栅的角色散率与光谱的级次 m、光栅常数 d 和衍射角 φ 有关。

4) 光栅色分辨本领

光栅的色分辨本领表征了光栅分辨光谱细节的能力,可以由瑞利条件计算出来。当波长 λ 的谱线强度极大和波长 $\lambda+\Delta\lambda$ 的谱线强度极大附近的强度极小重合,此时的 $\Delta\lambda$ 即为光栅能分辨的最小波长差。光栅的分辨本领 A 可定义为

$$A=\frac{\lambda}{\Delta\lambda}=mN \qquad (2.10.5)$$

式中,m 是光谱级次,N 是光栅缝数。由上式可见,光栅的分辨本领 A 与光谱级次和光栅缝数有关。

【实验仪器】

汞灯、分光计、光栅、平面反射镜。

【实验内容与步骤】

1. 测量光栅常数

(1) 调节分光计:按照本书 1.4 节分光计的调节步骤,完成对分光计的调节,使其处于使用状态。

(2) 放置光栅:按照图 2.10.3 所示,将光栅沿垂直载物台调节螺钉 G_1、G_3 连线放置,使光栅面垂直于望远镜。转动载物台,在望远镜中观察反射回的绿十字像,如果不和分划板的上交叉点重合,调节载物台 G_1 或 G_3 螺钉,直到绿十字像与分划板的上交叉点重合,固定载物台,此时光栅平面与望远镜、平行光管垂直,与分光计转轴平行。

(3) 观察谱线:打开汞灯照亮平行光管前的狭缝,调节狭缝至竖直位置并与望远镜分划板上的竖线重合。轻轻转动望远镜,观察光栅衍射谱线,如果中央明纹两边的谱线不在同

一高度，说明狭缝与光栅刻痕不平行，按图 2.10.3 所示，调节载物台 G_2 螺钉，使所有谱线具有相同高度。

(4) 测量光栅常数：向一侧轻轻转动望远镜，使绿光的一级主极大明纹与望远镜分划板上的竖线重合，记录此时载物台下两个读数窗口角度 φ_{g1}、φ'_{g1}。再将望远镜转向另一侧，找到绿光的这一侧的一级主极大明纹，再次记录载物台下两个读数窗口角度 φ_{g2}、φ'_{g2}。根据光栅衍射原理和分光计测量原理，绿光一级主极大明纹的衍射角可表示为 $\varphi_{m=1}=\frac{1}{4}(|\varphi'_{g2}-\varphi'_{g1}|+|\varphi_{g2}-\varphi_{g1}|)$，将其代入式(2.10.1)，计算可得光栅常数 d。多次测量取平均值，并表示测量出测量误差。

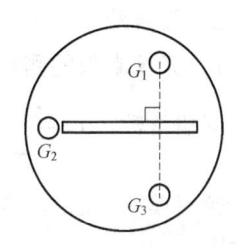

图 2.10.3 平面镜在载物台上放置方法

2. 测量光波波长

向一侧轻转望远镜，观察衍射光谱中的紫光，使紫光的一级衍射主极大明纹与望远镜分划板的竖线重合，记录此时载物台下两个读数窗口角度 φ_{p1}、φ'_{p1}。再将望远镜转向另一侧，找到紫光在这一侧的一级主极大明纹，再次记录载物台下两个读数窗口角度 φ_{p2}、φ'_{p2}，可得紫光一级主极大明纹的衍射角 $\varphi_{m=1}=\frac{1}{4}(|\varphi'_{p2}-\varphi'_{p1}|+|\varphi_{p2}-\varphi_{p1}|)$。将衍射角和之前测出的光栅常数代入式(2.10.1)，计算可得紫光波长 λ，多次测量取平均值，并表示测量出测量误差。

【数据及处理】

1. 数据记录

数据记录见表 2.10.1 和表 2.10.2。

表 2.10.1 光栅常数测量数据记录

测量组数	左侧一级衍射角读数		右侧一级衍射角读数		一级衍射角 ϕ_g	光栅常数 d, mm	$\bar{d}$, mm
	φ_{g1}	φ'_{g1}	φ_{g2}	φ'_{g2}			
1							
2							
3							
4							
5							

表 2.10.2 激光波长数测量数据记录

测量组数	左侧一级衍射角读数		右侧一级衍射角读数		一级衍射角 ϕ_p	波长 λ, nm	$\bar{\lambda}$, nm
	φ_{p1}	φ'_{p1}	φ_{p2}	φ'_{p2}			
1							
2							
3							
4							
5							

2. 数据处理

1）光栅常数的测量数据处理

光栅常数：$d = \dfrac{m\lambda}{\sin\varphi}$ （$m=1$）　　　　平均值：$\bar{d} = \dfrac{1}{n}\sum d_i$

绝对误差：$\Delta d = |\bar{d} - d_{真}|$　　　　相对误差：$E = \dfrac{\Delta d}{d_{真}} \times 100\%$

2）激光波长的测量数据处理

波长：$\lambda = \dfrac{d\sin\varphi}{m}$ （$m=1$）　　　　平均值：$\bar{\lambda} = \dfrac{1}{n}\sum \lambda_i$

绝对误差：$\Delta\lambda = |\bar{\lambda} - \lambda_{真}|$　　　　相对误差：$E = \dfrac{\Delta\lambda}{\lambda_{真}} \times 100\%$

【注意事项】

（1）严禁触摸光学仪器表面。
（2）调整分光计时，要严格按照步骤认真调节分光计的各部件，使之处于测量状态后，才可以进行数据测量。
（3）转动望远镜时，动作要轻要慢要仔细。

【问题讨论】

（1）光栅衍射的图样与单缝衍射的图样有什么区别？
（2）如果入射光与光栅不严格垂直（斜入射），是否影响测量结果？
（3）光栅的角色散率和色分辨本领反映光栅的什么特性？
（4）本实验仪器，如何测出光栅的角色散率？试着设计实验方案，表示出测量结果。

实验 2.11　菲涅尔单缝和圆孔衍射

【引言】

菲涅尔衍射（Fresnel diffraction）和夫琅禾费衍射（Fraunhofer diffraction）都是研究光的衍射现象的方法。不同于夫琅禾费衍射，菲涅尔衍射是基尔霍夫衍射在一定条件下的近似情况，是近场衍射。由于在菲涅尔衍射中，入射到衍射屏和衍射屏后的光都不是平面波，很难利用菲涅尔–基尔霍夫衍射公式来求解，通常是采用菲涅尔半波带法、菲涅尔积分法和分数傅里叶变化法来处理。其中菲涅尔半波带法一种近似的方法，可以比较方便地对菲涅尔衍射进行分析计算。

【实验目的】

（1）理解光的衍射；
（2）理解菲涅尔衍射与夫琅禾费衍射的不同；
（3）观察菲涅尔单缝衍射和圆孔衍射现象；
（4）理解基尔霍夫衍射积分的菲涅尔近似条件。

【实验原理】

1. 菲涅尔衍射

光的衍射可以分为远场衍射和近场衍射。远场衍射中，光到衍射屏、衍射屏到观察屏距离均为无限远，也称为夫琅禾费衍射；近场衍射又称为菲涅尔衍射，衍射屏距离光源和观察屏为有限远，或二者之一为有限远。根据惠更斯—菲涅尔原理，设波传播过程中的某一波面为 S，其前方某点 P 的光振动振幅由波面 S 上所有面源 ds 在 P 点引起的光振动之和决定。如图 2.11.1 所示，S 是光传播某时刻的波面，ds 是其上某一面元，P 点是波传播前方的任一点，r 是面元 ds 到 P 点的距离。n 是面元 ds 法线，θ 是 n 和 r 之间的夹角，则 P 点光振动振幅为

$$E = \int_s \frac{CK(\theta)}{r} \cos\left(\omega t - \frac{2\pi r}{\lambda}\right) dS \tag{2.11.1}$$

式中，C 是比例系数，$K(\theta)$ 是倾斜因子。$\theta = 0$ 时，$K(\theta)$ 最大，$\theta \geq \frac{\pi}{2}$ 时，$K(\theta) = 0$。ω 和 λ 分别是光振动圆频率和波长。

2. 菲涅尔半波带

对于菲涅尔衍射，利用式(2.11.1)求解积分是很困难的，所以常用振幅矢量叠加法近似处理。图 2.11.2 中，S 是一点光源，向周围发射球面波。光传播到一个开口的障碍物时，其波面半径为 R。P 是波传播前方的一点，SP 连线是光轴，SP 与波前交点为 O 点，OP 距离为 r_0。为了研究 P 点光振动振幅，可以以 P 为中心，以 $r_0 + m\frac{\lambda}{2}$ ($m = 1, 2, 3, \cdots$) 为半径在波前上画圆，这样在波前上就得到了很多环带。由于相邻环带对应边缘到 P 点的光程差为 $\frac{\lambda}{2}$，相位差为 π，这些环带被称为菲涅尔半波带。

设对于 P 点，波前露出的半波带数共有 m 个，每个半波带在 P 点的振幅分别为 $A_1, A_2, A_3, \cdots$，相邻序号的半波带在 P 点振动位相相反。根据惠更斯—菲涅尔原理，P 点的振幅可以表示为

$$A_P = A_1 - A_2 + A_3 - A_4 + \cdots + (-1)^{m+1} A_m \tag{2.11.2}$$

可以证明，各个半波带在 P 处的振幅满足 $A_1 > A_2 > A_3 > \cdots$ 的关系，也就是说各个半波带在 P 的振幅随 m 值增大而缓慢减小。这些振幅矢量叠加的结果设为 A_p，A_p 的方向是从第一个振幅矢量的头指向最末振幅矢量的尾，可表示为

$$A_P = \frac{1}{2}(A_1 \pm A_m) \tag{2.11.3}$$

式中，m 是奇数时，符号取正；m 是偶数时，符号取负。

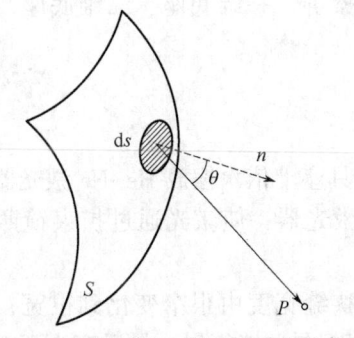

图 2.11.1　惠更斯—菲涅尔原理示意图 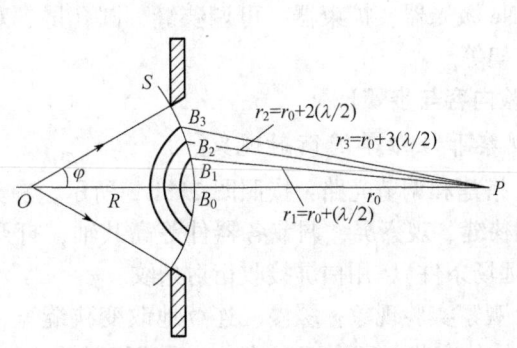　　图 2.11.2　菲涅尔半波带示意图

3. 衍射光强分析

从以上分析可知，P 点的振幅和波前相对于 P 点的半波带数目有关，可以推导出

$$m = \frac{R_h^2(R+r_0)}{Rr_0\lambda} \tag{2.11.4}$$

式中，R_h 为衍射屏孔径，R 为波前半径，λ 为入射光波长，r_0 为 SP 连线与波前交点到 P 点距离。

在图 2.11.2 中，对于 P 点，如果波前露出的奇数个半波带，合振幅较大；如果露出偶数个半波带，合振幅较小；其他情况，合振幅介于较大和较小之间。如果保持 P 点不动，改变其他条件，P 点的光强会变化。而当其他条件不变，沿光轴移动 P 点，P 点光强也会不断变化。

如果衍射屏的孔径、波前半径不变，沿光轴移动观察屏，在某一位置观察屏中央是亮点，表示对于该位置 d_1，露出衍射屏的半波带数为奇数，设为 N 个。继续向靠近衍射屏的方向移动观察屏，紧接着在观察屏中央得到暗点，则对于该位置 d_2，露出衍射屏的半波带数为 $N+1$ 个。将这两种情况的半波带数目分别代入式 (2.11.4)，可推导得出

$$R_h^2 = \frac{Rd_1d_2\lambda}{(R+d_2)d_1-(R+d_1)d_2} \tag{2.11.5}$$

利用式 (2.11.5)，将 d_1、d_2、入射光波长 λ、波前半径 R 代入，就可以求出衍射屏孔径 R_h；如果波前半径 R、衍射屏孔径 R_h 已知，就可以求出入射光波长 λ。

在图 2.11.2 中，将衍射屏换成一个半径为 R_h 圆盘，也可使用半波带法求解 P 振幅。假设对于 P 点，圆盘挡住的半波带数为 m 个，从第 $m+1$ 个半波带开始露出直到无数个。按照振幅矢量叠加法，P 点合振动振幅为

$$A_P = \frac{1}{2}(A_{m+1} \pm A_\infty) \tag{2.11.6}$$

式中，A_∞ 是露出的最后一个半波带在 P 点的振幅，$A_\infty \approx 0$，所以式 (2.11.6) 可写作

$$A_P = \frac{1}{2}A_{m+1} \tag{2.11.7}$$

由上式可见，当衍射屏是圆盘时，衍射图样中心始终是亮的。但是中心处的光强和露出的半波带数目有关，露出的半波带数目越多，P 点光强越大，P 点处就越亮一些；露出的半波带数目越少，P 点光强就越小。

【实验仪器】

He-Ne 激光器、扩束器、可调狭缝、圆孔屏、观察屏、一维底座、二维底座、公用底座、调节架等。

【实验内容与步骤】

1. 观察菲涅尔单缝衍射现象

（1）搭建和调节光路：按照图 2.11.3 所示，在光具座上依次摆放 He-Ne 激光器、扩束镜、可调狭缝、观察屏，调节各器件等高共轴，打开激光器，使激光通过扩束镜照亮狭缝（不满足远场条件），用白屏接收衍射条纹。

（2）观察实验现象：缓慢、连续地改变狭缝宽，狭缝宽度由很窄变化到很宽，观察屏上衍射条纹的变化，即由近似的夫琅禾费衍射转化为菲涅尔单缝衍射，最后变为两个对称的直边衍射的过程。记录实验现象，并将现象与理论分析进行比较。固定单缝缝宽，缓慢、连

续地改变狭缝与白屏之间的距离，观察屏上条纹菲涅尔衍射、夫琅禾费衍射的转化过程。记录实验现象，并将现象与理论分析进行比较。

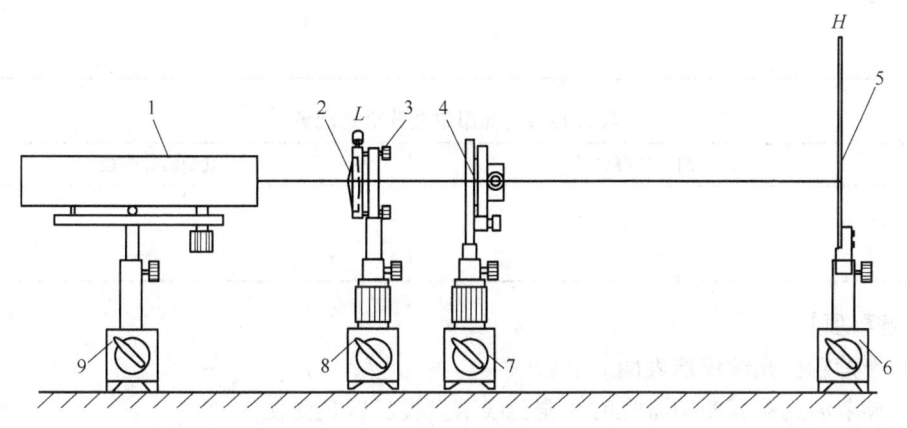

图 2.11.3　菲涅尔单缝衍射实验
1—He-Ne 激光器；2—扩束镜；3—二维调节架；4—可调狭缝；5—白屏；
6—公用底座；7、8——维底座；9—公用底座

2. 观察菲涅尔圆孔衍射现象

(1) 搭建和调节光路：按照图 2.11.4 所示，在光具座上依次摆放 He-Ne 激光器、扩束镜、可调圆孔、观察屏。调节各器件等高共轴，打开光源，使激光通过扩束镜照亮狭缝（不满足远场条件），用白屏接收衍射条纹。

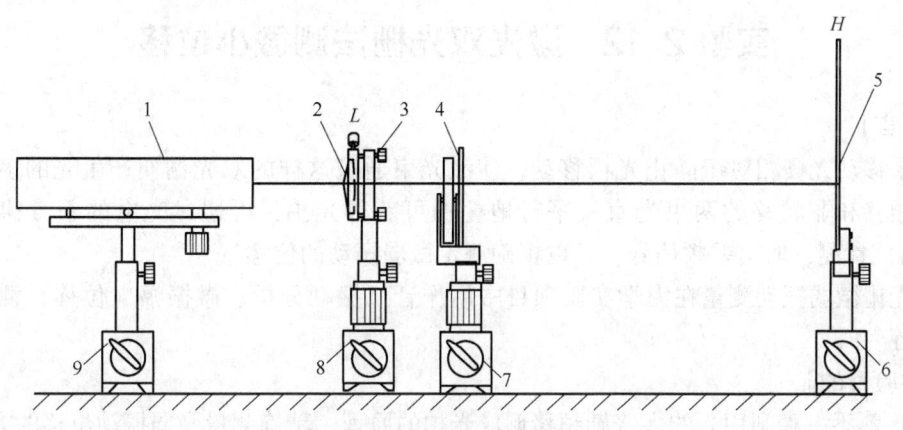

图 2.11.4　菲涅尔圆孔衍射实验
1—He-Ne 激光器；2—扩束镜；3—二维调节架；4—圆孔屏；5—白屏；
6—公用底座；7、8——维底座；9—公用底座

(2) 观察实验现象：使用圆孔屏，将白屏逐渐远离圆孔，观察屏上会看见衍射图样中心明、暗交替的变化。观察实验现象，与菲涅尔半波带法分析的结果进行比较。改变圆孔孔径，观察白屏中央明、暗的变化，与理论分析作比较。

【数据及处理】

1. 数据记录

数据记录见表 2.11.1 和 2.11.2。

表 2.11.1　菲涅尔单缝衍射现象

现象	改变单缝与屏位置	改变单缝缝宽

表 2.11.2　菲涅尔圆孔衍射现象

现象	改变圆孔与屏位置	改变圆孔半径

【注意事项】

(1) 严禁触摸光学仪器表面。

(2) 调节激光器和使用激光时，避免眼睛直视，以免受伤。

【问题讨论】

(1) 菲涅尔单缝衍射和夫琅禾费单缝衍射条件上有什么区别？两种衍射的条纹各有什么特点？

(2) 菲涅尔圆孔衍射和夫琅禾费圆孔衍射条件上有什么区别？两种衍射的条纹各有什么特点？

(3) 实验中怎样从菲涅尔衍射变化到夫琅禾费衍射？

(4) 菲涅尔圆屏衍射观察屏中央的条纹是怎样的？这个现象能够说明什么问题？

实验 2.12　激光双光栅法测微小位移

【引言】

如果移动光栅相对于静止光栅移动，使激光束通过这样的双光栅便产生光的多普勒现象，把频移和非频移的两束光直接平行地叠加可获得光拍，再通过光电的平方律检波器（光电池）检测，取出差频信号，可以精确测定微弱振动的位移。

双光栅微弱振动测量在力学实验项目中用作音叉振动分析、微振幅（位移）测量和光拍研究等。

【实验目的】

(1) 熟悉一种利用光的多普勒频移形成光拍的原理，精确测量微弱振动位移的方法。

(2) 做出外力驱动音叉时的谐振曲线。

【实验原理】

1. 位相光栅的多普勒频移

当激光平面波垂直入射到位相光栅时，由于位相光栅上不同的光密和光疏媒质部分对光波的位相延迟作用，使入射的平面波变成出射时的摺曲波阵面，如图 2.12.1 所示。

由于衍射干涉作用，在远场，可以用大家熟知的光栅方程即 (2.12.1) 式来表示

$$d\sin\varphi = m\lambda \tag{2.12.1}$$

式中，d 为光栅常数，φ 为衍射角，m 为衍射级次，λ 为光波波长。

然而，由于光栅在 y 方向以速度 v 移动着，则出射波阵面也以速度 v 在 y 方向移动。从而在不同时刻对应于同一级的衍射光线，它的波阵面上出发点在 y 方向也有一个 vt 的位移量，如图 2.12.2 所示。

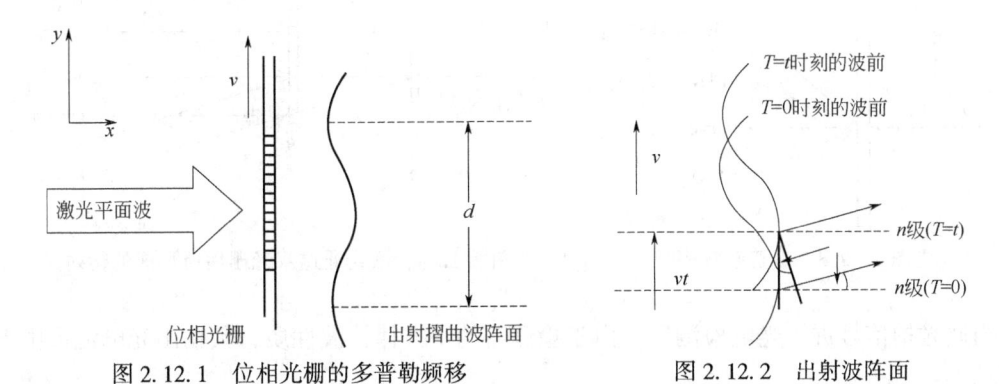

图 2.12.1 位相光栅的多普勒频移   图 2.12.2 出射波阵面

该位移量相应于光波位相的变化量为

$$\Delta\varphi(t) = \frac{2\pi}{\lambda}\Delta s = \frac{2\pi}{\lambda}v_t\sin\theta \tag{2.12.2}$$

将式(2.12.1) 代入式(2.12.2) 可得出

$$\Delta\varphi(t) = \frac{2\pi}{\lambda}v_t\frac{n\lambda}{d} = n2\pi\frac{v}{d}t = n\omega_a t \tag{2.12.3}$$

式中，$\omega_a = 2\pi\dfrac{v}{d}$。

现将光波写成如下形式

$$E = E_0\exp\{i[\omega_0 t + \Delta\varphi(t)]\} = E_0\exp\{i(\omega_0 + n\omega_d)t\} \tag{2.12.4}$$

显然，如图 2.12.3 所示，移动的位相光栅的 n 级衍射光波相对于静止的位相光栅存着多普勒频率，可表示为

$$\omega_a = \omega_0 + n\omega_d \tag{2.12.5}$$

式中，ω_0 为初始光频率，ω_d 为多普勒频率。

2. 光拍的获得与检测

光频率甚高，为了要从光频 ω_0 中检测出多普勒频移量，必须采用"拍"的方法，即要把已频移的和未频移的光束互相平行叠加，以形成光拍。本实验形成光拍的方法是采用两片完全相同的光栅平行紧贴，一片 B 静止，另一片 A 相对移动。激光通过双光栅后所形成的衍射光，即为两种以上光束的平行叠加。如图 2.12.4 所示，光栅 A 按速度 v_A 移动起频移作用，而光栅 B 静止不动只起衍射作用，故通过双光栅后出射的衍射光包含了两种以上不同频率而又平行的光束，由于双光栅紧贴，激光束具有一定宽度故该光束能平行叠加，这样直接而又简单地形成了光拍。

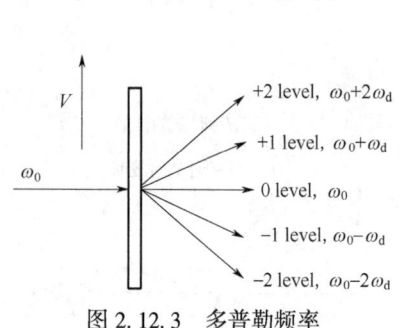

图 2.12.3 多普勒频率 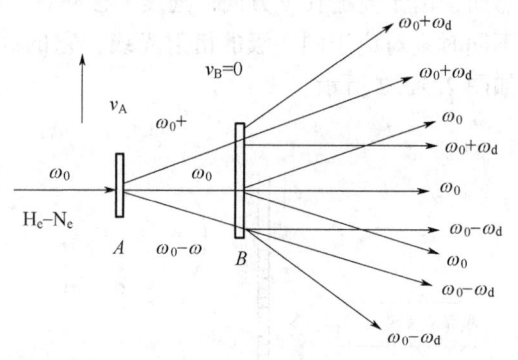　　　　图 2.12.4 激光通过双光栅后所形成的衍射光

当此光拍信号进入光电检测器，由于检测器的平方律检波性质，其输出光电流可由下述关系求得：

光束 1：$E_1 = E_{10}\cos(\omega_0 t + \varphi_1)$

光束 2：$E_2 = E_{20}\cos[(\omega_0 + \omega_d)t + \varphi_2]$　　（取 $n=1$）

光电流 I 为

$$I = \xi(E_1+E_2)^2 = \xi \begin{cases} E_{10}^2\cos^2(\omega_0 t + \varphi_1) \\ +E_{20}^2\cos^2(\omega_0+\omega_d)t+\varphi_2 \\ +E_{10}E_{20}\cos[(\omega_0+\omega_d-\omega_0)t+(\varphi_2-\varphi_1)] \\ +E_{10}E_{20}\cos[(\omega_0+\omega_0+\omega_d)t+(\varphi_2+\varphi_1)] \end{cases} \quad (2.12.6)$$

式中，ξ 为光电转换常数。因光波频率 ω_0 甚高，不能为光电检测器反应，所以光电检测器只能反映（2.12.6）式中第三项拍频信号：

$$i_s = \xi\{E_{10}E_{20}\cos[\omega_d t + (\varphi_2-\varphi_1)]\} \quad (2.12.7)$$

光电检测器能测到的光拍信号的频率为拍频：

$$F_{拍} = \frac{\omega_d}{2\pi} = \frac{v_A}{d} = v_A n_\theta \quad (2.12.8)$$

式中，$n_\theta = \frac{1}{d}$ 为光栅密度。本实验 $n_\theta = 100$ 条/mm。

3. 微弱振动位移量的检测

从式（2.12.8）可知，$F_{拍}$ 与光频率 ω_0 无关，且当光栅密度 n_θ 为常数时，只正比于光栅移动速度 v_A，如果把光栅粘在音叉上，则 v_A 是周期性变化的。所以光拍信号频率 $F_{拍}$ 也是随时间而变化的，微弱振动的位移振幅为

$$A = \frac{1}{2}\int_0^{T/2} v(t)\,\mathrm{d}t = \frac{1}{2}\int_0^{T/2} \frac{F_{拍}(t)}{n}\,\mathrm{d}t$$

$$= \frac{1}{2n_\theta}\int_0^{T/2} F(t)\,\mathrm{d}t \quad (2.12.9)$$

式中，T 为音叉振动周期，$\int_0^{T/2} F_{拍}(t)\,\mathrm{d}t$ 可直接在示波器的荧光屏上计算波形数而得到，因为 $\int_0^{T/2} F_{拍}(t)\,\mathrm{d}t$ 表示 $T/2$ 内的波的个数，其不足一个完整波形的首数及尾数，需在波群的两端，

— 72 —

可按反正弦函数折算为波形的分数部分，即

$$波形数 = 整数波形数 + \frac{\sin^{-1}a}{360°} + \frac{\sin^{-1}b}{360°} \tag{2.12.10}$$

式中，a、b 为波群的首尾幅度和该处完整波形的振幅之比（波群指 $T/2$ 内的波形，分数波形数包括满 1/2 个波形为 0.5，满 1/4 个波形为 0.25）。

【实验仪器】

激光器、双光栅微弱振动测量仪、GDS-620 示波器、信号发生器、频率计、音叉、光栅等。

双光栅综合测量仪调节部件如图 2.12.5 所示。实验所需信号发生器、频率计等已集成于一只仪器箱内，只需外配一台普通的双踪或单踪示波器即可。其技术指标如下：

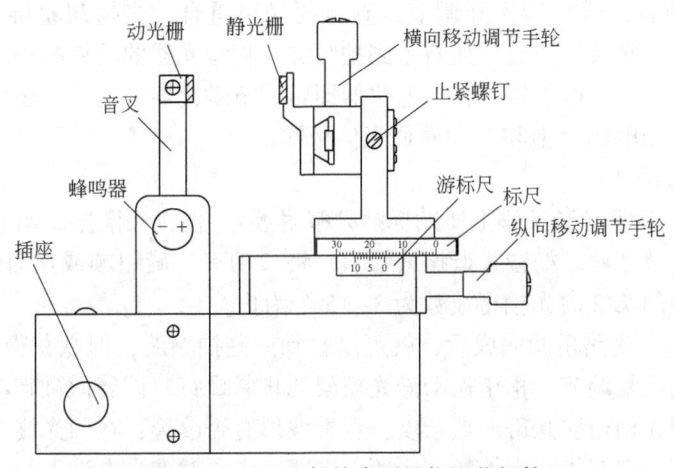

图 2.12.5 双光栅综合测量仪调节部件

测量精度：5μm，分辨率，1μm；激光器：$\lambda = 635\text{nm}$，0-3mW；
信号发生器：100Hz~1000Hz，0.1Hz 微调，0~500mw 输出；
频率计：1Hz~999.9Hz±0.1Hz；音叉：谐振频率约 430Hz 具体数值见仪器）；
光栅规格：100 条/mm。

【实验内容与步骤】

1. 激光双光栅法测微小位移实验光路中的仪器摆放

将半导体激光器、双光栅综合实验仪移动部件、光电池按图 2.12.6 所示放置，其中各部件在光具座上相互之间的间距约为 15cm。

图 2.12.6 实验器件位置简图

2. 正确连接光电池、示波器、双光栅综合试验仪各仪器之间的连接线

将光电池及蜂鸣器Ⅰ、Ⅱ分别连接至电器箱上对应的连接标志处（注意：光电池和蜂鸣器Ⅱ不可以同时连接上），双踪示波器的 Y1、Y2、X 外触发输入端接至双光栅综合实验仪电器箱上的Y1、Y2（音叉激振信号，使用单踪示波器时此信号空置）、X（音叉激振驱动信号整形成方波，作示波器"外触发"信号）的输出插座上，示波器的触发方式置于"外触发"；Y1的V/格置于0.1～0.5V/格；"时基"置于0.2ms/格；开启各自的电源。

3. 操作激光双光栅法测微小位移实验

（1）几何光路调整。微调半导体激光器的M6立杆上下升降及移动二维马鞍，让光束从动光栅架（此实验所用光栅规格为100条/mm）的孔中心通过。小心调节光电池架M6立杆上下升降，让某一级衍射光正好落入光电池前的小孔内，锁紧激光器与光电池。

（2）双光栅调整。静光栅尽可能与动光栅接近（不可相碰，防止插伤光栅），用一屏放于光电池架处，务必仔细观察，二个光束是否重合？如不重合，可用一把一字起松开"静光栅架"的止紧螺钉，微旋转松开调节，直至两光束重合，去掉观察屏，轻轻敲击音叉，在示波器上应看到拍频波。注意：如看不到拍频波，将激光器的功率减小一些试试。在半导体激光器的电源盒上一只电位器，转动电位器即可调节激光器的功率。过大的激光器功率照射在光电池上将使光电池"饱和"而看似无信号输出。

（3）音叉谐振调节。

调节"频率"旋钮（音叉座上所贴标贴频率附近），使音叉谐振。调节时用手轻轻地按音叉顶部，找出调节方向。如音叉谐振太强烈，将"功率"旋钮顺或逆时钟方向调节试试，直到示波器上看到的$T/2$内光拍得波数为8～15个为止。

（4）波形调节。光路粗调完成后，就可以看到一些拍频波，但欲获得光滑细腻的波形，还必须作些仔细的反复调节。稍稍松动静光栅架的止紧螺钉，试着微微转动光栅架，改善动光栅衍射光斑与静光栅衍射光斑的重合度，看看波形有否改善；在两光栅产生的衍射光斑重合区域中，不是每一点都能产生拍频波，所以光斑正中心对准光电池上的小孔时，并不一定都能产生好的波形，有时光斑的边缘即能产生好的波形，可以微调光电池架或激光器的M6立杆升降。

（5）测出外力驱动音叉时的谐振曲线。固定"功率"旋钮位置，小心调节"频率"旋钮，读出不同频率f(Hz)时$T/2$内的波形数目，不足一个完整波形的，算出它的分数部分，填入表2.12.1，频率参考范围：507～509Hz，间隔0.5Hz；并作出音叉的频率—振幅曲线。固定"频率"旋钮位置，小心调节"功率"旋钮，作出音叉的功率—振幅曲线。每个仪器音叉的谐振频率不同，应根据每个仪器音叉的谐振频率（标注在音叉上）选择不同的频率取值参考范围，以每个仪器音叉的谐振频率为中心，左右7Hz频率范围为宜。

（6）改变音叉的有效质量，研究谐振曲线的变化趋势，并说明原因（改变质量可用橡皮泥或在音叉上吸一小块磁铁。注意，此时信号输出功率不能变）。

（7）多普勒效应的演示，蜂鸣器I不接电源，此时音叉保持静止，旋转"声音"按钮为较大值时，无声音输出（实验时有可能听到"嗡"的声音，这是环境中的声音驱动音叉共振而产生的干扰声音，可用手按住音叉，使动光栅静止）。转动静光栅的横向移动调节手轮，随着手调节静光栅运动速度的不同可以听到不同频率的声音，速度越快，音调越高，从示波器上可以看到光栅运动速度越快，显示的波形越密集，这就是多普勒效应。

【数据及处理】

1. 记录如图2.12.7所示的微小振动位移图

例如，实验中取测量频率为507.9Hz测量，单踪示波器显示如图2.12.7所示，可以数得其波形数大致约为 17.0 个。

代入公式计算得到此时的微小振动振幅为

$$A = \frac{1}{2n_\theta}N = 85.0\mu m$$

式中，N 为半个周期内的波形数。

2. 测量幅频变化曲线

将频率范围限制在 507～509Hz 内改变频率，每一个频率都按照上述方法测量其振幅，可以得到见表 2.12.1 数据。

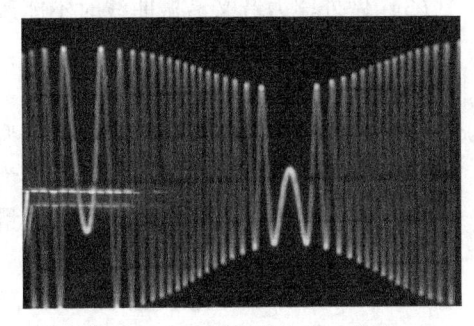

图 2.12.7 测量微小振动位移

表 2.12.1 音叉振动振幅测量

序号	频率,Hz	T/2 波形数目	音叉振动的振幅,μm
1			
2			
3			
4			
5			
6			
7			
8			
9			
10			

注：音叉谐振时，半周期波形数较多，可跳过这几个数据的测量，画出频率—振幅关系图像，如图 2.12.8 所示。

同时做出拟合频率—振幅曲线，如图 2.12.9 所示。

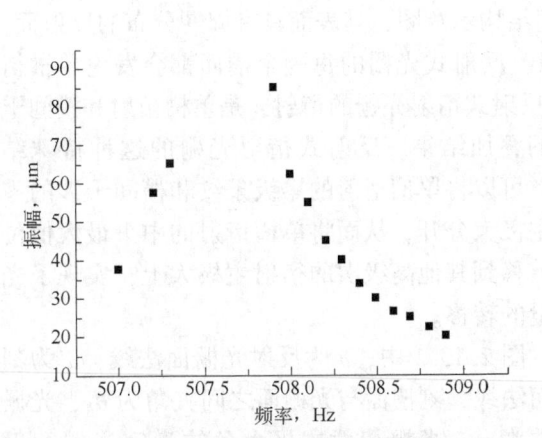

图 2.12.8 振幅—频率关系图像

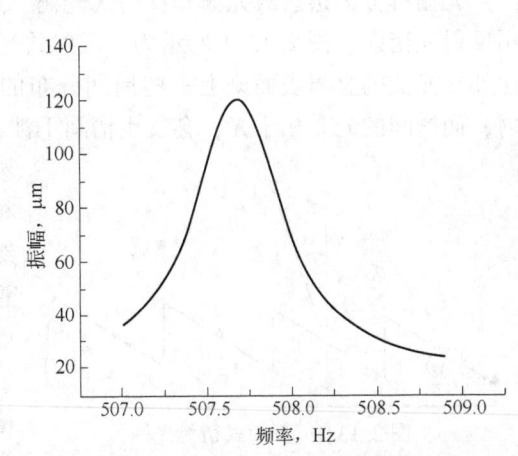

图 2.12.9 频率—振幅拟合曲线图

【注意事项】

（1）调整几何光路时应十分小心，取下"静光栅架"时注意不可擦伤光栅。

（2）装"静光栅架"时应尽可能与动光栅接近，但却注意不可相碰。

(3) 做外驱力音叉谐振曲线时不能改变信号功率。
(4) 眼睛不要直视激光。

【问题讨论】

(1) 如何判断动光栅与静光栅的刻痕已平行？
(2) 作外力驱动音叉谐振曲线时，为什么要固定信号功率？
(3) 本实验测量方法有何优点？测量微振动位移的灵敏度是多少？

实验2.13 光栅单色仪的使用

【引言】

光谱分析法是光学中一种重要的研究方法，通过光谱分析可以鉴别物质的类别，以及获知物质的组成成分。作为光谱分析仪器的关键部件，在光谱分析中，单色仪可以通过色散元件从复色光中获得单色光。常用的单色仪有棱镜单色仪和光栅单色仪，前者的色散元件是棱镜，后者的色散元件是光栅。光栅单色仪具有较大的出射光强，也比较容易与其他器件配套使用，在科学研究和工程应用中发挥着重要的作用。

【实验目的】

(1) 了解单色仪的分类和作用；
(2) 熟悉光栅单色仪的结构和各部件作用；
(3) 理解光栅单色仪的工作原理；
(4) 掌握光栅单色仪的使用方法。

【实验原理】

光栅单色仪是一种利用光栅衍射从复色光获得单色光的仪器，常用于光谱仪或光谱测量，一般的光栅单色仪中的核心部件是反射式衍射光栅，利用光栅衍射获得单色光。

1. 平面反射式光栅

光栅可分为透射式光栅和反射式光栅，透射式光栅利用透射光衍射，反射式光栅则是利用反射光衍射。图2.13.1所示为一反射式光栅结构示意图，其表面具有周期分布的反射面，比如在光洁的金属表面刻上一些周期分布的槽。反射式光栅的每一个槽面都会发生单槽衍射，而槽间的光是相干光，会发生槽间干涉，反射式衍射光栅的衍射，是单槽衍射和槽间干涉的叠加结果。反射式衍射光栅的这种特殊结构，可以将单槽衍射的零级条纹和槽间干涉的零级主极大分开，从而将单槽衍射的中央最大值位置转移到其他高级次的衍射主极大上，实现了光能量的转移。

图2.13.1中，n为反射光栅面法线，n'为刻槽面法线，刻槽面与光栅面之间夹角为θ_b，光栅常数为d。光栅衍射主极大条纹遵守光栅衍射方程

$$d(\sin\varphi+\sin\theta)= m\lambda \quad (m=0,\pm 1,\pm 2,\cdots) \quad (2.13.1)$$

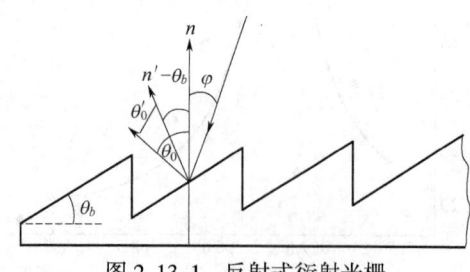

图2.13.1 反射式衍射光栅

式中，φ是入射光与光栅面法线n之间的夹角，θ是衍射角。单槽衍射的零级主极大的方向在槽面反射的方向上，遵守反射定律，这个方向可由槽面与光栅平面的夹角θ_b决定。由于

反射槽面和光栅面有一定夹角，所以反射光栅就将单槽衍射的零级条纹和槽间干涉的零级主极大分开了。如果入射光垂直入射于光栅面入射，入射光与槽面间法线夹角为θ_b，则反射光在与槽间法线n夹角为$-\theta_b$（角度的符号规定由法线方向向光线方向旋转顺时针为正，逆时针为负）的方向上，也即单槽衍射的零级在这个方向上。这种情况下，光栅衍射角$\theta=2\theta_b$，通常也将θ_b称为闪耀角。

2. 光栅单色仪原理

光栅单色仪是以反射式衍射光栅作为色散分光元件，利用反射式衍射光栅分光的原理，从复色光中获得单色光。以 WGD-300B 型光栅单色仪为例，其结构和原理如图 2.13.2 所示，其中 S_1 和 S_2 是狭缝，S_1 是入射狭缝，S_2 是出射狭缝。M_1、M_2 是平面反射镜，M_3、M_4 是球面反射镜，G 是衍射光栅，F 是滤光片。入射狭缝 S_1 位于球面反射镜 M_3 的焦面上，通过 S_1 射入的光束经 F 滤光片滤光后，再经 M_3 反射成平行光入射到光栅 G 上，经光栅衍射后的平行光束再经球面反射镜 M_4 在出射狭缝 S_2 处输出。

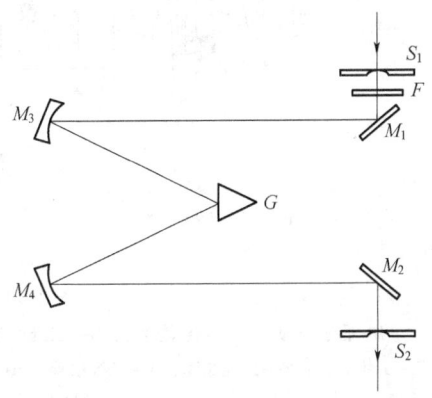

图 2.13.2　光栅单色仪原理示意图

光栅单色仪主体刚性好，不变形，其入射狭缝、出射狭缝宽度为 0~2mm 连续可调；波长驱动结构采用正弦结构，用步进电机带动丝杠轴向平移，推动与光栅连成一体的光栅台绕旋转中心转动，从而实现波长扫描；系统以组合的形式安装了三块经过调试的光栅，其光栅常数分别为 1/1200mm、1/300mm、1/66mm。通过面板上的光栅转换键驱动光栅转换电机调换当前工作光栅，可以实现从波长 200nm~15μm 的分段扫描；扫描过程中滤光片可自动转换，光栅转换机构可以保证新转换的光栅定位准确，不需要再次校准光栅位置。

3. 光栅单色仪的定标

光栅单色仪在经过运输、长期使用或重新装调后，其波长显示器的读数与实际所测单色光的准确波长值会产生偏差，这就需要对光栅单色仪进行重新定标。光栅单色仪的定标是利用一些已知波长、谱线宽度较窄的光照亮入射狭缝 S_1，并转动扫描手轮使这些光按照波长顺序依次从出射狭缝 S_2 射出，读出波长显示器上相应的指示值，再利用已知波长的准确值，可以作出光栅单色仪的校准曲线。有了校准曲线，在测量其他光波波长时，就可以利用校准曲线，将波长显示器上的读数作相应的修正，得到所测光波波长的准确值。

【实验仪器】

汞灯、会聚透镜、可调狭缝、平面反射镜、自准球面镜、光栅转台、平面闪耀光栅、光栅单色仪（WGD-300B）、凸透镜、移测显微镜、光探测器、光电流（压）放大器、调整架、底座。

【实验内容及步骤】

1. 自组光栅单色仪分光实验

（1）按照图 2.13.3 所示将各器件放置在光学平台上，调节各器件使光心等高。

（2）调节自准球面镜 M_1，使入射到 M_1 和从 M_1 反射的光有较小夹角。去掉出射狭缝并放置白屏，前后移动白屏，调节光路聚焦，调节好后可去掉白屏放置出射狭缝。

（3）调节入射狭缝、出射狭缝使之具有合适宽度，球面镜和光栅之间距离合适。调节

光栅 G，使旋转微调螺旋时，不同颜色的光可以从出射狭缝射出。

（4）观察不同颜色的光从狭缝出射的现象，理解光栅单色仪的工作原理。

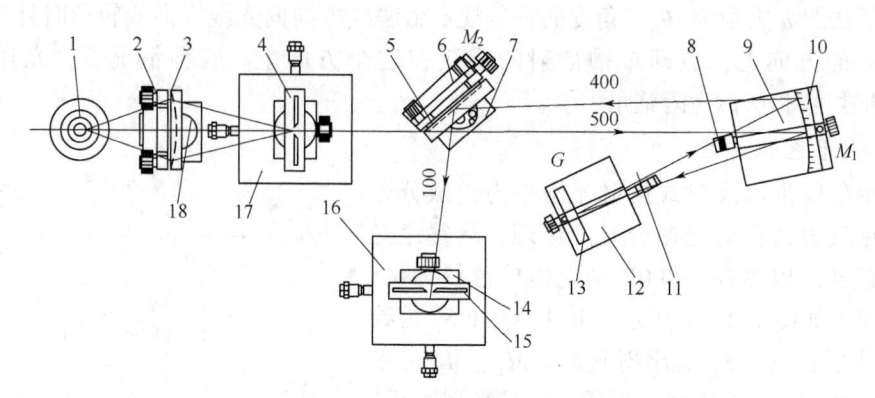

图 2.13.3　自组单色仪分光实验

1—低压汞弧灯；2—会聚透镜；3—二维调整架；4—可调狭缝（入射）；5—平面反射镜；6—二维调整架；7—二维底座；8—二维底座；9—二维底座；10—自准球面镜；11—三维底座；12—光栅转台；13—平面闪耀光栅；14—三维底座；15—可调狭缝（出射）；16—二维底座；17—二维调节架；18—底座

2. 光栅单色仪的定标和钠光谱线的测量

（1）仔细观察光栅单色仪，了解光栅单色仪各部件及旋钮的作用。点亮高压汞灯，调节光源，使光经凸透镜会聚在单色仪的入射狭缝 S_1 处。

（2）打开光栅单色仪电源开关，将入射狭缝 S_1 和出射狭缝 S_2 的缝宽调节到 0.5mm 左右。将光电探测器取下，通过出射狭缝 S_2 用眼睛向单色仪内观察，当转动"手动扫描"手轮时，可以看到单色光。在 S_2 后面加移测显微镜，将移测显微镜的镜筒正对出射狭缝 S_2，调焦后即可观察到单色光谱，观察高压汞灯所有谱线。

（3）分别将两种光电探测器安装在光栅单色仪的出射狭缝 S_2 处，缓慢转动单色仪的"手动扫描"手轮，观察光电流（压）放大器的显示表指针的读数，在读数相对最大时，从波长显示器中读出相应的波长数。

（4）将光源换成钠光光源，采用如上相同步骤，测出在 590.0nm 附近钠光波长。

【数据及处理】

（1）使用光栅单色仪测出汞灯各谱线的波长值，并与本书附录表中的理论值进行比较，求出测量相对误差 E，见表 2.13.1。

表 2.13.1　光栅单色仪测汞灯谱线数据记录

颜色	$\lambda_{理}$,nm	$\lambda_{测}$,nm	E	颜色	$\lambda_{理}$,nm	$\lambda_{测}$,nm	E
颜色	$\lambda_{理}$,nm	$\lambda_{测}$,nm	E	颜色	$\lambda_{理}$,nm	$\lambda_{测}$,nm	E
颜色	$\lambda_{理}$,nm	$\lambda_{测}$,nm	E	颜色	$\lambda_{理}$,nm	$\lambda_{测}$,nm	E
颜色	$\lambda_{理}$,nm	$\lambda_{测}$,nm	E	颜色	$\lambda_{理}$,nm	$\lambda_{测}$,nm	E

绝对误差：$\Delta\lambda = |\lambda_{测} - \lambda_{理}|$ 相对误差：$E = \dfrac{\Delta\lambda}{\lambda_{理}} \times 100\%$

(2) 作出波长的校正曲线图。
(3) 从校正曲线得出钠光源在 590.0nm 附近的光谱波长值。

【注意事项】
(1) 狭缝调节螺旋计不要往两极限方向乱旋，以免旋断。
(2) 装卸光电探测器时动作要轻，不要碰坏元件和线路。
(3) 如用高压汞灯作光源，在实验过程中不宜随时关掉光源，因为光源关后如需再打开，光源不能立即点亮，需要冷却一段时间之后才能重新点亮。
(4) 实验完毕，请将仪器罩盖好，以便保护仪器。

【问题讨论】
(1) 光栅单色仪的分光原理是什么？
(2) 反射式光栅与透射式光栅相比较，具有怎样的特点？
(3) 用什么元件可以替换光栅单色仪中的光栅？

实验 2.14 偏振光实验

【引言】

光是一种电磁波，其电矢量的振动方向垂直于传播方向，是横波。由于一般光源发光机制的无序性，其光波的电矢量的分布（方向和大小）对传播方向来说是对称的，称为自然光。当由于某种原因，使光线的电矢量分布对其传播方向不再对称时，称这种光线为偏振光。对于偏振现象的研究在光学发展史中有很重要的地位，光的偏振使人们对光的传播（反射、折射、吸收和散射）规律有了新的认识，并在光学计量、晶体性质研究和实验应力分析等技术部门有广泛的应用。

【实验目的】
(1) 观察光的偏振现象，理解偏振光的基本概念；
(2) 验证马吕斯定律；
(3) 学习偏振片与波片的工作原理与使用方法；了解 1/2 波片、1/4 波片作用；
(4) 掌握线偏振光、椭圆偏振光、圆偏振光的产生与检测。

【实验原理】

1. 光的偏振性

光是一种电磁波，由于电磁波对物质的作用主要是电场，故在光学中把电场强度 E 称为光矢量。在垂直于光波传播方向的平面内，光矢量可能有不同的振动方向，通常把光矢量保持一定振动方向上的状态称为偏振态。如果光在传播过程中，若光矢量保持在固定平面上振动，这种振动状态称为平面振动态，此平面就称为振动面（图 2.14.1）。此时光矢量在垂直与传播方向平面上的投影为一条直线，故又称为线偏振态。若光矢量绕着传播方向旋转，其端点描绘的轨道为一个圆，这种偏振态称为圆偏振态。如光矢量端点旋转的轨迹为一椭圆，就成为椭圆偏振态（图 2.14.2）。

2. 自然光

如图 2.14.3 所示，如果光波中 E 的振动方向在垂直于光传播的平面内的所有横向方向

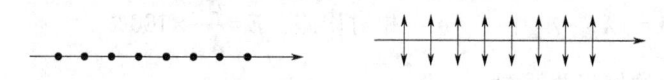

(a) 电矢量垂直于纸面的平面偏振光　　(b) 电矢量平行于纸面的平面偏振光

图 2.14.1　平面偏振光

上，没有一个横向方向比其他横向方向更有优势，这就是自然光。自然光可以分解成任意两个 E 振动互相垂直、振幅相等、非相干的线偏振光。如果要表示自然光，也可采用图 2.14.3 中的形式，短竖线表示光矢量振动方向平行纸面，点号表示该偏振光光矢量方向垂直纸面。

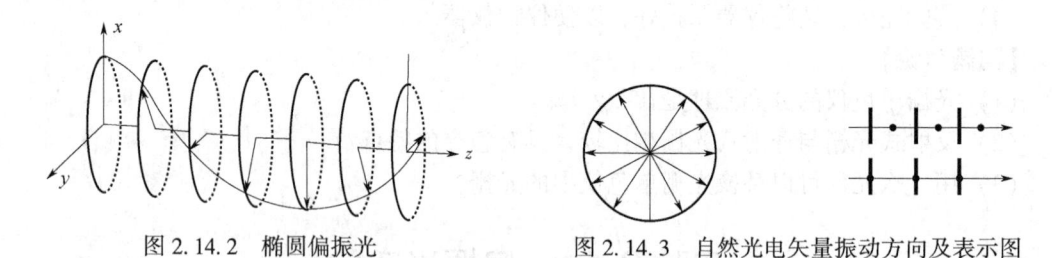

图 2.14.2　椭圆偏振光　　　图 2.14.3　自然光电矢量振动方向及表示图

普通光源发出的光一般是自然光，自然光不能直接显示出偏振现象。但自然光可以看成是两个振幅相同，振动相互垂直的非相干平面偏振光的叠加。

3. 部分偏振光

在自然光与平面偏振光之间有一种部分偏振光，可以看作是一个平面偏振光与一个自然光混合而成的，其中的平面偏振光的振动方向就是这个部分偏振光的振幅最大方向。电场强度 E 振动分布在垂直于传播方向的平面内的所有方向，但振幅不相等。E 振动在某个横向方向振幅最大，与此垂直横向方向振幅最小。

4. 偏振片

在科学研究或生产生活中，常常需要改变光的偏振态以满足实际需求。一些光学器件可以实现偏振态的变化，利用偏振片可以将自然光变成线偏振光。虽然普通光源发出自然光，但在自然界中存在着各种偏振光。目前广泛使用的偏振光的器件是人造偏振片，它利用二向色性获得偏振光（有些各向同性介质，在某种作用下会呈现各向异性，能强烈吸收入射光矢量在某方向上的分量，而通过其垂直分量，从而使入射的自然光变为偏振光，介质的这种性质称为二向色性）。偏振器件既可以用来使自然光变为平面偏振光——起偏，也可以用来鉴别线偏振光、自然光和部分偏振光——检偏。用作起偏的偏振片称为起偏器，用作检偏的偏振器件称为检偏器，实际上起偏器和检偏器是通用互换的。

如图 2.14.4 所示，如果一束自然光照射偏振片 P_1，自然光中只有光矢量 E 的方向与 P_1 起偏方向（也称为偏振化方向）相同的振动通过，与此垂直的振动则完全通不过。由于自然光总是可以分解成两列传播方向相同、光振动方向垂直、振幅相同的非相干的线偏振光，经过偏振片 P_1 后，自然光就成为线偏振光了，其光矢量振动方向与偏振片 P_1 起偏方向一致，光强减小为通过前的一半。再通过第二个偏振片 P_2 时，如果 P_1 和 P_2 起偏方向相同，则通过 P_1 的光可以完全通过 P_2；P_1 和 P_2 起偏方向垂直，则完全通不过。

5. 马吕斯定律

设两偏振片的透振方向之间的夹角为 α，透过起偏器的线偏振光振幅为 A_0，则透过检偏

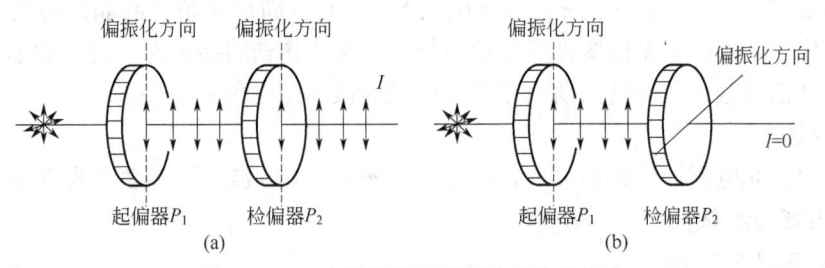

图 2.14.4 自然光通过偏振片光强的变化

器的线偏振光的振幅为 A，$A=A_0\cos\alpha$，强度为

$$I=A^2=A_0^2\cos^2\alpha=I_0\cos^2\alpha \qquad (2.14.1)$$

式中，I_0 为进入检偏器前（偏振片无吸收时）线偏振光的强度。

式(2.14.1)是 1809 年马吕斯在实验中发现，所以称马吕斯定律。显然，以光线传播方向为轴，转动检偏器时，透射光强度 I 将发生周期变化，如图 2.14.3 所示。若入射光是部分偏振光或椭圆偏振光，则极小值不为 0。若光强完全不变化，则入射光是自然光或圆偏振光。这样，根据透射光强度变化的情况，可将线偏振光和自然光和部分偏振光区别开来。

6. 椭圆偏振光、圆偏振光的产生及 1/2 波片和 1/4 波片的作用

当振幅为 A 的平面偏振光垂直入射到一块表面平行于光轴的双折射晶片时，若其振动面与晶片光轴成 α 角，该平面偏振光将分为 e 光、o 光两部分，它们的传播方向一致，但振动方向平行于光轴的 e 光与振动方向垂直于光轴的 o 光在晶体中传播速度不同，经厚度为 d 的晶片后产生的光程差为

$$\delta=d(n_e-n_o) \qquad (2.14.2)$$

相位差为

$$\Delta\varphi=\frac{2\pi}{\lambda}d(n_e-n_o) \qquad (2.14.3)$$

式中，n_e 为 e 光的主折射率，n_o 为 o 光的主折射率（正晶体中，$\delta>0$，在负晶体中 $\delta<0$），如图 2.14.5 所示。当光刚刚穿过晶体时，e 光和 o 光的振动可分别表示如下：

$$E_x=A_o\cos\omega t$$
$$E_y=A_e\cos(\omega t+\Delta\varphi) \qquad (2.14.4)$$

式中，$A_o=A\sin\alpha$，$A_e=A\cos\alpha$，由式(2.14.4)中的两式消去 t，得轨迹方程

$$\frac{E_x^2}{A_o^2}+\frac{E_y^2}{A_e^2}-2\frac{E_xE_y}{A_oA_e}\cos\Delta\varphi=\sin^2\Delta\varphi \qquad (2.14.5)$$

式(2.14.5)为一般的椭圆方程。

(1) 当相位差 $\Delta\varphi=\frac{1}{2}(2m+1)\pi$ （$m=0,1,2,\cdots$）

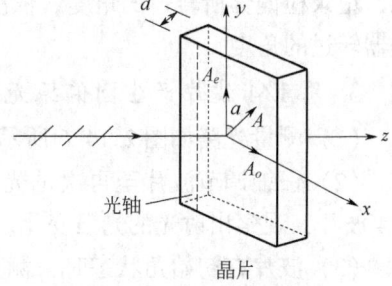

图 2.14.5 光穿过晶体时 e 光与 o 光的振动

时，满足此条件的晶片叫 1/4 波片。平面偏振光通过 1/4 波片后，透射光为椭圆偏振光，当 $\alpha=\pi/4$ 时，则为圆偏振光；当 $\alpha=0$ 或者 $\alpha=\pi/2$ 时，椭圆偏振光成为平面偏振光。也就是说，1/4 波片可以将平面偏振光变为椭圆或者圆偏振光，也可以将椭圆或者圆偏振光变为平面偏振光。

(2) 当相位差 $\Delta\varphi=(2m+1)\pi$ （$m=0,1,2,\cdots$）时，满足此条件的晶片称为半波片，也称为 1/2 波片。若入射平面偏振光的振动面与 1/2 波片光轴的夹角为 α 时，则通过 1/2 波片后的光仍为平面偏振光，但其振动面相对入射光的振动面夹角为 2α。

【实验仪器】

硅光电池、光电流计、偏振片（2 片）、1/2 波片、1/4 波片、导轨和光具座。

【实验内容与步骤】

1. 验证马吕斯定律

(1) 实验装置如图 2.14.6 所示。

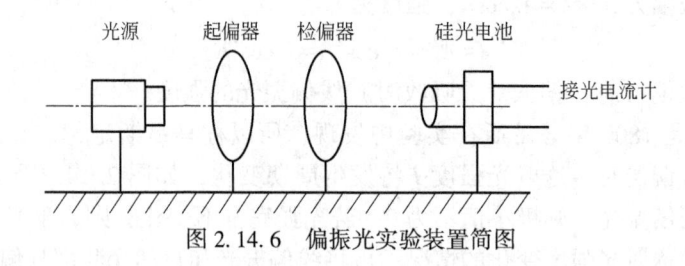

图 2.14.6　偏振光实验装置简图

(2) 转动检偏器（360°），用白屏观察出射光光强的变化；

(3) 将检偏器设定至 90°，仔细调节起偏器至光电流计接收到的电流值最小，此时两偏振片呈正交状态，记录此时的光电流值；

(4) 测量两偏振片夹角不同时的光电流值。测量范围：0~180°，测量间隔：6°。

(5) 作 I—$\cos^2\alpha$ 的关系曲线，验证马吕斯定律。

2. 观察线偏振光通过 1/2 波片时的现象，掌握 1/2 波片的作用

(1) 测量光路如图 2.14.6 所示。调节检偏器使两偏振片呈正交状态，在两偏振片间放入 1/2 波片；

(2) 转动 1/2 波片，观察出射光的光强变化。仔细调节波片至再次消光（即出射光最小），设定该位置为波片的初始角。

(3) 将 1/2 波片从初始位置转过 10°，此时消光状态被破坏。然后调节检偏器至再次消光，记录检偏器所转过的角度。依次类推，测量每将转动 1/2 波片 10°，记下达到消光时检偏器转过的角度。

3. 用 1/4 波片产生圆偏振光和椭圆偏振光

(1) 测量光路如图 2.14.6 所示。使两偏振片呈消光状态，在两偏振片间放入 1/4 波片。

(2) 仔细调节波片至再次消光（即出射光最小），设定该位置为波片的初始角。转动 1/4 波片，观察出射光的光强变化。

(3) 波片在初始角状态时，测量检偏器不同角度时的出射光强；测量范围：0°~360°；测量间隔 10°。

(4) 将波片转过 20°、45°，重复步骤（3）。

(5) 将波片转过 70°，调节检偏器至出射光光电流极大，记录检偏器角度。

(6) 用 ORIGIN 软件的极坐标系作检偏器角度 α~I 的关系图及标出 70°时光电流极大值的位置，并与 20°比较（极坐标在菜单：PLOT>polar）。

(7) 将 45°时的实验结果与圆偏振光比较。

【数据及处理】

1. 数据记录

数据记录表格见表 2.14.1、表 2.14.2 和表 2.14.3。

表 2.14.1 光强 I 记录表（I—$\cos^2\alpha$）

夹角 α	0°	6°	12°	…	…		
光强 I							
夹角 α				…	…	174°	180°
光强 I							

注：绘制 I—$\cos^2\alpha$ 的关系曲线图。

表 2.14.2 1/2 波片检偏器数据

1/2 波片转过角度	初始	10°	20°	…	…	80°	90°
检偏器转过角度							
光强变化/消光比							
结论（偏振光类型）							

表 2.14.3 1/4 波片检偏器数据

1/4 波片转过角度	初始	10°	20°	…	…	80°	90°
检偏器转过角度							
光强变化/消光比							
结论（偏振光类型）							

2. 数据处理

根据表 2.14.1 绘制 I—$\cos^2\alpha$ 的关系曲线图；根据表 2.14.2 和表 2.14.3 得出经过 1/2 波片和 1/4 波片的偏振光类型。

【注意事项】

(1) 不要直视激光，以免伤害眼睛。

(2) 注意保护光学仪器，不要用手触摸光学镜头。

【问题讨论】

求下列情况下理想起偏器和理想检偏器两个光轴之间的夹角为多少？

(1) 透射光是入射自然光强的 1/3。

(2) 透射光是最大透射光强度的 1/3。

(3) 若检偏片固定，将 1/2 波片转过 360°，能观察到几次消光？若 1/2 波片固定，将检偏片转过 360°，能观察几次消光？由此分析线偏振光通过 1/2 波片后，光的偏振状态是怎样的？

实验 2.15 布儒斯特角测量

【引言】

线偏振光具有重要的研究的意义和应用价值，利用多种方法可以从自然光获取线偏振光。除了利用偏振片获取线偏振光之外，还有一种重要的方法是利用布儒斯特角

(Brewster's angle)的性质获取线偏振光。1815年英国物理学家布儒斯特(David Brewster,1781—1868)通过实验最先发现,当自然光以某一特殊角度入射在两介质分界面上时,折射光成为部分偏振光,而反射光成为线偏振光,发生这一现象时光的入射角就称被为布儒斯特角。

【实验目的】
(1) 理解光的偏振性,掌握线偏振光的特点;
(2) 理解布儒斯特角的含义;
(3) 掌握布儒斯特角产生及测量方法;
(4) 了解掌握布儒斯特角的应用。

【实验原理】

光入射到两种介质的分界面上时,会发生反射和折射。根据电磁理论,反射角和折射角可以根据反射定律、折射定律确定,反射光和折射光的偏振态可由电磁场的边界条件决定。假设一束自然光在两介质分界面入射,两折射率分别为 n_1 和 n_2,入射角 i,反射角 i',折射角 γ。根据菲涅尔公式

$$r_s = -\frac{\sin(i-\gamma)}{\sin(i+\gamma)} \tag{2.15.1}$$

$$r_p = \frac{\tan(i-\gamma)}{\tan(i+\gamma)} \tag{2.15.2}$$

$$t_s = \frac{2n_1\cos i}{n_1\cos i + n_2\cos\gamma} \tag{2.15.3}$$

$$t_p = \frac{2n_1\cos i}{n_2\cos i + n_1\cos\gamma} \tag{2.15.4}$$

上面四个公式表示光在两介质界面反射折射时,反射系数 r(反射光电矢量与入射光电矢量比值)和透射系数 t(透射光电矢量与入射光电矢量比值)的表达式,其中下标 s 和 p 分别表示电矢量的垂直于入射面的分量及平行于入射面的分量。

根据以上分析可知,反射光和折射光的偏振态可由介质折射率、入射角、折射角等确定。通常自然光入射时,反射光和折射光都是部分偏振光。反射光中光矢量振动垂直于入射面的多一些,而折射光中光矢量振动平行于入射面的多一些。如果 $i+\gamma=\frac{\pi}{2}$,即入射角和折射角的和为90°,反射光线垂直于折射光线。在式(2.15.2)中,反射光电矢量平行入射面的分量的反射系数 $r_p=0$,反射光电矢量仅剩垂直入射面的分量,反射光就变成线偏振光。这种特殊情况下的入射角就是布儒斯特角(Brewster's angle),以 i_0 表示,根据折射定律,可得

$$i_0 = \arctan\frac{n_2}{n_1} \tag{2.15.5}$$

需要注意的是,自然光以布儒斯特角入射,反射光是线偏振光,折射光仍然是部分偏振光,如图2.15.1所示。

当自然光从空气入射到玻璃表面,这种情况下,空气折射率 $n_1=1$,设玻璃折射率 $n_2=1.5$,根据式(2.15.5),代入可求得此时的布儒斯特角约为 $i_0=56.3°$;如果自然光从玻璃入射到空气界面,这时的布儒斯特角则约为 $i_0=33.7°$。

【实验仪器】

偏振光实验仪（包括自然光光源）、光具座、移动座、带度盘（检偏）偏振片、观察屏、带度盘旋转工作台（带专用移动座）、玻璃样品、钠灯、三棱镜、分光计。

【实验内容与步骤】

1. 利用偏振光实验仪测量布儒斯特角

（1）安装仪器和搭建光路：如图 2.15.2 所示，在光具座上先安装移动座，再将专用移动座放到移动座上，接着在专用移动座上安装旋转工作台。将观察屏安装在旋转支架末端，在工作台和观察屏之间安装偏振片，将光源安装在移动座前方。

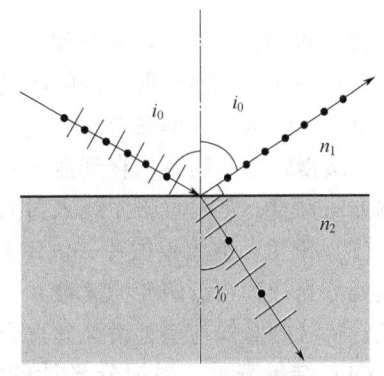

图 2.15.1 自然光以布儒斯特角入射时的反射和折射的偏振

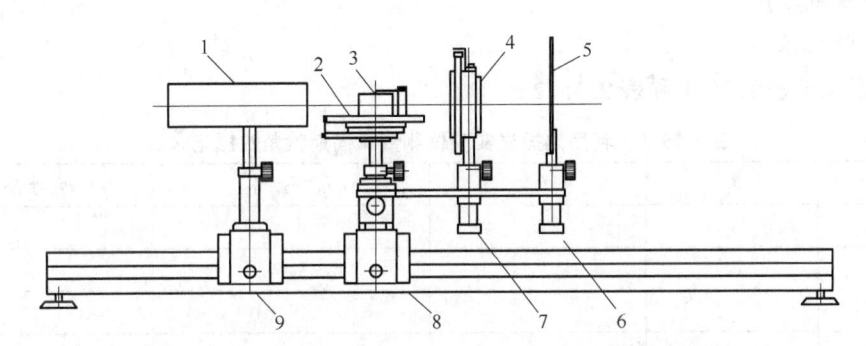

图 2.15.2 利用偏振光实验仪测量布儒斯特角实验

1—光源；2—旋转工作台；3—玻璃样品；4—偏振片；5—观察屏；6—调节架；7—调节架；8—专用移动座；9—移动座

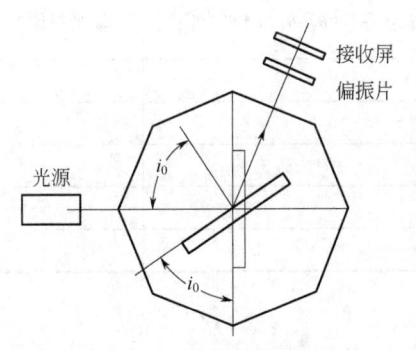

图 2.15.3 玻璃样品在载物台上的放置方法示意图

（2）放置玻璃样品：按图 2.15.3 所示，将平面玻璃样品固定在旋转工作台央，调节各仪器等高共轴，使玻璃样品表面与光源发出的光垂直，记录此时工作台读数 θ_1。

（3）测量：保持玻璃样品不动，转动载物台，用接收屏接收反射光，并转动偏振片，找到反射光为线偏振光的位置；如果反射光是线偏振光，转动偏振片一周，观察屏上出现两次最亮和两次消光，表明进入偏振片的反射光在这个反射位置是线偏振光，此时的入射角就是布儒斯特角 i_0，记录此时工作台读数 θ_2。

（4）求得 $i_0 = |\theta_2 - \theta_1|$ 的值，即为自然光从空气进入玻璃样品时的布儒斯特角。多测量几组取其平均值，并计算测量误差。

2. 利用分光计测布儒斯特角

（1）调节分光计：按照分光计的调节说明，分别将分光计的望远镜、平行光管和载物台调节到使用状态。将三棱镜放置到分光计载物台上，使三棱镜的其中一个光学面正对望远镜。保持望远镜筒固定，转动载物台，使望远镜与正对望远镜的三棱镜光学面法线夹角大约为 60°。

(2) 调节偏振片：在望远镜前安装偏振片，向反射光一侧转动望远镜找到反射光，转动偏振片一周，观察反射光强的明暗变化。如果偏振片转动一周，光强虽呈现明、暗变化，此时反射光仍为部分偏振光，在光强最弱时固定偏振片，此时偏振片的起偏方向就与入射面平行。缓慢转动载物台，直到在某一位置时，没有反射光线，说明此处反射光矢量与偏振片起偏方向垂直，是垂直于光线入射面的，此处的反射光线即为线偏振光。

(3) 测量：取下偏振片并固定载物台，使得望远镜中的叉丝与反射光线重合，记录该位置处分光计读数盘两游标读数 θ_1、θ_1'。取走三棱镜，转动望远镜与平行光管同光轴，使平行光管狭缝的竖像与望远镜叉丝重合，再次记录分光计读数盘两游标窗口读数 θ_2、θ_2'。

(4) 结果表示：根据分光计的测量原理和布儒斯特定律，布儒斯特角可表示为 $i_0 = \frac{1}{2}(|\theta_2-\theta_1|+|\theta_2'-\theta_1'|)$，多次测量取平均值，并计算测量误差。

【数据及处理】

1. 数据记录

数据记录见表 2.15.1 和表 2.15.2。

表 2.15.1 利用偏振光实验仪测量布儒斯特角数据记录表

测量组数	θ_1	θ_2	$i_0 = \theta_2 - \theta_1$	i_0 平均值
1				
2				
3				
4				
5				

表 2.15.2 用分光计测量布儒斯特角数据记录表

测量组数	θ_1	θ_1'	θ_2	θ_2'	$i_0 = \frac{1}{2}[|\theta_2-\theta_1|+|\theta_2'-\theta_1'|]$	i_0 平均值
1						
2						
3						
4						
5						

2. 数据处理

(1) 用偏振光实验仪测量布儒斯特角数据处理。

布儒斯特角：$i_0 = |\theta_2-\theta_1|$　　　　　平均值：$\overline{i_0} = \frac{1}{n}\sum i_{0i}$

绝对误差：$\Delta i_0 = |\overline{i_0}-i_{0真}|$　　　　　相对误差：$E = \frac{\Delta i_0}{i_{0真}}\times 100\%$

(2) 用分光计测量布儒斯特角数据处理。

布儒斯特角：$i_0 = \frac{1}{2}[|\theta_2-\theta_1|+|\theta_2'-\theta_1'|]$　　　　　平均值：$\overline{i_0} = \frac{1}{n}\sum i_{0i}$

绝对误差：$\Delta i_0 = |\overline{i_0} - i_{0真}|$ 　　　　　　　相对误差：$E = \dfrac{\Delta i_0}{i_{0真}} \times 100\%$

【注意事项】
(1) 严禁触摸光学仪器表面。
(2) 使用分光计测量前，务必要保证分光计各部件已调节好，处于测量状态。
(3) 固定玻璃样品时要小心，要确保固定好。
(4) 转动偏振片时，需缓慢仔细，多旋转几周，观察光强的明、暗变化。

【问题讨论】
(1) 自然光在两介质分界面反射和折射时，反射光和折射光的电矢量偏振情况是怎样的？出现这种情况的原因是什么？
(2) 什么是布儒斯特角？如何确定光在两介质分界面入射时的布儒斯特角？
(3) 如何通过测量布儒斯特角，测量玻璃折射率？
(4) 试着根据菲涅尔公式讨论，如果线偏振光入射到实验中的空气玻璃界面，反射光和折射光的偏振态是怎样的。

实验 2.16　偏振光旋光

【引言】
1811 年法国物理学家阿拉果（D. F. J. Arago，1786—1853）在研究石英晶体双折射时，发现了物质的旋光效应。光在通过某些物质后，其光矢量振动面发生了旋转，比如石英晶体、糖溶液、氯化钠等都具有旋光效应。物质的旋光性可以用菲涅尔提出的唯象理论进行解释。目前物质的旋光性在很多领域得到应用，如化学工业、制药工业、制糖工业、食品工业及石油工业等领域。

【实验目的】
(1) 理解旋光现象的含义；
(2) 观察光在物质中的旋光现象；
(3) 掌握用偏振片确定消光位置的方法；
(4) 掌握利用旋光性测量物质浓度的方法。

【实验原理】
1. 旋光现象

线偏振光在通过某些物质后，其光矢量振动面会以光传播方向为轴发生一定角度的旋转，这就是旋光现象。能够使偏振光发生旋光现象的物质就称为旋光性物质，石英晶体、糖溶液、酒石酸溶液等都是旋光性较强的物质。迎着光观察，如果光矢量振动旋转的方向是顺时针，则这种物质是右旋物质；光矢量振动旋转的方向是逆时针，这种物质就是左旋物质。实验证明，光矢量振动面旋转过的角度，也称为旋光度，与入射光波长、旋光物质性质以及光在旋光物质中通过的距离都有关。

2. 旋光现象观察

取两个偏振片 P_1、P_2，如果使其二者起偏方向处于正交状态，当自然光连续通过这两个偏振片后，由于消光在 P_2 后放置观察屏将接收不到光。如图 2.16.1 所示，自然光

通过第一个偏振片 P_1 后，光矢量振动方向与 P_1 起偏方向相同。将旋光物质置于偏振片 P_1 之后、偏振片 P_2 之前。由于旋光作用，通过第一个偏振片 P_1 的线偏振光，其光矢量振动面在经过旋光物质后发生了旋转，设旋转角度为 θ。此时再经过第二个偏振片 P_2，将 P_2 旋转 360°，会出现两次光强最小（消光），两次光强最大。光强最大处偏振片 P_2 的起偏方向即是通过旋光物质后，线偏振光光矢量振动的方向，已经与经过旋光物质之前的振动方向不同了。

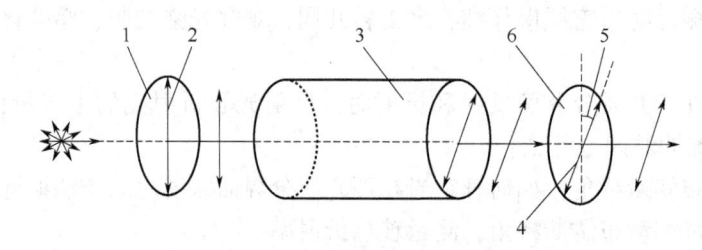

图 2.16.1 观察旋光现象的装置及光路图
1—起偏器；2—起偏器 P_1 起偏方向；3—旋光物质；4—检偏器 P_2 起偏方向；
5—旋光角 θ；6—检偏器

3. 旋光率的表示

溶液的旋光度与溶液中所含旋光物质的旋光能力、溶液的性质、溶液浓度、样品管长度、温度及光的波长等有关。当其他条件均固定时，旋光度 θ 与溶液浓度 C 呈线性关系，可表示为

$$\theta = \beta C \tag{2.16.1}$$

式中，比例系数 β 与物质的旋光能力、溶液性质、样品管长度、温度及光的波长等有关。

如果旋光物质溶液，其旋光能力可用旋光率来度量，可表示为

$$[\alpha]_\lambda^t = \frac{\theta}{LC} \tag{2.16.2}$$

式中，旋光率右上角的 t 表示实验时的温度，单位是℃；旋光率右下角的 λ 是所使用的单色光源的波长；θ 为测得的旋光度；L 是样品管的长度；C 为溶液浓度。旋光率与溶液种类有关，对于同一种溶液来讲，旋光率是随波长变化的。温度的变化也会对旋光率产生影响，对于大多数物质，当温度升高 1℃ 时，旋光率约减小千分之几。

从式(2.16.2)可知，如果待测溶液浓度 C 和溶液样品管长度 L 已知，通过实验测量出旋光度 θ，可以计算出旋光率 $[\alpha]_\lambda^t$；如果溶液样品管长度 L 固定，依次改变溶液的浓度 C，就可以测得相应旋光度 θ。以溶液浓度 C 为横坐标，旋光度 θ 为纵坐标，绘出溶液的 C—θ 关系进行线性拟合，可计算出该溶液的旋光率 $[\alpha]_\lambda^t$；或是测量出旋光性溶液的旋光度 θ，从而确定溶液的浓度 C。

【实验仪器】

自然光光源（带稳压源）、光具座、专用移动座、带度盘（起偏、检偏）偏振片、蔗糖溶液管（带底座）、光电探头（MT 数字检流计）。

【实验内容与步骤】

1. 观察偏振光旋光现象

(1) 按照图 2.16.2 从左至右依次在光具座上放置光源、起偏器、专用移动座、检偏

器、光电探头（数字检流计）等，调节各仪器等高共轴，先不装溶液试管。

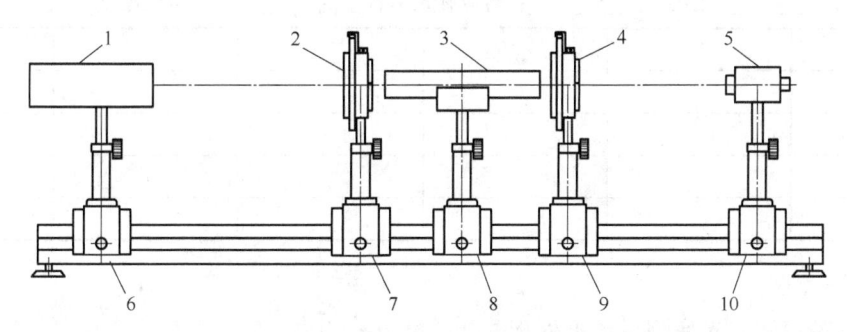

图 2.16.2 偏振光旋光实验

1—半导体激光器；2—起偏器；3—溶液管；4—检偏器；5—光电探头（数字检流计）；
6—底座；7—底座；8—专用移动座；9—底座；10—底座

（2）转动检偏器，用光电探头检测光强，直到光电探头的数字检流计读数在最小值左右跳动即可，表明起偏器和检偏器的起偏方向（偏振化方向）正交，所以出现了消光。

（3）摇晃溶液管使浓度均匀，然后把其安装在托架上静置片刻，并调节光心同轴，使激光穿过蔗糖溶液管。此时的数字检流计便出现了读数增加，表示已经出现了旋光效应。

2. 测量蔗糖溶液旋光率

（1）转动检偏器（注意旋转的方向并确定该溶液是右旋还是左旋），数字检流计的读数开始变化。继续旋转检偏器，直到光强数值达到最小，记下该数值 θ_1。如果数字检流计的读数偏小，则可以增大数字检流计的增益值，便于测量。

（2）将检偏器转回到第一次出现数字检流计读数在最小值的位置，然后轻微缓慢转动检偏器到再次出现上述步骤（1）中出现的最小数值左右波动，立即停止，表示已经出现消光，记下该角度 θ_2，则旋光角可表示为 $\theta=\theta_2-\theta_1$。

（3）采用相同的步骤，多测量几组角度值，计算旋光角的平均值，求解出溶液的旋光率并表示测量误差。

（4）利用已知旋光率，测量未知溶液浓度。

【数据及处理】

1. 数据记录

数据记录见表 2.16.1 和表 2.16.2。

表 2.16.1 蔗糖溶液旋光率测量数据记录表

波长 λ：_____；温度 t：_____；溶液浓度 C：_____；溶液厚度 L：_____。

	1	2	3	4	5
θ_1					
θ_2					
$\theta=\theta_2-\theta_1$					
$[\alpha]_\lambda^t$					

表 2.16.2　未知蔗糖溶液浓度数据记录表

波长 λ：_____；温度 t：_____；溶液旋光率 $[\alpha]_\lambda^t$：_____；溶液厚度 L：_____。

	1	2	3	4	5
θ_1					
θ_2					
$\theta=\theta_2-\theta_1$					
C					

2. 数据处理

（1）蔗糖溶液旋光率测量数据处理。

旋光率：$[\alpha]_\lambda^t = \dfrac{\theta}{L \cdot C}$　　　　平均值：$\overline{[\alpha]_\lambda^t} = \dfrac{\overline{\theta}}{L \cdot C}$

绝对误差：$\Delta([\alpha]_\lambda^t) = \left| \overline{([\alpha]_\lambda^t)} - ([\alpha]_\lambda^t)_{真} \right|$　　相对误差：$E = \dfrac{\Delta([\alpha]_\lambda^t)}{([\alpha]_\lambda^t)_{真}} \times 100\%$

（2）未知蔗糖溶液浓度测量数据处理。

浓度：$C = \dfrac{\theta}{L \cdot [\alpha]_\lambda^t}$　　　　平均值：$\overline{C} = \dfrac{\overline{\theta}}{L \cdot [\alpha]_\lambda^t}$

绝对误差：$\Delta C = \left| \overline{C} - C_{真} \right|$　　相对误差：$E = \dfrac{\Delta C}{C_{真}} \times 100\%$

（3）试着固定溶液管长度 L，配制不同浓度 C 的溶液，以溶液浓度 C 为横坐标，旋光度 θ 为纵坐标，绘出溶液的 $C-\theta$ 关系进行线性拟合，计算出该溶液的旋光率 $[\alpha]_\lambda^t$。

【注意事项】

（1）严禁触摸光学仪器表面。

（2）旋转偏振片时要慢一些，以免错过消光位置。

（3）装溶液时试管内不可留有气泡，如发现气泡应使之进入试管的凸出部分，以免影响测量结果。

（4）选择长度适宜的装液试管，注满试液装上橡皮圈，直至不漏为止。将试管两头残余溶液擦干，以免影响观察清晰度及测量精度。

（5）溶液试管轻拿轻放，当心打碎。

【问题讨论】

（1）实验中，怎么确定起偏器和检偏器的偏振化方向正交？

（2）怎样确定出现了消光现象？

（3）用玻璃管装溶液时应注意什么问题？

（4）蔗糖溶液是左旋物质还是右旋物质？

第 3 章　几何光学实验

几何光学是以光的直线传播、反射定律和折射定律等为基础，研究光的传播和成像规律，是光学的重要组成部分。几何光学源远流长，其起源可追溯至古代，我国春秋战国时期的墨翟等人，在其著作《墨经》里记录了小孔成像实验，并指明光沿直线传播的性质，这是有关光学知识的最早记录。在墨翟之后约一百多年，古希腊数学家欧几里得研究了平面镜成像问题，指出了光的入射角等于反射角的规律。随着光的反射、折射以及透镜的逐渐应用，伽利略制作出世界上第一台天文望远镜，首次实现了对月面的观察，并成功观察到了木星的卫星，为哥白尼的学说提供了事实依据。此后，斯涅耳和笛卡儿提出了折射定律的精确表达式，接着费马指出光在介质中传播时所走路程取极值的原理，依据费马原理可以推导出光的反射定律和折射定律。至 17 世纪中叶，学者们不懈的研究为几何光学奠定了坚实的基础。

值得注意的是，实际上几何光学是波动光学在光波长趋近于零时的极限。虽然如此，几何光学在研究物体通过反射镜、透镜、棱镜等光学元件成像问题时，或是处理有关光能传播的计算和光学设计等技术问题，基本与实际情况是符合的，并且在处理以上问题时，几何光学表现出简便、快捷、直观优点。由此可见，几何光学是研究光传播、光学成像和光学仪器等理论和应用的重要方法和手段。科学和技术的不断发展与革新赋予了几何光学新的生机，尤其是激光、电子计算机等新技术的出现，促使几何光学及相关仪器广泛地应用于航空航天、光学传感、光通信等领域，发挥着重要的作用。

本章针对几何光学实验内容，将学科发展与社会需求紧密结合，联系光学理论和实验教学实际，注重科学实验素质和实验技能的培养，突出实践环节。内容包括透镜成像及焦距测量、光学显微系统搭建及放大率的测量、平行光管的调节与焦距测量、望远系统的搭建及放大倍数的测量、光学透镜组基点的测量、光学系统像差实验、几何像差的观察与测量及阿贝折光仪及折射率测量等实验。通过这些实验，加深学生对几何光学基本原理的理解，使学生掌握光学常用元器件的正确操作、使用和调节方法，培养学生的实践能力、综合应用能力和科学创新能力。

实验 3.1　透镜成像及焦距测量

透镜是各种光学仪器中最基本的光学元件。焦距是透镜的一个重要参数，在不同的光学实验中，需选择不同焦距的透镜。测量透镜焦距的方法有许多，如平行光聚焦法、物距像距法等。本实验利用物距像距法、自准法、共轭法等测量透镜的焦距。

【实验目的】
(1) 掌握光路调整的基本方法；
(2) 掌握和理解光学系统共轴调节的方法；
(3) 学习几种测量薄透镜焦距的实验方法。

[实验原理]

薄透镜成像光路特点：一是平行于主光轴的光线经透镜折射后过透镜的焦点；二是过透镜光心的光线经透镜时不改变方向。

1. 物距、像距法测量凸透镜焦距

如图 3.1.1 所示，在平行光线或近轴光线（物体发出的光与透镜主光轴的夹角很小）条件下，移动凸透镜离开物 AB 的距离为 u 时，与凸透镜光心相距为 v 处呈现一个清晰的倒立实像。

在沿光线方向，光线经凸透镜会聚于焦平面 P 点，由高斯公式

$$\frac{1}{f}=\frac{1}{u}+\frac{1}{v} \tag{3.1.1}$$

得

$$f=\frac{uv}{(u+v)} \tag{3.1.2}$$

式中，物距 u、像距 v、焦距 f 都从透镜光心量取，以凸透镜光心为坐标原点，顺光线方向取正，反之取负（图3.1.1）。或实物、实像取正；虚物、虚像取负；凸透镜 f 取正，凹透镜焦距 f 取负。

2. 自准法测凸透镜焦距

如图 3.1.2 所示，将物 AB 上各点发出的光经凸透镜 L 折射后变成不同方向的各组平行光，射向平面全反射镜 M，反射光线经凸透镜会聚于原物 AB 平面（凸透镜的焦平面）上，成一清晰的倒立实像 A'B'。测出物 AB 到光心的间距，就是凸透镜 L 的焦距 f。

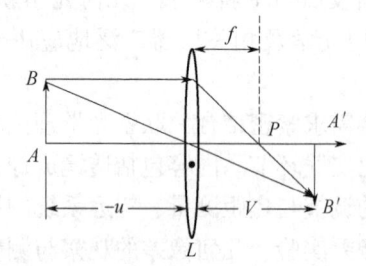

图 3.1.1　物距像距法测量凸透镜焦距 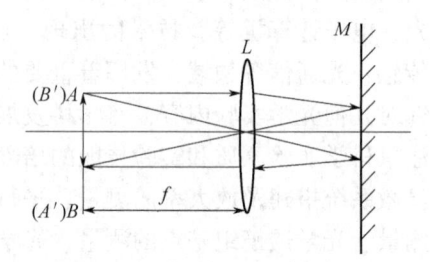　　　图 3.1.2　自准法测凸透镜焦距

3. 共轭法（又叫位移法、二次成像法或贝塞尔法）

两次成像法测凸透镜焦距，光路图如图 3.1.3 所示，保持物体（屏）与像屏的相对位置不变，并使其距离 D>4f'，当凸透镜置于物体（屏）与像屏之间时，可以找到两个位置，像屏上都能得到清晰的像。透镜两个位置（Ⅰ与Ⅱ）之间的距离的绝对值为 d。运用物像的共轭对称性质，容易证明

$$f'=\frac{D^2-d^2}{4D} \tag{3.1.3}$$

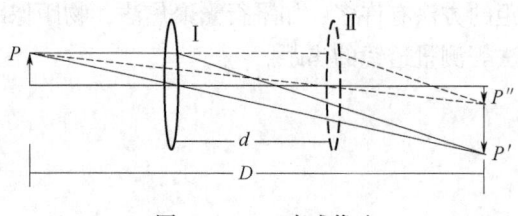

只要测出 d 和 D，就可以算出 f'。由于 f' 是通过透镜两次成像而求得的，因而此法又称为两次成像法。同时可以看出，成像时都是把透镜看成无限薄的，物距与像距

图 3.1.3　二次成像法

都近似地用从透镜光心算起的距离来代替，而这种方法无须考虑透镜本身的厚度。因此，用这种方法测出的焦距一般较为准确。

【实验仪器】

带标尺光具座一台、光学器件、支架底座若干、凸透镜、溴钨灯、平面全反射镜、光屏等。

【实验内容与步骤】

画出光路图，自行设计实验步骤、实验内容，使用物距像距法、自准法和共轭法测量透镜焦距。

1. 共轴等高的调节

（1）粗调：将物 AB、凸透镜 L、全反射平面镜 M 及光屏依次放入光具座上，使它们尽量靠拢，用眼睛观察各光学器件是否与物 AB 的中间点等高共轴。

等高调节：升降调节各光学器件与物 AB 的中间点等高。

共轴调节：调节各光学器件支架底座位移调节螺钉，使各光学器件的中心及物 AB 位于光具座中心轴线上，再调节各光学器件表面与光具座中心轴线垂直，粗调完成。

（2）精调：如图 3.1.3 所示，根据二次成像规律，首先取屏的位置为物 P 到光屏的距离为 $D \geqslant 4f$ 后，两者固定。凸透镜 L 放在物 P 到光屏之间的光路中，移动凸透镜 L 改变物 P 到凸透镜 L 光心 O_1 的间距，光屏上看到放大和缩小的像，调节各光学器件支架底座位移调节螺钉及支架的高低位置，使光屏上看到放大和缩小像的中心点共轴（重合）。

2. 凸透镜焦距的测量

1）物距像距法测凸透镜焦距

按图 3.1.1 所示放置光具，固定物和屏，读出其坐标 $x_{物}$ 和 $x_{屏}$，用"左右逼近法"移动透镜找出其成清晰倒立实像的范围坐标位置 $x_{左}$ 与 $x_{右}$，重复测五次将数据填入表 3.1.1 中。

2）自准法测量凸透镜焦距

按图 3.1.2 示放置光具，已固定的物 AB 保持不动；固定平面镜 M，用"左右逼近法"移动凸透镜，使其成清晰的倒立实像于物平面上。为了便于观察，稍微偏转平面镜，使所成实像与原物稍有偏离，记录此时透镜光心在光具座上的坐标位置 $x_{左}$ 与 $x_{右}$，重复测五次并填入数据表 3.1.2 中。

3）共轭法测量凸透镜焦距

按图 3.1.3 所示放置光具，固定箭矢物，取屏的位置为物 P 到光屏的距离为 $D \geqslant 4f_1$，并固定屏的位置不动，用"左右逼近法"移动透镜测成放大像时透镜的坐标位置 $x_{左}$ 与 $x_{右}$；及成缩小像时的坐标位置 $x'_{左}$ 与 $x'_{右}$，重复测五次将数据填入表 3.1.3 中。

【数据及处理】

1. 数据记录

数据记录见表 3.1.1、3.1.2 和表 3.1.3。

1）物距、像距法测凸透镜焦距

表 3.1.1 物距、像距法测凸透镜焦距数据记录 （单位：mm）

次数	物屏位置 AB	像屏位置 $A'B'$	凸透镜位置 $x_{左}$	凸透镜位置 $x_{右}$	凸透镜位置 $\bar{x}$	物距 u	像距 v	焦距 f
1								

续表

次数	物屏位置 AB	像屏位置 A'B'	凸透镜位置			物距 u	像距 v	焦距 f
			$x_左$	$x_右$	$\bar{x}$			
2								
3								
4								
5								

2）自准直法测凸透镜焦距

表 3.1.2 自准直法测凸透镜焦距数据记录　　　　（单位：mm）

次数	物屏位置 AB	凸透镜位置 L			焦距 f
		$x_左$	$x_右$	$\bar{x}$	
1					
2					
3					
4					
5					

3）二次成像法（共轭法）测凸透镜焦距

表 3.1.3 二次成像法测凸透镜焦距数据记录　　　　（单位：mm）

次数	物屏位置 P	像屏位置 P'	凸透镜位置 L_1			凸透镜位置 L_2			二次成像透镜距离 d	物屏像屏距离 D	焦距 f
			$x_左$	$x_右$	$\bar{x}$	$x'_左$	$x'_右$	$\bar{x}'$			
1											
2											
3											
4											
5											

2. 数据处理

平均值：$\bar{f} = \frac{1}{n}\sum f_i$　　　　绝对误差：$\Delta f = |f - f_真|$

相对误差：$E = \frac{\Delta f}{f_真} \times 100\%$

【注意事项】

（1）注意光路中各个光学元件的同轴等高的调节。有些光学器件的轴不能固定，要注意随时纠正物平面和镜平面与光轴垂直。

（2）测量物或像或光心的坐标时，要注意使用"左右逼近法"或"逐步逼近法"准确测量，先测物或像或透镜底座的两侧的坐标再求平均值作为它们的坐标。

【问题讨论】

（1）自准法测凸透镜焦距的原理？

(提示：物体在焦平面时，其上任一点发出的光线通过凸透镜后变成平行光线；平行光线通过凸透镜后汇聚成一点。)

(2) 如何确定像最清晰的位置？

(提示：找出将透镜向左移动成清晰像时的位置、透镜向右移动成清晰像时的位置，将两位置读数的平均值作为像最清晰的位置读数。)

实验3.2 光学显微系统搭建及放大率的测量

人眼很难分辨极远处或近处而细微的物体细节，在一般照明情况下，正常人的眼睛在明视距离（25cm）能分辨相距约0.05mm的两个光点。当两光点间距离小于0.05mm时，人眼就无法分辨，通常把这个极限称为人眼的分辨本领。这时两光点对人眼球中心的张角约为1′，这张角称为视角。观察物体要想能分辨细节，最简单的方法是使视角扩大。显微镜和望远镜就是为扩大人眼视角的目视光学仪器。

显微镜和望远镜是常用的助视光学仪器，显微镜主要用来帮助人眼观察近处的微小物体，望远镜主要是帮助人眼观察远处的目标。它们在天文学、电子学、生物学和医学等诸多领域都起着十分重要的作用。它们都是增大被观察物体对人眼的张角，起着视角放大的作用，它们的基本光学系统都由一个物镜和一个目镜组成。

【实验目的】

(1) 了解显微镜的组成原理，熟悉其结构及放大原理。

(2) 掌握显微镜的组成和调节。

(3) 掌握测量显微镜的放大率方法。

【实验原理】

物理实验中常用的读数显微镜是由一个由目镜和物镜组成的共轴光学系统，它通常由4片以上透镜组成的系统，可以简化成两个凸透镜组成的放大光路，第一个透镜为物镜，第二个透镜为目镜，如图3.2.1所示。被观察的物体AB放在物镜L_o的物方焦点F_o的外侧附近，先经L_o成放大实像A_1B_1于目镜物方焦点F_e内侧附近，再经目镜L_e成放大虚像$A'B'$于明视距离（$s_o = -25\text{cm}$）以外。

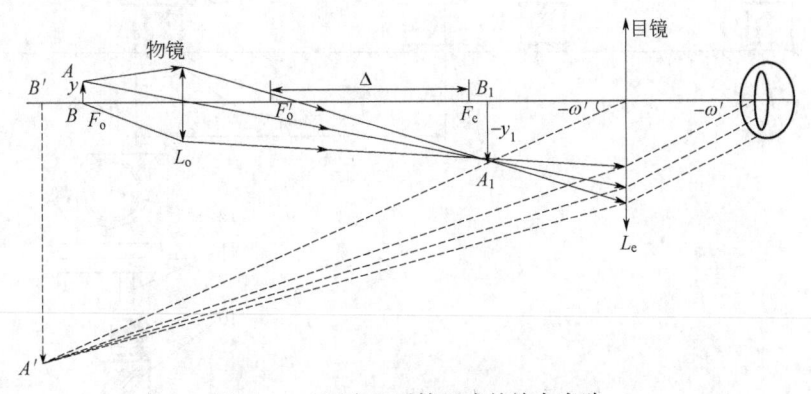

图3.2.1 两个凸透镜组成的放大光路

显微镜的视角放大率为

$$M = \frac{\omega'}{\omega} \tag{3.2.1}$$

其中 ω 为物 AB 在明视距离处所张视角,即 $\omega = y/s_o$,ω' 为放大虚像 $A'B'$ 所张的视角,与 A_1B_1 所张视角一样,故有

$$M = \frac{y_1/f_e}{y/s_o} = \frac{y_1}{y}\frac{s_o}{f_e} \quad (3.2.2)$$

式中,$y_1/y = V_o$,是物镜的横向放大率;$\frac{s_o}{f_e} = M_e$,是目镜的视角放大率。根据薄透镜的横向放大率 $v = -\frac{f}{x} = -\frac{x'}{f}$,其中 $x' = \Delta$,$f' = f_e$ 代入式(3.1.1) 后,得

$$V_o = -\frac{\Delta}{f_o}$$

所以显微镜视角放大率为

$$M = -\frac{s_o \Delta}{f_o f_e} \quad (3.2.3)$$

式中,负号表示像是倒立的,f_o、f_e 分别为物镜和目镜的焦距。

【实验仪器】

照明光源、干板架、二维和三维透镜架、目镜、微米尺、毫米尺、玻璃架、升降调节座、通用底座。

【实验内容与步骤】

参照实验装置示意图 3.2.2 所示布置各光学器件搭建光学显微系统并测量光学显微系统的放大率。

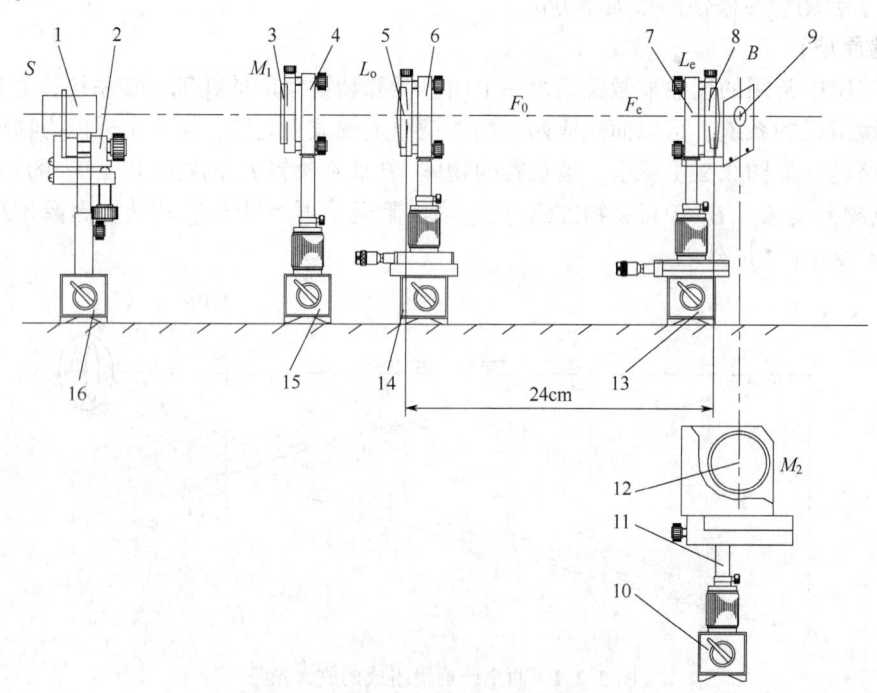

图 3.2.2 显微镜的组成光路

1—照明光源 S;2—干板架;3—微尺 M_1 (1/10mm);4—二维架或透镜架;5—物镜 L_o ($f=45$mm);6—二维架;7—三维调节架;8—目镜 L_e ($f=29$mm);9—45°玻璃架;10—升降调节座;11—双棱镜架;12—毫米尺 M_2 ($l=30$mm);13—三维平移底座;14—三维平移底座;15—升降调节座;16—通用底座

(1) 调节光学显微系统光路水平共轴等高；

(2) 将透镜 L_o 与 L_e 的距离定为 24cm；

(3) 沿米尺移动靠近光源毛玻璃的微尺，从显微镜系统中得到微尺放大像。保持物镜距标尺比较近的前提下前后移动目镜，使通过显微镜能清晰地看到短尺的像；

(4) 在 L_e 之后置一与光轴成 45°角的平玻璃板，距此玻璃板 25cm 处置一白光源（图中未画出）照明的毫米尺 M_2；

(5) 微动物镜前的微尺，消除视差，读出未放大的 M_2 30 格所对应的 M_1 的格数 a，显微镜的测量放大率 $M = \dfrac{30 \times 10}{a}$；显微镜的计算放大率 $M' = \dfrac{25\Delta}{f_o' f_e'}$。

【数据及处理】

注意实验数据的单位、有效数字和误差计算，测量显微镜放大率和理论显微镜的放大率是否相同。

1. 数据记录

实验数据记录见表 3.2.1。

表 3.2.1 显微放大镜测量数据

次数	1	2	3	4	5
a					
$M_{测量}$					

2. 数据处理

平均值：$\bar{a} = \dfrac{1}{n}\sum a_i$ 绝对误差：$\Delta M = |M_{测量} - M_{真}|$

相对误差：$E = \dfrac{\Delta M}{M_{真}} \times 100\%$

【注意事项】

(1) 用组装显微镜测量时，标尺刻度分度值不够精确及读数时存在误差；

(2) 保持物镜距标尺比较近的前提下前后移动目镜，使通过显微镜能清晰地看到短尺的像。

【问题讨论】

(1) 如何提高显微镜的视角放大率？

(2) 视角放大率和横向放大率如何比较？如何求横向放大率？

(3) 显微镜的总焦距是多少？

(4) 显微镜的孔径光阑、入射光瞳、出射光瞳的位置如何？

(5) 显微镜有几种类型？

实验 3.3 平行光管的调节与焦距测量

【引言】

几种测量透镜焦距的常用方法其相对误差均较大，若需进一步提高测量的准确度，可利用平行光管进行精密测量。平行光管是一种能发射平行光束的精密光学仪器，也是校准光路和调整光学仪器的重要工具之一。

【实验目的】

（1）了解平行光管的结构、原理，掌握平行光管的调节方法；

（2）学会简单光路的共轴调节技术；

（3）学习使用平行光管测定薄透镜的焦距。

【实验原理】

1. 平行光管的调节

如图3.3.1(a)所示，高斯目镜的光源通过分光板反射后均匀照亮分划板3，如果分划板准确定位于物镜的焦平面上，分划板上每一点发射的光通过物镜后都将成为平行光束。按照自准直原理，此平行光束被反射回平行光管后应该在焦平面上形成［图3.3.1(b)］清晰的分划板像。因此，利用高斯目镜和可调反射镜即可完成平行光管的调节工作，确保其发射的光束严格平行。平行光管测量薄凸透镜的装置和光路图如图3.3.1所示。

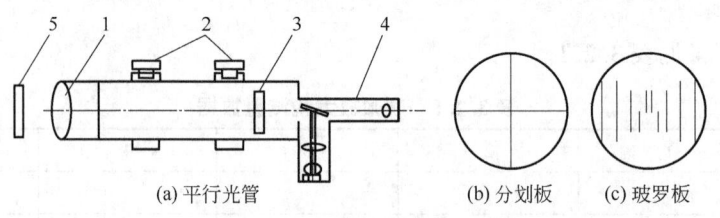

图 3.3.1　平行光管结构示意图

1—物镜；2—底座及螺钉；3—分划板；4—高斯目镜；5—可调反射镜

2. 平行光管法测量透镜焦距

平行光管光源发出的光照在玻罗板上，由于玻罗板位于平行光管透镜的焦平面上，因而该光束出射后变成平行光束。再经过待测透镜，成像在待测透镜的焦平面上。利用测微目镜，使被测透镜焦平面上所成玻罗板的像也成像在测微目镜的焦平面上，便可测量。

将待测凸透镜置于以调整好的平行光管的前方（为达到预期精度，透镜焦距应小于物镜焦距的1/2），使透镜光轴与平行光管光轴重合。用玻罗板［图3.3.1(c)］代替分划板，玻罗板上的多组标准线对将成像于透镜的焦平面上。

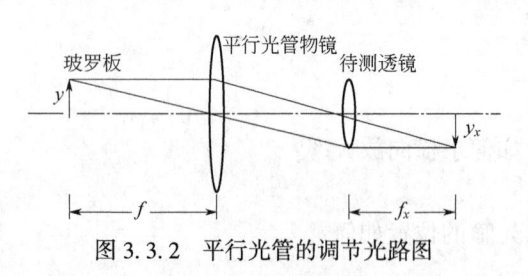

设平行光管物镜的焦距为f，待测透镜的焦距为f_x，玻罗板某线对的实际间距为y，线对在透镜焦平面上对应的像的间距为y_x，各量的几何关系可以根据图3.3.2得出：

$$f_x = -f\frac{y_x}{y} \tag{3.3.1}$$

图 3.3.2　平行光管的调节光路图

只要测出测微目镜上玻罗板线对的距离，就可以计算出待测透镜的焦距。

【实验仪器】

F550型平行光管（理论焦距为550mm，实测焦距标注在各台平行光管上），其所带附件如下：高斯目镜、光源、分划板、玻罗板（其上镀有5组标准线对，最外面的一对长刻线的间距为20mm，其余的每对刻线的间距依次为10mm、4mm、2mm和1mm）、可调平面反射镜、待测透镜及支架、光具座、读数显微镜。

【实验内容与步骤】

1. 平行光管的调节

调节平行光管，使分划板严格置于物镜焦平面上，并使分划板中心与平行光管的光轴重合，将可调平面反射镜置于平行光管正前方，调节反射镜后螺钉，使平行光管发射的光束重新返回平行光管，在目镜中可以看到十字刻线的反射像，固定平面镜位置。仔细调节分划板底座的前后位置及平面反射镜水平调节螺栓和铅直调节螺栓，直到通过目镜能同时看清分划板十字和反射回来的像，使物、像完全重合且无视差。

2. 调节平行光管、待测透镜及读数显微镜物镜三者共轴等高

先目测调节平行光管光轴与透镜、读数显微镜物镜光轴重合并平行于光具座导轨。再估测透镜焦距，使平行光管与读数显微镜二者间距大于待测透镜焦距。

3. 利用平行光管测量待测透镜焦距

测量透镜的焦距，将分划板换为玻罗板。在估测焦距值附近沿光轴移动凸透镜，直至从读数显微镜中观察到清晰的玻罗板的像且与分划板准线无视差为止，如图3.3.3所示。在保证测量精度，减少轴外像差影响的条件下选取第四组线对，测量并记录线对的距离，重复测量6次。记录平行光管物镜实测焦距值、选用的玻罗板线对的标准间距。由式 $f_x = -f\dfrac{y_x}{y}$ 计算待测透镜焦距 f_x。

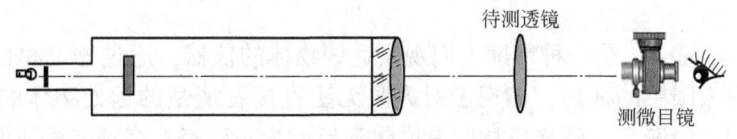

图3.3.3 测量透镜焦距示意图

【数据及处理】

1. 测量透镜的焦距

平行光管中玻罗板上共有五对刻线，最外面的一对长刻线的间距为20mm，其余的每对刻线的间距依次为10mm、4mm、2mm和1mm；平行光管物镜的焦距 $f = 552.0625$ mm。y_x 的测量数据见表3.3.1。

表3.3.1 透镜焦距测量数据

测量次数	1	2	3	4	5	6
y_x, mm						

2. 数据处理

根据公式 $f_x = -f\dfrac{y_x}{y}$ 有：

$y = 1$ mm 时，$f_x =$ _____ mm　　　$y = 10$ mm 时，$f_x =$ _____ mm

$y = 2$ mm 时，$f_x =$ _____ mm　　　$y = 20$ mm 时，$f_x =$ _____ mm

$y = 4$ mm 时，$f_x =$ _____ mm

平均值：$\bar{f} = \dfrac{1}{n}\sum f_i$　　　绝对误差：$\Delta f = |f - f_{真}|$　　　相对误差：$E = \dfrac{\Delta f}{f_{真}} \times 100\%$

【注意事项】
（1）不能用手触摸元器件的光学表面。
（2）实验过程中需要多次更换元器件，应按要求规程操作，注意轻拿轻放，避免损坏。
（3）读数显微镜读数的时候只能单向移动，机械的还要估读一位。
① 测量同一组数据时，鼓轮应沿同一方向旋转，不得中途反向，以避免空程误差。
② 被测量物的线对方向必须与基准线方向平行，否则会引入系统误差。
③ 被测量物的像与基准线重合，不能存在视差。
④ 零点修正值的存在，注意整数位的读法。
（4）在透镜前放一个光屏，分划板通过透镜会在光屏上形成一个亮斑，移动光屏，当这个亮斑最亮最清晰的时候，光屏和透镜之间的距离即可认为是透镜的焦距。

【问题讨论】
（1）测凸透镜焦距和分辨率时，透镜与平行光管间的距离对结果有无影响？
（2）如何用一元线性回归方法来计算透镜焦距，特别是有多个但不完整的玻罗板线对的数据时，还能获得焦距的测量值吗？
（3）玻罗板放不到位，对测量的焦距值有什么影响？

实验 3.4 望远系统的搭建及放大倍数的测量

【引言】
望远镜（telescope）是一种帮助人们观察远处物体的仪器，通过物镜和目镜的组合，增大了远处物体在人眼中的视角，实现了对人眼无法直接看清楚的远处物体的观察。1608 年世界上第一台望远镜诞生，随着科技的发展，到目前为止已经有多种多样的望远镜被生产制造出来，例如各种天文望远镜、军用望远镜，还有用来观剧观影和观看风景的望远镜，它们也广泛地应用于科学研究和生产生活的各方面，给人们带来了极大的便利。

【实验目的】
（1）了解透镜作为光学元件在光学系统中的作用；
（2）理解望远镜的结构及视角放大原理；
（3）掌握望远镜放大倍数测量的方法。

【实验原理】
望远系统是使入射的平行光束仍能保持平行地射出的光学系统，其物镜的像方焦点与目镜的物方焦点重合，光学间隔为零，是一个无焦系统。典型的望远系统有望远镜系统和准直系统。本实验以望远镜系统为例，来说明望远系统的工作原理和放大倍数的概念。

望远镜由物镜和目镜组成，其作用相当于是把远处物体移近，在望远镜像空间进行观察，放大了远处物体对人眼睛的视角。实际中应用的望远镜有较多种类，按物镜分有折射式、反射式、折反射式；按目镜可分有伽利略望远镜、开普勒望远镜；按镜筒个数可分为单筒望远镜、双筒望远镜；按用途分有天文望远镜、军用望远镜、生活中使用的望远镜等。本实验主要介绍常用的折射式望远镜中的伽利略望远镜和开普勒望远镜。

1. 伽利略望远镜（Galileo Telescope）

1609 年意大利科学家伽利略（Galileo Galilei, 1564—1642）发明了伽利略望远镜，并观察到了太阳黑子、土星光环、木星的卫星及月球表面的情况等。伽利略望远镜的结构如

图 3.4.1 所示，该望远镜由物镜和目镜组成，物镜是会聚透镜，目镜是发散透镜。物镜的像方焦点 F_o' 和目镜的物方焦点 F_e 重合。来自远方物体发出的平行光入射到望远镜，经物镜会聚到其像方焦平面成实像，再经目镜出射，成为平行光进入人眼。

2. 开普勒望远镜（Kepler Telescope）

1611 年德国科学家开普勒（Johannes Kepler，1571—1630）发明了开普勒望远镜，望远镜的结构和光学系统如图 3.4.2 所示，望远镜物镜的像方焦点与目镜的物方焦点重合，也是由物镜和目镜组成的无焦系统。无穷远物体发出的平行光经物镜后在物镜焦平面上成一倒立缩小的实像，像再经目镜成虚像于无穷远处，使视角增大，利于人眼观察。

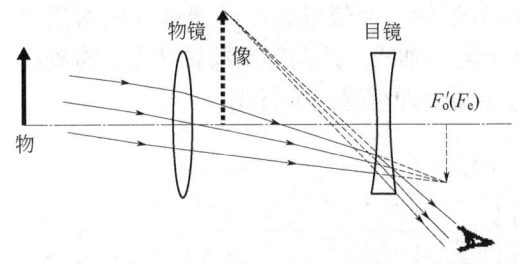

图 3.4.1 伽利略望远镜结构及光路示意图 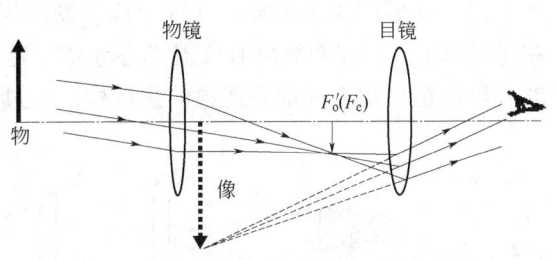　　图 3.4.2 开普勒望远镜结构及光路示意图

3. 望远镜的放大倍数

用望远镜观察远方物体时，放大率（放大倍数）M 定义为

$$M = \frac{\omega'}{\omega} \tag{3.4.1}$$

式中，ω 是物体在实际位置对人眼所张视角，ω' 是使用望远镜后的像对人眼或目镜所张视角，ω 和 ω' 的正负规定遵守符号法则（顺正逆负）。为方便推导望远镜的放大倍数，以开普勒望远镜为例来说明。如图 3.4.3 所示，不使用望远镜时，由于物体距离观察者比较远，即物距远大于望远镜镜筒长度，此时物体对人眼或目镜的视角 ω 大约和物体对物镜的视角相等，可表示为

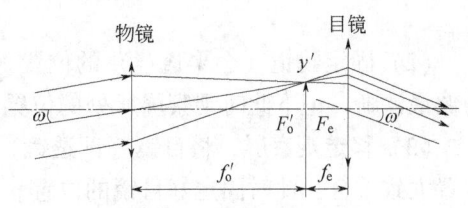

图 3.4.3 望远镜的放大率

$$-\omega = \frac{y'}{f_o'} \tag{3.4.2}$$

式中，f_o' 是望远镜物镜的物方焦距；y' 是物体经物镜所成的像的高度（上正下负）。

使用望远镜后，最终像对人眼或目镜的视角可表示为

$$\omega' = \frac{y'}{-f_e} \tag{3.4.3}$$

式中，f_e 是望远镜目镜的物方焦距。

将式(3.4.2) 和式(3.4.3) 代入 (3.4.1) 可得放大倍数为

$$M = \frac{f_o'}{f_e} \tag{3.4.4}$$

式(3.4.4) 表明，物镜的焦距 f_o' 越大，目镜的焦距 f_e 越小，望远镜的放大率 M 越高。由于伽利略望远镜物镜为会聚透镜，目镜为发散透镜，所以由式(3.4.4) 可知 $M>0$，表示像是正立的（倒立时 $M<0$）。伽利略望远镜具有较小的镜筒长度，而且体积小、质量轻，但是伽

利略望远镜没有中间实像面，无法安装分划板，不能测量和精确定位。开普勒望远镜中，物镜与目镜均为凸透镜，所得到的像是倒立放大的像。开普勒望远镜镜筒长度等于物镜和目镜焦距之和，因此镜筒长度较长。经物镜所成的中间像位于目镜的物方焦平面，在镜筒之内，可以安装叉丝或分划板。

【实验仪器】

光源、光具座、物屏组、准直透镜、凸透镜、凹透镜、白屏、底座若干。

【实验内容步骤】

1. 伽利略望远镜放大倍数的测量

（1）按照图3.4.4所示，将光源、物屏组、准直透镜、会聚透镜、凹透镜等依次摆放在光具座上。目视粗调所有仪器光心等高，光轴处于同一轴线，达到等高共轴状态。将刻度屏（物屏组）放置在准直透镜的焦点处，经过准直透镜后即可得到平行光。

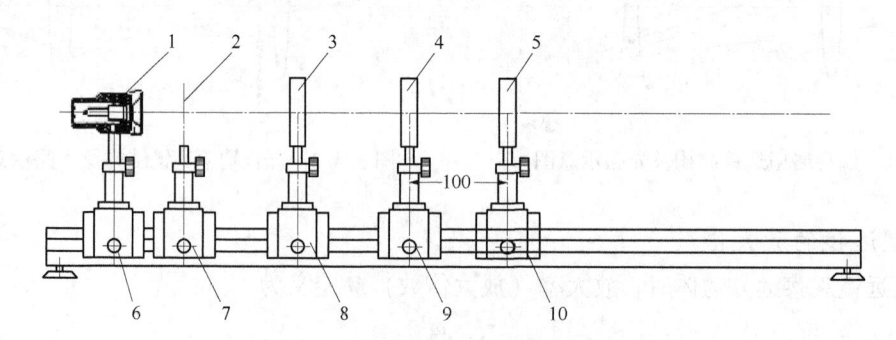

图3.4.4 伽利略望远镜放大倍数的测量实验

1—光源；2—物屏组；3—准直透镜；4—会聚透镜（$f=150\text{mm}$）；5—凹透镜（$f=-50\text{mm}$）；6—底座；7—底座；8—底座；9—底座；10—底座

（2）固定物镜（会聚透镜）的位置，用观察屏接收物屏组经物镜所成的像，直到得到的像最清晰，记下此时观察屏所处的位置。

（3）移走观察屏，将目镜（凹透镜）移近物镜，直至目镜的物方焦面与观察屏的所处位置大致重合，此时固定好目镜的位置。

（4）微调目镜高度及前后位置，保证其与其他元件同轴等高。在目镜之后以人眼观察，直至能够看到清晰的像，可认为此时物镜的像方焦面与目镜的物方焦面相重合，伽利略望远镜自组完成。由于存在人眼差异，图3.4.4中的参数仅为实验参考。当人眼在目镜中看到的像模糊时，可调节准直透镜与物屏组之间距离或者调节会聚透镜与凹透镜之间距离，直到从目镜中看到清晰的像。

（5）按实测的物镜、目镜位置及中间实像位置，在直角坐标纸上按适当比例画出自组的望远镜成像光路图，并根据实测的物镜、目镜位置及中间实像位置，计算出物镜和目镜的焦距，代入望远镜放大倍数公式，求出放大倍数M。

2. 开普勒望远镜放大倍数的测量

（1）按照图3.4.5所示，将光源、物屏组、准直透镜、物镜（会聚透镜）、目镜（会聚透镜）依次摆放在光具座上。目视粗调所有仪器光心等高，光轴处于同一轴线；将物屏组放置在准直透镜的焦点处，经过准直透镜后即可形成平行光。

（2）固定物镜（会聚透镜）的位置，用观察屏来接收物屏组经物镜所成的像，直到最

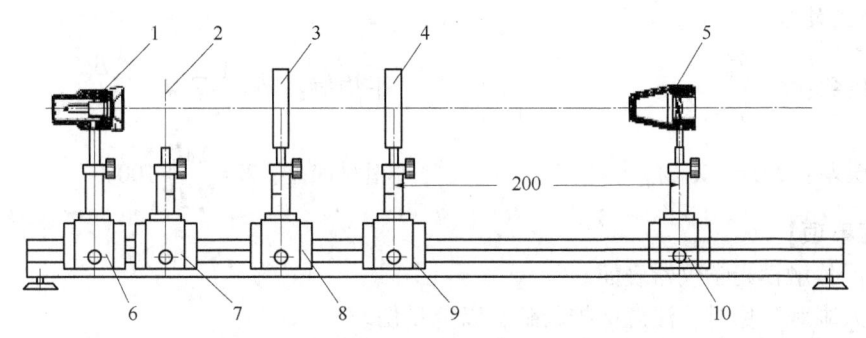

图 3.4.5 开普勒望远镜放大倍数的测量实验

1—光源；2—物屏组；3—准直透镜；4—聚焦透镜（$f=150$mm）；5—带分划板的
目镜（$f=50$mm）；6—底座；7—底座；8—底座；9—底座；10—底座

清晰，并记下此时观察屏所处的位置。

（3）移走观察屏，将目镜慢慢移近物镜，使目镜的物方焦面与观察屏的所处位置大致重合，固定目镜，并再调节透镜高度使三者同轴等高。

（4）前后微微移动目镜，人眼位于目镜之后进行观察，直至能够看到清晰的像。可认为此时物镜的像方焦面与目镜的物方焦面相重合，从而实现了开普勒望远镜的自组。

（5）按实测的物镜、目镜位置及中间实像位置，在直角坐标纸上按适当比例画出组装的望远镜成像光路图，并根据实测的物镜、目镜位置及中间实像位置，计算出物镜和目镜的焦距，代入望远镜放大倍数公式，求出放大倍数 M。

【数据及处理】

1. 数据记录

数据记录表 3.4.1 和表 3.4.2。

表 3.4.1 伽利略望远镜放大倍数的测量数据表

测量组数	物镜位置 mm	目镜位置 mm	中间像位置 mm	物镜焦距 f'_o mm	目镜焦距 f_e mm	放大倍数 M
1						
2						
3						
4						
5						

表 3.4.2 开普勒望远镜放大倍数的测量数据表

测量组数	物镜位置 mm	目镜位置 mm	中间像位置 mm	物镜焦距 f'_o mm	目镜焦距 f_e mm	放大倍数 M
1						
2						
3						
4						
5						

2. 数据处理

放大倍数：$M = \dfrac{f'_o}{f_e}$ 　　　　　　　　平均值：$\overline{M} = \dfrac{1}{n}\sum M_i$

绝对误差：$\Delta M = |\overline{M} - M_真|$ 　　　　　相对误差：$E = \dfrac{\Delta M}{M_真} \times 100\%$

【注意事项】

(1) 严禁触摸光学仪器表面。
(2) 人眼观察像时，注意保护眼睛，以免受伤。
(3) 调节各元件时，动作应细致、缓慢。
(4) 保持刻度尺的干净，使光透性能好。
(5) 为了保证较好的成像效果，实验应在暗室或遮光较好的实验室进行。

【问题讨论】

(1) 望远镜放大远处物体对人眼视角的原理是什么？
(2) 伽利略望远镜的物镜和目镜各是什么类型透镜？
(3) 开普勒望远镜的物镜和目镜各是什么类型透镜？开普勒望远镜和伽利略望远镜在结构上的相同点和不同点分别是什么？
(4) 为什么在开普勒望远镜中可以安装分划板，而伽利略望远镜不能安装？
(5) 如何提高望远镜的放大倍数？请描述具体方案。

实验3.5　光学透镜组基点的测量

【引言】

1841年德国数学家高斯（Gauss，1777—1855）提出了理想光具组的一般理论，该理论提供了共轴光具组成像的理论依据。该理论认为，理想光具组物方的任一点，在像方都有一个共轭点，物方的任一直线或任一平面，在像方也有任一直线或平面与其共轭。在研究共轴光具组成像时，将光具组看成一个整体，不用考虑光具组各透镜的焦距多大、透镜间距离为多少，不用考虑光具组中实际的光线，而是建立一系列"基点"和"基面"，利用这些"基点"和"基面"来研究光具组成像性质，使得光具组成像问题得到简化。

【实验目的】

(1) 理解光学系统的基点；
(2) 理解光学系统基点的性质；
(3) 掌握焦点、主点、节点的性质；
(4) 掌握光学系统基点的测量方法。

【实验原理】

光学透镜组是多个透镜组成的光学系统。如果透镜组的所有光学元件的主轴都在一条直线上，就称为共轴光具组。要确定经透镜组最终成像的大小、位置和性质等，可以利用透镜成像的高斯公式或牛顿公式，采用逐个对透镜成像的方法，将光经前一透镜所成的像作为后一透镜的物，最终求出经透镜组所成的像；或者利用几何作图法，根据单个透镜成像的性质来求得最终像。这些方法适用于较少透镜组合，如果透镜组包含较多透镜，而且各透镜之间相对位置不能确定，应用上述方法求出最终像的性质等，就变得复杂且困难。

数学家高斯提出了关于理想光具组的一般理论，即理想光具组可以保持光束的单心性，以及像和物在几何上的相似。物方的任一点、一条直线、一个平面，都和像方的一个点、一条直线、一个面共轭。可将这个理论应用于求解共轴光具组成像问题。利用这个理论时不用考虑光具组透镜的多少，透镜间的间距，而只需要知道该透镜组的一系列"基点"和"基面"，利用这些"基点"和"基面"就可以求出透镜组最终的成像。高斯提出的理论中"基点"是主点、节点和焦点；相应的"基面"是主平面、节平面和焦平面。

1. 焦点和焦平面

如图3.5.1所示，假设光线从左向右传播，物方光轴外一点 Q 发出的平行于主轴的光线，经光具组折射后与主轴的交于点 F'，称为像方焦点，其共轭点位于物方轴上无穷远处；光轴上的物点位于物方焦点 F 时，其共轭像位于像方无限远，过 F 的光经光具组称为平行于主轴的光；垂直主轴过 F' 点的平面称为像方焦面，垂直主轴过 F 点的平面称为物方焦面。注意到，焦点和焦平面是一组特殊的点和面，焦点 F 和 F' 彼此之间不共轭，物方焦平面和像方焦平面也不共轭。

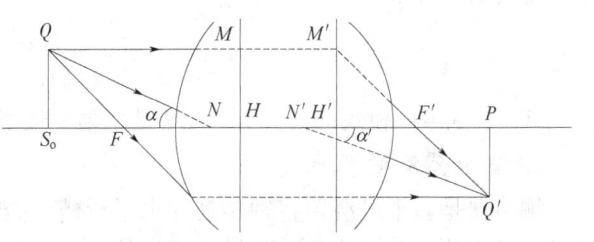

图3.5.1 理想光具组的基点示意图

2. 主点和主平面

在图3.5.1中，H 和 H' 分别是物方主点和像方主点。垂直于光轴过物方主点的平面称为物方主平面，过像方主点的称为像方主平面。主点是横向放大率等于1的一对共轭点，主平面是横向放大率等于1的一对共轭面。设物方空间的任一光线与物方主平面交于 M 点，则其共轭光线和像方主平面交于 M' 点，M 和 M' 点离光轴具有相同距离。物方主点 H 到物方焦点 F 的距离，称为光具组的物方焦距，以 f 表示，像方主点 H' 到像方焦点 F' 的距离，即为像方焦距 f'。

3. 节点和节平面

节点是光具组主轴上的一对角放大率等于1的共轭点，图3.5.1中 N 是物方节点，N' 是像方节点，过节点垂直于主轴的平面即为节平面。如果物方空间一光线入射到物方节点 N，出射光线必通过像方节点 N'，且入射光线与出射光线平行。如果物方和像方折射率相等，光具组物、像方主点和节点分别重合。

4. 光学透镜组基点

薄透镜是厚度远小于其球面曲率半径的透镜，是一种常用的光学元件。根据实验目的，实验中常会用到多个薄透镜，研究透镜组成像性质具有重要的意义。设两个薄透镜 L_1 和 L_2 的物方焦距分别为 f_1 和 f_2，像方焦距分别为 f_1' 和 f_2'。两透镜中心的距离为 d。根据前面理想光具组基点理论，由于物方和像方介质相同，主点和节点重合，与透镜光心重合。该光具组的物、像方焦距可以表示为

$$f' = \frac{f_1' f_2'}{(f_1' + f_2') - d} \tag{3.5.1}$$

$$f = -f' \tag{3.5.2}$$

该组合的光焦度为

$$\varphi = \varphi_1 + \varphi_2 - \varphi_1\varphi_2 d \tag{3.5.3}$$

式中，φ_1 和 φ_2 分别是透镜 L_1 和 L_2 的光焦度。约定如果第一透镜像方主点 H_1' 第二透镜的主点 H_2 左边，$d>0$；H_1' 在 H_2 之左，$d<0$。由以上几式可见，透镜组的焦距、光焦度不仅和各透镜焦距有关，还和透镜之间的相对位置有关。

透镜组物方主点为

$$l = \frac{-f_1' d}{(f_1' + f_2') - d} \tag{3.5.4}$$

透镜组像方节点为

$$l' = \frac{-f_2' d}{(f_1' + f_2') - d} \tag{3.5.5}$$

式（3.5.4）和式（3.5.5）中，l 是从第一透镜光心起测量，l' 从第二透镜光心起测量。

5. 测节器测量基点

测节器是一个可绕铅直轴转动的水平滑槽，透镜组等可以放置在滑槽上，并且其位置可以沿滑槽调节。利用测节器测量透镜组的节点，其原理如图 3.5.2 所示。平行于主轴的平行光入射透镜组，光束会聚于像方焦点 Q 点，即 F' 点。如果以垂直于主轴的方向为轴，使测节器转动一个小角度，平行光会聚的位置就会变化。如图 3.5.2(a) 所示，如果转轴恰好通过光具组的像方节点 N'，通过光具组的光束，仍然会聚于焦平面上的 Q 点，但是光具组的像方焦点 F' 不再重合于 Q 点，这使得旋转后像的清晰度变差。另一种情形如图 3.5.2(b) 所示，如果转轴没通过光具组的像方节点 N'，虽然光具组转动后，N' 出现移动，但根据节点性质，经 N' 出射光仍然平行于入射光，所以光束的会聚点将从 Q 平移到 Q'。

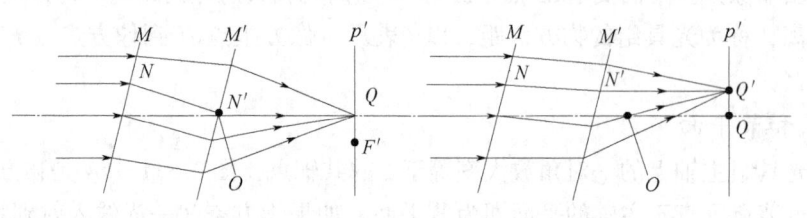

(a) 转轴通过光具组的像方节点　　　　(b) 转轴不通过光具组的像方节点

图 3.5.2　入射平行光经光具组后出射情形

【实验仪器】

溴钨灯、毫米尺、双棱镜架、物镜、透镜架、透镜组、测节器（节点架）、测微目镜架、测微目镜、平面镜、二维底座、三维底座、升降调节架、通用底座、白屏。

【实验内容步骤】

1. 光路搭建和调节

（1）将各个光学元件按照图 3.5.3 依次摆放在光学平台上，目视粗调所有仪器光心等高，光轴处于同一轴线。

（2）打开光源，取一平面镜靠近物镜放置，固定毫米尺和平面镜，移动物镜，直到毫米尺上成清晰实像。取走平面镜，保持物屏与物镜的位置不变，光源经物镜的光是平行光。沿光轴放置其他元件，移动测微目镜，找到尺子成清晰像的位置。

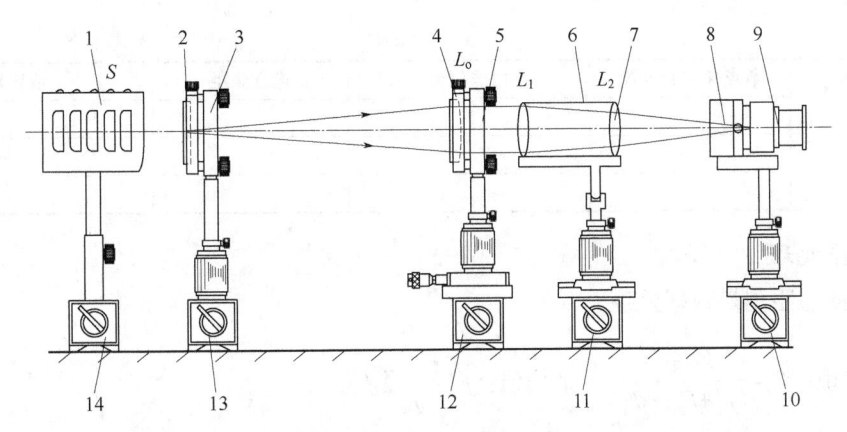

图 3.5.3 实验光路示意图

1—溴钨灯；2—毫米尺；3—双棱镜架；4—物镜 L_0 ($f=150\text{mm}$)；5—透镜架；6—透镜组 L_1、L_2
($f_1=300\text{mm}$，$f_2=190\text{mm}$)；7—测节器（节点架）；8—测微目镜架；9—测微目镜；
10—二维底座；11—二维底座；12—三维底座；13—升降调节架；14—通用底座

2. 测量透镜组的基点

(1) 利用本书实验 3.1 所述的透镜焦距测量方法，测出透镜 L_1 和 L_2 的焦距。

(2) 在图 3.5.3 中，将透镜 L_1 和 L_2 置于测节器的滑槽里，并使得 $d<f'_1+f'_2$，调节仪器等高共轴。沿节点架前后移动透镜组，同时也前后移动测微目镜，如果节点架绕其轴转动时，毫米尺的像无横向移动，此时像方节点 N' 就在节点架的转轴上，用白屏代替测微目镜。

(3) 记录节点架中心位置、白屏的位置、透镜与节点架中心的偏移量。将光具组转过 180°，此时原来光具组 N 的位置就是当前 N' 的位置，重复以上步骤测出像方焦距和节点，记录此时节点架中心位置、白屏的位置、透镜与节点架中心的偏移量。

(4) 在坐标纸上绘制光具组的简单示意图，标出各基点位置和透镜焦距。

【数据及处理】

1. 数据记录

数据记录见表 3.5.1 和表 3.5.2。

表 3.5.1 透镜组像方焦距和节点测量数据记录　　　　　　　　（单位：mm）

测量组数	节点架中心位置	白屏位置	像方焦距	偏移量
1				
2				
3				
4				
5				
平均值				

表 3.5.2 透镜组物方焦距和节点测量数据记录　　　　　　　　（单位：mm）

测量组数	节点架中心位置	白屏位置	像方焦距	偏移量
1				
2				
3				

续表

测量组数	节点架中心位置	白屏位置	像方焦距	偏移量
4				
5				
平均值				

2. 数据处理

1）透镜焦距测量数据处理

像方焦距：$f'=\dfrac{f'_1 f'_2}{(f'_1+f'_2)-d}$ 平均值：$\overline{f}'=\dfrac{1}{n}\sum f'_i$

绝对误差：$\Delta f'=|\overline{f}'-f'_真|$ 相对误差：$E=\dfrac{\Delta f'}{f'_真}\times 100\%$

2）透镜组节点测量数据处理

像方节点：$l'=\dfrac{-f'_2 d}{(f'_1+f'_2)-d}$ 平均值：$\overline{l}'=\dfrac{1}{n}\sum l'_i$

绝对误差：$\Delta l'=|\overline{l}'-l'_真|$ 相对误差：$E=\dfrac{\Delta l'}{l'_真}\times 100\%$

【注意事项】
(1) 严禁触摸光学仪器表面，并小心谨慎操作，防止光学元件掉落打碎。
(2) 使用测节器时，要固定好，以免移动或旋转时打翻仪器。
(3) 每次测量前均需检查入射光是否为平行光。
(4) 实验中需要读数的位置点较多，注意读数精度。

【问题讨论】
(1) 焦点、主点、节点的性质是什么？
(2) 主点、节点的区别是什么？
(3) 如何测量凹透镜的主点？
(4) 如何测量凹透镜和凸透镜组合的基点？
(5) 为什么说实验中的透镜组主点、节点重合？

实验3.6 光学系统像差实验

【引言】
实际光学系统不是理想光学系统，无法满足理想成像的条件，像差（aberration）即是实际光学系统相对于理想光学系统成像的偏差。像差由光学仪器本身的特性所决定的，例如常用的光学透镜，即使它的折射率非常均匀，球面加工得非常完美，像差仍会存在。像差的大小反映了实际光学系统成像质量的优劣。

【实验目的】
(1) 了解光学系统像差的分类；
(2) 理解色差、球差、彗差、像散、场曲和畸变产生的原因；

(3) 观察各种像差现象，理解不同像差产生条件的差异。

【实验原理】

实际光学系统与理想光学系统之间存在很大的差异，物空间的一个物点发出的光线经实际光学系统后，不再会聚于像空间的一点，而是一个弥散斑，弥散斑的大小与实际光学系统的像差有关。当光学系统以单色光成像时的产生的单色像差有球差、彗差、像散、场曲（像面弯曲）和畸变。光学系统对复色光成像时的产生的像差有轴向色差（位置色差）和横向色差（倍率色差）。

1. 色差

折射率是描述光学材料性质的一个基本物理量，常以 n 表示：

$$n = \frac{c}{v} \tag{3.6.1}$$

式中，c 表示真空中的光速，v 表示某种波长的光在该光学材料中速度。可见，对同种波长的光，在折射率越大的介质中，速度越小，反之也成立。对于同种光学材料，不同波长的光在其中传播速度不相同，光学材料的折射率是不同数值，波长越小折射率越大，波长越大折射率越小。

物体发出不同波长的色光经光学系统后，其成像位置和成像大小的差异称为色差。色差可分为位置色差（横向色差、轴向色差）和倍率色差（纵向色差、垂轴色差）。如图 3.6.1(a) 所示，轴上物点 A 发出非单色光，设波长为 λ_1 的光经光学系统会聚于 A'_1 点，波长为 λ_2 的光经光学系统会聚于 A'_2 点，这两种波长色光的高斯像点之间的差值即是位置色差，可表示为

$$\Delta L' = L'_{\lambda_1} - L'_{\lambda_2} \tag{3.6.2}$$

如图 3.6.1(b) 所示，倍率色差是由于轴外物点发出不同波长的色光，在像面成不同大小的像之间的差异，可表示为

$$\Delta y' = y'_{\lambda_1} - y'_{\lambda_2} \tag{3.6.3}$$

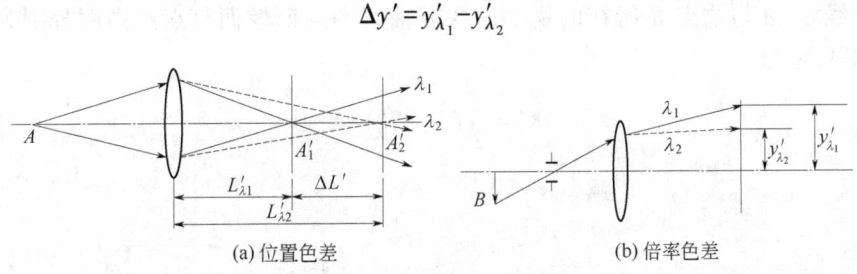

(a) 位置色差 　　　　(b) 倍率色差

图 3.6.1　色差示意图

由于色差的影响，在任何位置观察像，都带有色斑或是晕环，像模糊不清，与物高无关，轴外物点发出的不同色光的主光线在理想像面上形成一条小光谱。

2. 球差

如图 3.6.2 所示，自光轴上一点 A 发出一组同心宽光束，由于在光学系统距离主轴不同高度处入射，光线与主轴夹角 U 也不相同，所以经光学系统（例如单个透镜）折射后，不同入射环带上的光会聚在轴上不同点，所以得到的实际像是一个弥散斑。在轴上不同位置，弥散斑也不相同，这种像差就是球差。球差的表示可分为两种，即轴向球差（或纵向球差）和垂轴球差（或横向球差）。经过透镜边缘的折射的光线，由于具有较大的入射角 U_m，在

光轴上离透镜近处会聚,会聚点像距为 L',光线与主轴夹角 U'_m;离轴近处进入透镜的光线,具有比较小的入射角,在光轴上离透镜远处会聚,会聚点像距为 l',则轴向球差 $\delta L'$ 可表示为

$$\delta L' = L' - l' \tag{3.6.4}$$

由于球差的存在,理想像面(高斯像面)上成像是一个半径为 $\delta y'$ 的弥散圆斑,也称为垂轴球差或纵向球差,可表示为

$$\delta y' = \delta L' \tan U'_m \tag{3.6.5}$$

需要注意的是,因为不同位置入射光线经透镜后会聚点不同,所以球差值因光线入射位置而异。

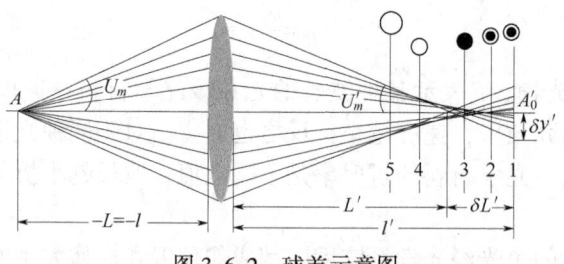

图 3.6.2 球差示意图

3. 彗差

轴外物点发出的大孔径单色光,通过透镜后在像平面上不再相交于一点,而是形成不对称的弥散光斑,弥散光斑形状像一个彗星,这样的像差称为彗差。若光学系统存在较大彗差,会影响轴外像点的清晰程度。如图 3.6.3 所示,轴外物点 B 发出的子午光束中,经过入瞳边缘的光线 a(上光线)和 b(下光线)与主光线 z 夹角不相同,由于球差的影响经过光学系统后这三条光线不交于一点。在垂直于光轴方向,光线 a、b 经光学系统后的交点(B'_t)到主光线 z 的距离称为子午彗差 K'_T(以主光线为起点计算距离,向上为正、向下为负)。若光线 a、b 与物点 B 所在的物平面在近轴区的高斯像面交点的高度分别为 Y'_a、Y'_b、Y'_z,则子午彗差为

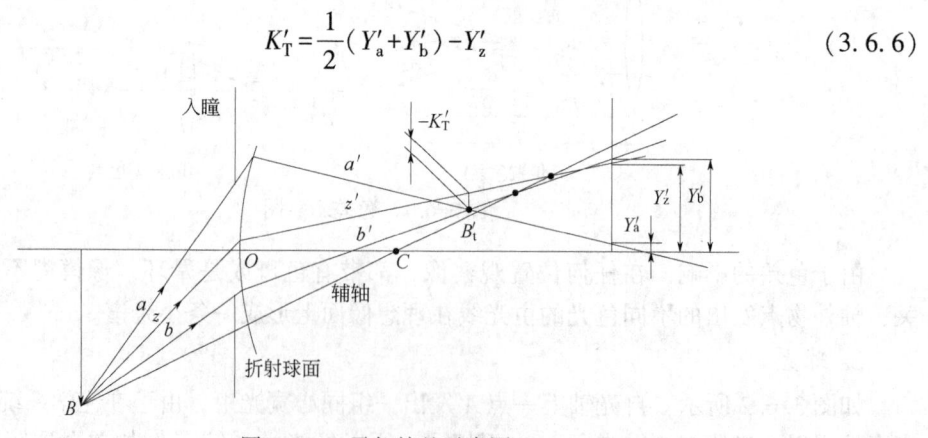

$$K'_T = \frac{1}{2}(Y'_a + Y'_b) - Y'_z \tag{3.6.6}$$

图 3.6.3 子午彗差示意图

此外轴外物点 B 发出的弧矢光束中,光线 c(前光线)和 d(后光线)经光学系统后与主光线也不交于一点,其交点 B'_s 在弧矢面内,到主光线 z 垂直于光轴方向的距离称为弧矢彗

差 K'_S（以主光线为起点计算距离，向上为正、向下为负），如图 3.6.4 所示。K'_S 可用光线 c 和 d 在高斯像面上的交点与主光线在高斯相面上交点的高度差表示

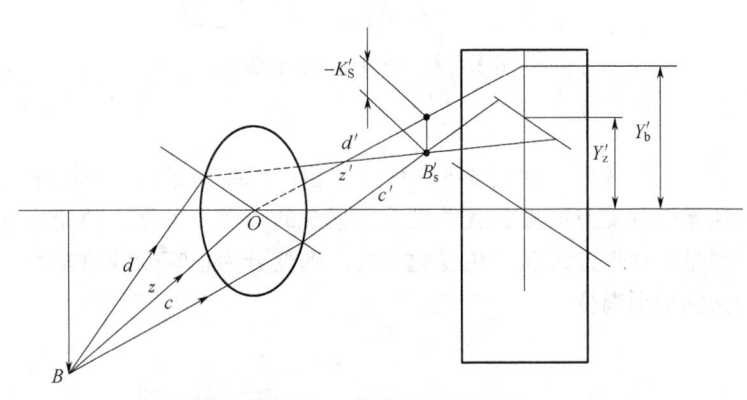

$$K^i_S = Y'_c - Y'_z \tag{3.6.7}$$

图 3.6.4　弧矢彗差示意图

4. 像散

像散是由于物点距离光轴较远的情况下，经光学系统成像形成的像差。如图 3.6.5 所示，物点 B 偏离光轴较大距离，发出的光束具有较大的倾斜度。经光学系统出射的光线有两处是直线，且互相垂直，分别是子午焦线和弧矢焦线。在两焦线中间，物点的像是一个圆斑，其他位置是椭圆形弥散斑。子午焦线和弧矢焦线分开的轴向距离就是像散值

$$x'_{ts} = x'_t - x'_s \tag{3.6.8}$$

当光学系统存在像散时，不同像面位置会得到不同形状的物点像。若光学系统对直线成像，由于像散的存在其成像质量与直线的方向有关。例如，若直线在子午面内其子午像是弥散的，而弧矢像是清晰的；若直线在弧矢面内，其弧矢像是弥散的而子午像是清晰的；若直线既不在子午面内也不在弧矢面内，则其子午像和弧矢像均不清晰，故而影响轴外像点的成像清晰度。

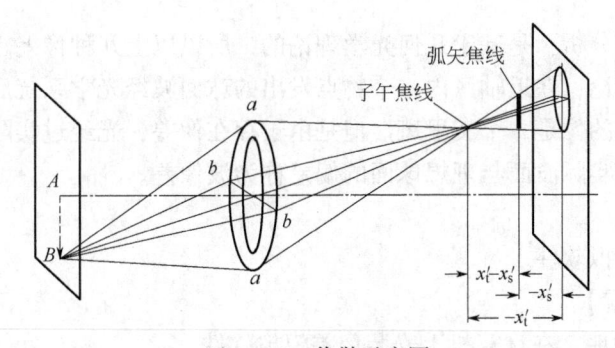

图 3.6.5　像散示意图

5. 场曲

使垂直光轴的物平面成曲面像的像差称为场曲，又称像场弯曲，如图 3.6.6 所示。当系统存在较大场曲时，就不能使一个较大平面同时成清晰像，若对边缘调焦清晰了，则中心就模糊，反之亦然。

— 111 —

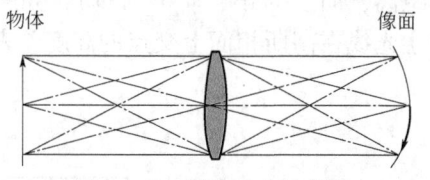

图 3.6.6　场曲形成示意图

6. 畸变

畸变反映的是主光线像差，如图 3.6.7 所示。由于球差的影响，不同视场的主光线通过光学系统后与高斯像面的交点高度，其差别就是系统的畸变。可见，畸变是垂轴像差，不影响像的清晰度，但是会使像的形状产生变化失真。畸变分为正畸变和负畸变，正畸变又称枕形畸变，负畸变又称桶形畸变。

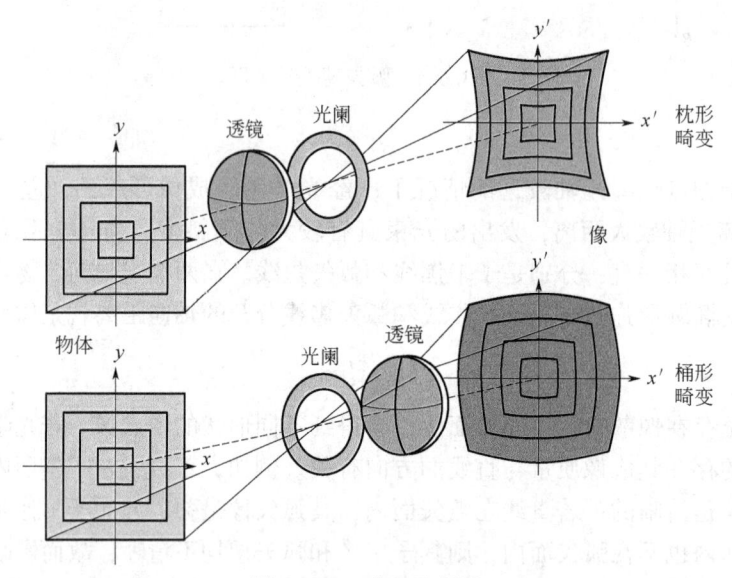

图 3.6.7　畸变示意图

以上关于像差的分析，是基于几何光学理论的，所以以上几种像差也称为几何像差。如果是基于波动光学理论，在近轴区内一个物点发出的球面波经光学系统后仍是一球面波，由于衍射的存在，物点的像是一个艾里斑。但是由于存在像差，光经过实际光学系统形成的波面已不是球面，这种实际波面与理想球面的偏差称为波像差。

【实验仪器】

计算机、像差模拟软件。

【实验内容与步骤】

(1) 按照安装说明，在计算机上安装像差模拟软件。

(2) 安装完成后，点击进入像差模拟软件。像差模拟软件的操作界面分为两个部分，其左侧部分是模拟透过光学孔径（模拟过程中以成像透镜的外沿作为孔径）的线束采样点，界面的右侧部分是像差分布的三维显示和对应点列图。像差模拟软件根据经过透镜之后出瞳位置的波像差来描述球差模拟、离焦模拟、彗差模拟、像散模拟、场曲模拟和畸变模拟。界面左上图标"Zoom in"可对图像放大或缩小，"Roate 3D"图标可旋转图像。界面左侧的列表提供设置网格参数等选项。

（3）像差的模拟。

① 图3.6.8是球差的模拟图，其中在图3.6.8的右上部分是由于球差而产生的波像差随孔径的三维分布，右下部分为对应的点列图。由结果可见，球差的波像差随孔径增大而增大，中心区域的波像差小且变化缓慢，边缘孔径区域的波像差快速变大，所以在点列图呈现出孔径中心区域光束汇聚，边缘孔径区域光束发散。

② 图3.6.9是像面离焦的模拟图，其中在图3.6.9的右上部分为产生离焦的波像差随孔径的二维分布，右下部分为对应的点列图。三维图显示离焦的波像差随孔径增大而增大，从中心区域到边缘孔径区域的波像差变化快慢差异不大，所以在点列图呈现出均匀分布。

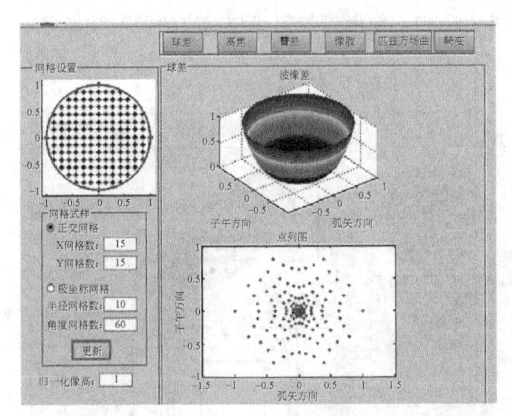

图3.6.8　球差的模拟

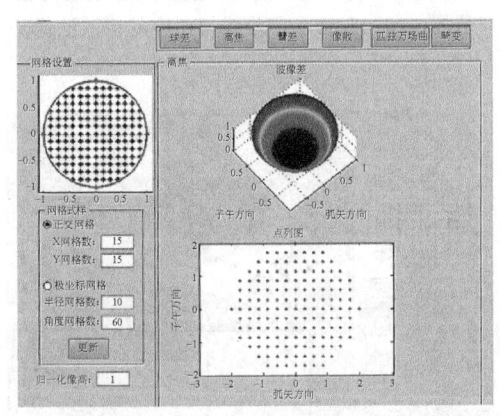

图3.6.9　像面离焦的模拟

③ 图3.6.10为彗差模拟图，其中在图3.6.10的右上部分为由于彗差而产生的波像差随孔径的二维分布，下图为对应的点列图。三维图显示彗差的波像差分布为一个在子午方向倾斜的曲面，点列图为一系列的中心偏离半径逐渐增大的圆圈组成，类似于彗星的拖尾一样。如果在极坐标系下看，孔径区域的半径越大的区域的波像差，对应着点列图中半径越大的圆圈。

④ 图3.6.11和图3.6.12为像散模拟示意图，两图中左图为由于像散而产生的波像差随孔径的二维分布，下图为对应的点列图。三维图显示像散的波像差分布为一个在子午方向和弧矢方向分布不一样的曲面，点列图也体现出在某个方向光束分布较为集中，另外一个方向发散，说明子午焦线和弧矢焦线没有重合。

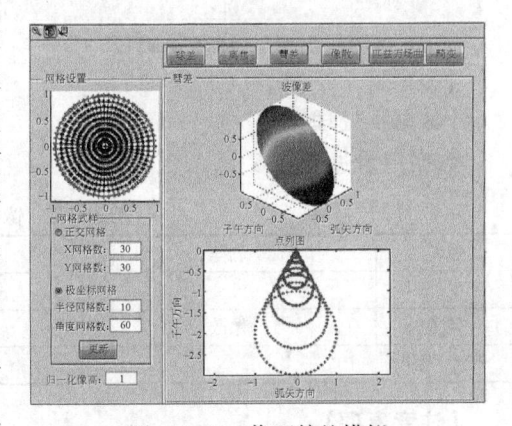

图3.6.10　像面彗差模拟

⑤ 图3.6.13为场曲像面模拟示意图，上图为由于场曲的而产生的波像差随孔径的二维分布，下图为焦点的轴向位置随孔径变化，说明实际成像面与理想成像面不重合，越偏离中心，场曲越大。

⑥ 图3.6.14为像面畸变模拟示意图，上图为由于畸变而产生的波像差随孔径的二维分布，下图为像点位置随孔径变化。畸变的波像差为一个倾斜的平面，畸变呈现出枕型和桶型两种形式。

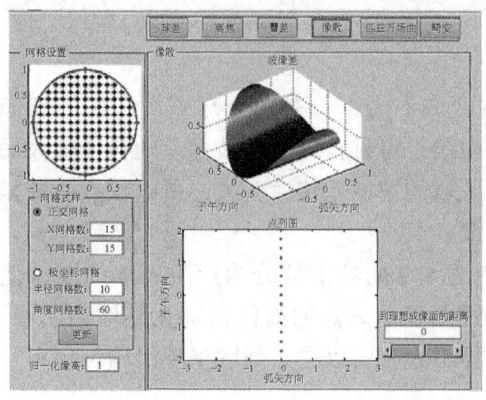

图 3.6.11　像面子午焦线与对应的像散波像差 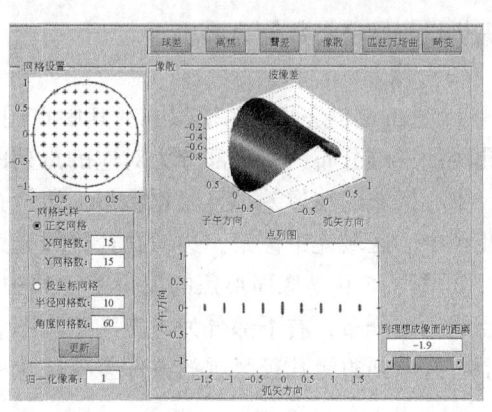　　图 3.6.12　像面弧矢焦线与对应的像散波像差

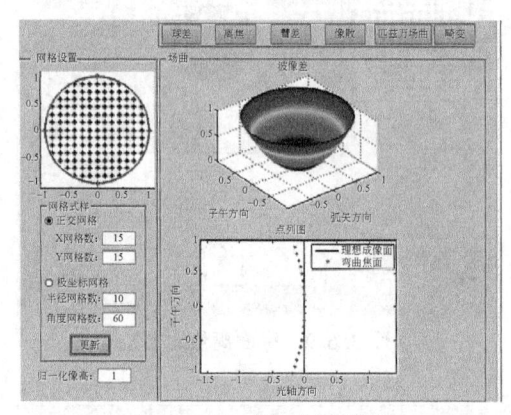

图 3.6.13　像面场曲模拟 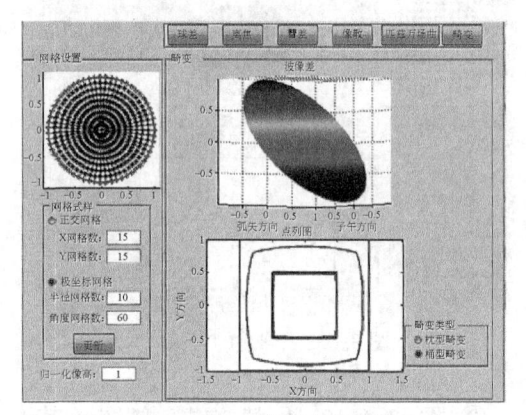　　图 3.6.14　像面畸变模拟

【数据及处理】

数据记录见表 3.6.1。

表 3.6.1　像差模拟数据记录表

像差	色差	球差	彗差
产生原因			
像差	像散	场曲	畸变
产生原因			

【注意事项】

（1）认真按照模拟软件的要求操作电脑。

（2）注意各个像差模拟过程设置的不同。

（3）通过对像差理论的模拟，加深对各种像差的理解。

【问题讨论】

（1）什么是色差？位置色差和倍率色差有什么区别？

（2）什么是球差，其产生的原因是什么？

（3）什么是子午像？什么是弧矢像？

（4）场曲是怎样产生的？与像散具有怎样的关系？

（5）畸变是怎样产生的？可分为哪几种？

实验 3.7　几何像差的观察与测量

【引言】

实际的光学系统在成像时存在各种原因造成的像差，通过实验对各种像差进行观察，可以加深对像差产生原因的理解，也为光学设计中像差的矫正提供了实验依据。观察光学系统像差的方法有多种，其中星点观察法是一种比较简便、直观的方法。星点法是以一个点光源作为物点，其经光学系统后在像面以及像面前后不同截面上所成衍射像称为星点像，通过将星点像与理想光学系统成像作比较，可以客观地反映出实际光学系统存在的缺陷。

【实验目的】

(1) 理解各类几何像差产生的原因；
(2) 理解星点法评价光学系统成像质量的原理；
(3) 掌握球差、彗差和像散的星点法观察。

【实验原理】

1. 光学系统像差简介

关于像差的理论可参考本书实验 3.6 的内容。

2. 星点检验法

如果以一个点光源作为物点，也称为星点，经光学系统后在像面以及像面前后不同截面上所成衍射像称为星点像。光学系统对相干照明物体或自发光物体成像时，可将物体光强分布看成是无数个具有不同强度的独立发光点的集合。每一发光点经过光学系统后，由于衍射、像差或者其他工艺因素的影响，在像面处得到的星点像光强分布是一个弥散光斑，即点扩散函数。在等晕区内，每个光斑都具有完全相似的分布规律，像面光强分布是所有星点像光强的叠加结果。因此，星点像光强分布规律决定了光学系统成像的清晰程度，也在一定程度上反映了光学系统对任意物分布的成像质量。这个理论是利用星点检验光学系统成像质量基本依据。星点法是一种定性评价的方法，当光学系统存在像差或缺陷，相应的星点像会产生变形或光能分布发生改变。通过将实际星点像与理想星点像进行比较，可反映出光学系统的缺陷。

【实验仪器】

LED 光源（红色、蓝色）、平行光管、透镜、球差镜头、彗差镜头、像散镜头、环带光阑、光具座、调节架、计算机。

【实验内容与步骤】

1. 按照安装说明书，安装 CMOS 相机的驱动程序和采集程序

(1) 将 CMOS 相机插到电脑 USB 口，双击运行"实验软件\ CMOS 相机采集程序"。

(2) 安装完成，在桌面生成"China Vision 测量软件.exe"快捷方式，双击运行桌面"China Vision 测量软件"，点击"打开相机"。如果相机连接成功，列表显示相机名称，点击"确定"，进入采集界面。点击"曝光设置"可将时间设置为 20ms 左右，将相机对准灯光并遮挡相机靶面，若采集区有反映，说明相机正常工作。

2. 仪器及光路搭建

(1) 按照图 3.7.1 所示，从左至右依次放置平行光管、环带光阑（$\phi = 10$mm）、被测透

镜（$f=200$mm）、CMOS 相机。将红光 LED（690nm）光源安装到平行光管上，适当调整针孔位置使其能出射平行光。

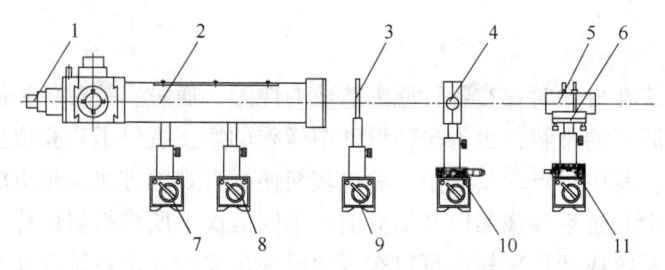

图 3.7.1 像差的观察和测量光路图
1—LED 光源；2—平行光管；3—环带光阑；4—透镜；5—CMOS 相机；6—调节架；7—底座；
8—底座；9—底座；10—底座；11—CMOS 相机螺旋测微仪

（2）调节各器件等高共轴，调整相机高度和距离，使经过透镜的光束能够会聚到相机靶面上，固定好相机。

3. 观察并测量轴向位置色差

（1）调整 LED 光源的强度，并缓慢改变 CMOS 相机位置，CMOS 相机上先会出现光斑，继续调节 CMOS 相机下的位置平移台，直到观测到一个会聚亮点，记录此 CMOS 相机位置平移台上螺旋测微仪的读数 L'_{λ_1}，同时点击 CMOS 相机"停止"按键停止采集。

（2）关闭红光 LED 并将其取下，更换蓝色 LED（451nm）光源，适当调整光源强度，相机上先出现弥散斑。点击"选择1∶1显示"，点击"修改单位"，在单位换算中填写"320μm"，点击保存。左上角的比例尺为 320μm（100 像素），在"图像测量"中选择"两点圆"或"三点圆"，根据蓝色弥散斑大小画取最接近的图形，在右边"附件窗口"显示出圆的半径值，将该值乘以 2 填入表 3.7.1 中的倍率色差位置。

（3）调节 CMOS 相机的平移台，使相机靠近透镜，在某一位置得到一个会聚亮点，记录下此位置平移台上螺旋测微仪的读数 L'_{λ_2} 填入表 3.7.1 中。重复以上步骤，可多测量几组数据。

4. 观察并测量球差

（1）参考图 3.7.2 搭建测量透镜球差光路，自左向右依次为 LED 光源、平行光管、环带光阑、被测透镜（$\phi=40$mm，$f=200$mm）、CMOS 相机。将红色 LED 光源安装到平行光管上，调整各器件等高共轴。

（2）首先用直径最小环带光阑，轻移 CMOS 相机的平移台找到出射光会聚点，要求像点最小且锐利，记录此时 CMOS 相机平移台丝杆读数，记作 l'，填入表 3.7.2 中。

（3）将环带光阑换成最大直径，相机靶面出现弥散光环，其与会聚点的半径差即为透镜的垂轴球差，采用实验内容 3 中的步骤（2），测量垂轴球差并将结果填入表 3.7.2 中。

（4）移动平移台使 CMOS 相机靠近被测镜头，直到寻找到会聚点，记录平移台丝杆读数，记作 L'，将数据填入表 3.7.2 中，重复以上步骤，可多测量几组数据。球差观察效果如图 3.7.2 所示。

5. 观察彗差

（1）按图 3.7.3 将从左至右依次将 LED 光源、平行光管、透镜（$\phi=40$mm，$f=$

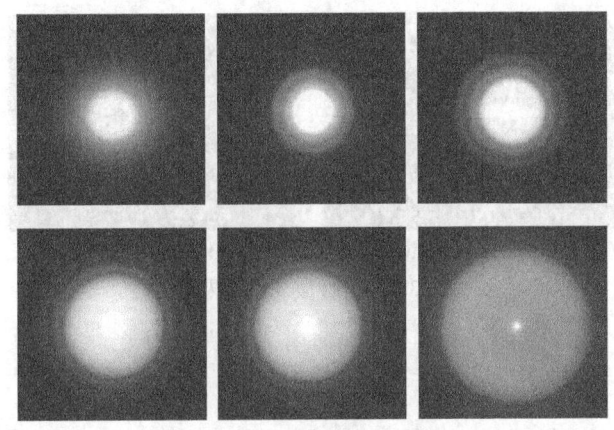

图 3.7.2 球差观察效果图

200mm)、CMOS 相机放置在导轨上,调节仪器等高共轴。将红色 LED (690nm) 光源安装在平行光管上,调整针孔位置使其出射平行光。沿光轴方向前后移动 CMOS 相机平移台,找到星点像中心光最强的位置。

(2) 调节透镜,使之与光轴成一定夹角,观测 CMOS 相机中星点像的变化,即彗差,图 3.7.3 所示为彗差观察效果图。

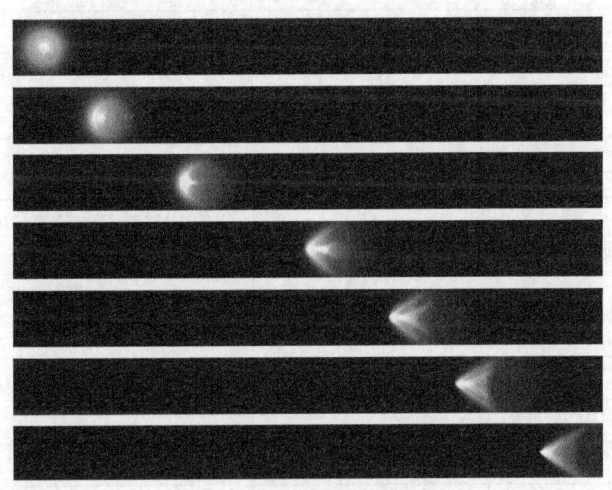

图 3.7.3 彗差观察效果图

6. 像散观察与测量

(1) 参考图 3.7.4 从左至右依次将 LED 光源、平行光管、环带光阑 ($\phi=10$mm)、透镜 ($\phi=40$mm, $f=200$mm)、CMOS 相机放置在导轨上,调节仪器等高共轴。将红色 LED (690nm) 光源安装在平行光管上,调整针孔位置使其出射平行光。沿光轴方向前后移动 CMOS 相机平移台,使光束会聚到相机靶面上。

(2) 将透镜微微转过一个角度 (5°~10°) 固定,沿光具座改变 CMOS 相机平移台,找到如图 3.7.4(a) 所示的弧矢聚焦像,记录相机位置为 x'_s。再次沿光具座移动改变 CMOS 相机平移台,找到可以看到如图 3.7.4(b) 子午聚焦像,记录位置为 x'_t。将结果填入表 3.7.2 中,重复以上步骤,可多测量几组数据。

— 117 —

(a) 弧矢方向聚焦像　　　　　(b) 子午方向聚焦像

图 3.7.4　像散观察效果图

【数据及处理】

1. 数据记录

数据记录表 3.7.1、表 3.7.2 和表 3.7.3。

表 3.7.1　色差的测量数据记录表

测量组数	L'_{λ_1} mm	L'_{λ_2} mm	位置色差 $\Delta L' = L'_{\lambda_1} - L'_{\lambda_2}$ mm	倍率色差 μm
1				
2				
3				
4				
5				
平均值				

表 3.7.2　球差测量数据记录表

测量组数	l' mm	L' mm	轴向球差 $\delta L' = L' - l'$ mm	垂轴球差 μm
1				
2				
3				
4				
5				
平均值				

表 3.7.3　像散测量数据记录表

测量组数	x'_s mm	x'_t mm	像散值 $x'_{ts} = x'_t - x'_s$ mm
1			
2			
3			
4			
5			
平均值			

2. 数据处理

1) 色差测量数据处理数据处理

位置色差：$\Delta L' = L'_{\lambda_1} - L'_{\lambda_2}$ 平均值：$\overline{\Delta L'} = \dfrac{1}{n}\sum \Delta L'_i$

绝对误差：$\Delta(\Delta L') = |\overline{\Delta L'} - (\Delta L')_{真}|$ 相对误差：$E = \dfrac{\Delta(\Delta L')}{(\Delta L)_{真}} \times 100\%$

倍率色差：$\Delta y' = y'_{\lambda_1} - y'_{\lambda_2}$ 平均值：$\overline{\Delta y'} = \dfrac{1}{n}\sum \Delta y'_i$

绝对误差：$\Delta(\Delta y') = |\overline{\Delta y'} - (\Delta y')_{真}|$ 相对误差：$E = \dfrac{\Delta(\Delta y')}{(\Delta y)_{真}} \times 100\%$

2) 球差测量数据处理

轴向球差：$\delta L' = L' - l'$ 平均值：$\overline{\delta L'} = \dfrac{1}{n}\sum \delta L'_i$

绝对误差：$\Delta(\delta L') = |\overline{\delta L'} - (\delta L')_{真}|$ 相对误差：$E = \dfrac{\Delta(\delta L')}{(\delta L')_{真}} \times 100\%$

3) 像散测量数据处理

像散：$x'_{ts} = x'_t - x'_s$ 平均值：$\overline{x'_{ts}} = \dfrac{1}{n}\sum x'_{ts}$

绝对误差：$\Delta(x'_{ts}) = |\overline{x'_{ts}} - (x'_{ts})_{真}|$ 相对误差：$E = \dfrac{\Delta(x'_{ts})}{(x'_{ts})_{真}} \times 100\%$

【注意事项】

(1) 严禁触摸光学仪器表面，也不要对着镜头哈气。
(2) 调节光源时，避免眼睛直视，以免受伤。
(3) 注意各待测镜头的不同，用时轻拿轻放，以免掉落打碎。

【问题讨论】

(1) 色差产生的原因是什么？位置色差和倍率色差有什么区别？
(2) 观察色差时，不同颜色的光成像的位置不同，如果光从左至右入射在透镜上，那么出射光从左到右依次为什么颜色？
(3) 球差、像散、彗差形成的原因是什么？
(4) 什么是星点观察法？
(5) 什么是子午聚焦像？什么是弧矢聚焦像？
(6) 平行光管在实验中的作用是什么？能否用其他器件替换？

实验 3.8　阿贝折光仪及其折射率测量

折射率是物质的重要光学常数之一，通过测量折射率能够了解物质的光学性能、纯度和浓度大小等。测量折射率的方法有较多种，其中阿贝折光仪可以直接测量液体的折射率，也可分析溶液的组成和液体的纯度，同时也可以用来研究材料结构。阿贝折光仪以其对环境要求低、操作方便迅速等优点，成为一种科研和生产中的常用分析检测仪器。

【实验目的】
(1) 理解光的全反射原理；
(2) 了解阿贝折射仪的结构和测量原理；
(3) 掌握使用阿贝折射仪测定物质折射率的方法。

【实验原理】

1. 光的折射定律

光入射到两个透明介质的分界面上时，会发生反射和折射。设两介质折射率分别是 n_1 和 n_2，入射角为 i，折射角为 i'，由折射定律有

$$n_1 \sin i = n_2 \sin i' \tag{3.8.1}$$

两种不同折射率的透明介质，折射率相对较大的称为光密介质，折射率相对较小的称为光疏介质。如果光从折射率为 n_1 的光密介质进入折射率为 n_2 光疏介质，折射角大于入射角。增大入射角，折射角也随之增大，当折射角等于 90° 时，此时的入射角称为临界角 (Critical angle)。相应地，当光从折射率为 n_1 的光疏介质进入折射率为 n_2 光密介质，折射角小于入射角。当入射角等于 90° 时，此时的折射角是临界角。

2. 液体的折射率测量

如图 3.8.1 所示，一个直角折射棱镜的折射率 n_2，其面 AB 上有折射率为 n_1 的液体，$n_2 > n_1$。用单色扩展光源照射面 AB 时，入射角为 $i = 90°$ 的光线 1 将掠射到 AB 界面而折射进入三棱镜内，其折射角 i' 是全反射时的临界角。光线 1 进入棱镜再以角 φ' 入射从 AC 面折射出来，折射角 φ，根据折射定律有

$$n_2 \sin \varphi' = \sin \varphi \tag{3.8.2}$$

从 AB 面折射进入棱镜的其他光线，例如光线 2，在 AB 面上的入射角小于 90°，经棱镜折射从 AC 面出射进入空气时，根据折射定律，处在都在光线 1 的左侧。也即在 AC 面上出射的光线中，折射光线折射角为 φ 最大。如果采用望远镜对准 AC 面观察时，视场中将看到明暗两部分，其分界线就是掠入射引起的最大角方向。如果棱镜角 A 是 90°，则有

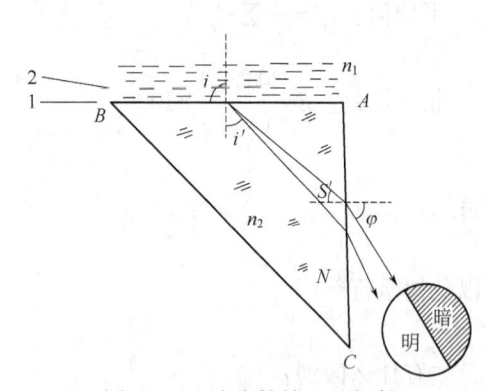

图 3.8.1 光在棱镜上的折射

$$n_1 = \sqrt{n_2^2 - \sin^2 \varphi} \tag{3.8.3}$$

由上式可见，如果直角棱镜的折射率 n_2 已知时，测出 φ 角可计算出待测液体的折射率 n_1。

3. 阿贝折光仪测量原理

阿贝折光仪主要部分是由两块直角棱镜 ABC 和 $A'B'C'$ 组成的棱镜组，下面一块是可以启闭的辅助棱镜，其斜面是磨砂的，液体试样夹在辅助棱镜与测量棱镜之间，展开成一薄层。入射到 AB 面上的光线，经棱镜 ABC 两次折射后，由 AC 面射出。用望远镜视场中将看到半明半暗的视场，明暗分界线就对应于掠面入射光束。测出 AC 面上相应的临界角 φ，代入式(3.8.3) 可求出待测液体折射率。在折光仪中光由光源经反射镜反射至辅助棱镜，在磨砂的斜面发生漫反射，因此从液体试样层进入测量棱镜的光线各个方向都有，从测量棱镜的直角边上方可观察到临界折射现象。转动棱镜组转轴的手柄，调节棱镜组的角度，可以使

— 120 —

临界线正好落在测量望远镜视野的准丝交点上。阿贝折光仪的刻度盘与 ABC 和 $A'B'C'$ 棱镜组的转轴是同轴的,因此能通过刻度盘反映出与试样折光率相对应的临界角位置。

【实验仪器】

阿贝折光仪、滴管、蒸馏水、丙酮,镜头纸、待测液体。

【实验内容与步骤】

1. 折光仪的校正

折光仪的刻度盘上的标尺的零点有时会发生移动,在测量前必须校正。通常使用折射率已知的液体校准,比如蒸馏水,其折射率标准值20℃时为1.3330。校正的操作步骤与以下测量步骤相同。校正值是平均值与标准值的差值,图3.8.3为阿贝折光仪结构示意图,量程为1.3000~1.7000,精密度为±0.0001。

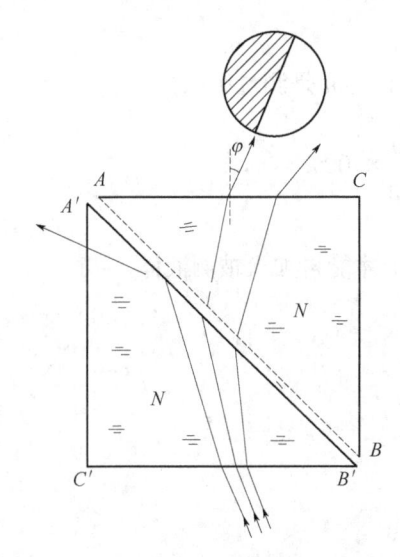

图3.8.2 阿贝折光仪原理示意图

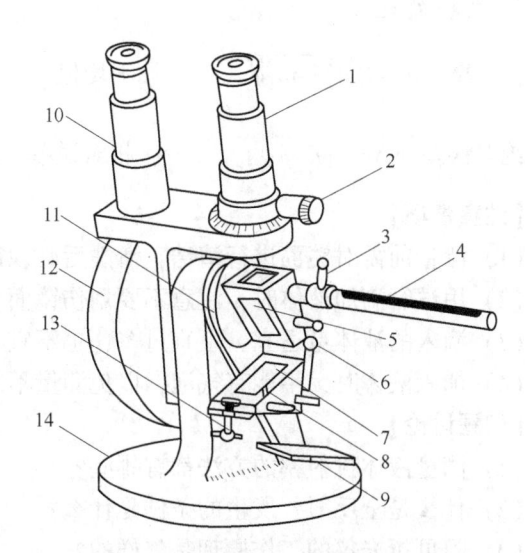

图3.8.3 阿贝折光仪结构示意图
1—测量望远镜;2—消色散手柄;3—恒温器接头;
4—温度计;5—测量棱镜;6—铰链;7—辅助棱镜;
8—加热槽;9—反射镜;10—读数望远镜;11—转轴;
12—刻度盘罩;13—锁钮;14—底座

2. 测量液体折射率

(1) 将折光仪置于靠窗的桌子或白炽灯前,但勿使仪器置于直照的日光中,以避免液体试样迅速蒸。将折光仪与恒温水浴连接,调节所需要的温度,同时检查保温套的温度计是否精确,恒温温度以折光仪上的温度计读数为准。松开锁钮,开启辅助棱镜,使其磨砂的斜面处于水平位置,用滴管滴一些丙酮清洗镜面,也可用擦镜纸轻轻吸干镜面液体污物,等到液体晾干后方可使用。

(2) 用滴管将待测液体滴2~3滴在镜面上,闭合辅助棱镜并旋紧锁钮。调节反射镜,使入射光进入棱镜组,在望远镜中观察,使视场最亮。转动手柄,使刻度盘标尺上的示值为最小。调节望远镜目镜,使视场叉丝最清楚。

(3) 转动手柄,使刻度盘标尺上的示值逐渐增大,直至视场中现彩色光带或黑白临界线。转动消色散手柄,使视场内呈现一个清晰的明暗临界线,再转动手柄,使临界线正好处在叉丝交点上。注意如果有色散，须重调消色散手柄，使临界线明暗清晰。

（4）调节好后，读数先打开罩壳上方的小窗，使光线射入，然后从读数望远镜中读出标尺上相应的示值。重复测量至少三组数据，取其平均值。

【数据及处理】

1. 数据记录

数据记录表3.8.1。

表3.8.1　液体折射率测量数据记录表

测量组数	1	2	3	4	5	平均值
n						

2. 数据处理

折射率：$n_1 = \sqrt{n_2^2 - \sin^2\varphi}$ 平均值：$\bar{n} = \dfrac{1}{m}\sum n_i$（$m$是测量组数）

绝对误差：$\Delta n = |\bar{n} - n_真|$ 相对误差：$E = \dfrac{\Delta n}{n_真} \times 100\%$

【注意事项】

（1）测量前需对镜面进行清洁，清洗后必须待晾干才能再加入被测液体。

（2）用试管滴加液体时，注意不要划伤镜面。

（3）滴入的液体量适宜，不宜过多，也不宜过少。

（4）加入液体时，不能有气泡，以免测量不准确。

【问题讨论】

（1）测量液体折射率的方法都有哪些？

（2）什么是全反射？发生的条件是什么？

（3）阿贝折光仪的工作原理是怎样的？

第4章 信息光学实验

信息光学（Information Optics）是将信息科学中的线性系统理论引入光学而逐渐形成的。信息光学的快速发展始于20世纪50年代中期无线电通信理论和技术被引进到光学中，此后光信息理论和技术被成功地应用于微波合成孔径成像雷达。60年代后期，随着激光技术和全息术的相继出现，同时伴随着计算机的应用和遥感技术的需要，更加促进了信息光学的发展。激光的应用让全息术获得了新的生命，使全息术和光学传递函数理论得到进一步发展，再将数学的傅里叶变换和通信的线性系统理论引入光学，使光学和通信这两个不同的领域在信息学范畴内统一起来，光学研究也从"空域"走向"频域"。

信息光学主要研究以光为载体的信息获取、信息变换、信息传输和信息处理，它提高了光纤通信、光电子学以及图像处理技术的进步。光学不再限于用光强、振幅或透过率的空间分布来描述光学图像，可以用空间频率的分布和变化来描述光学图像，为光学信息处理开辟了广阔前景。信息光学的应用领域包括空间滤波、光学信息处理、光学系统质量的评估、全息术以及傅里叶光谱学的研究等。

目前高等院校开设的信息光学课程是光学、光学工程、光电子技术、光信息科学与技术、应用物理学、精密仪器等专业的重要课程。该课程要求学生了解和掌握二维傅里叶变换、标量衍射理论、光学成像系统的频率特性、部分相干光理论、光学全息照相、空间滤波、相干光学处理、非相干光学处理、信息光学在计量学和光通信中的应用等。本章内容针对信息光学实验，结合信息光学理论背景和实验教学实际，注重传统实验与前沿技术相结合，内容包括阿贝成像原理和空间滤波实验、θ调制与颜色合成实验、数字式光学传递函数测量和像质评价实验、透射式全息照相的拍摄与再现实验、反射式全息照相的拍摄与再现实验、数字全息及实时光学再现实验、光拍法测量光速实验、开放式CCD光栅摄谱实验。这几个实验针对信息光学中的阿贝成像原理、空间滤波、全息记录和再现、计算全息、光学传递函数等重点内容来开展实验，目的是巩固基本知识，加强对信息光学技术及应用的深入理解，并培养学生的实践能力和综合应用能力。

实验4.1 阿贝成像原理和空间滤波

【引言】

1874年阿贝（E. Abbe，1840-1905）在德国蔡司光学器械公司研究如何提高显微镜的分辨本领问题时，就认识到相干成像的原理，他的发现不仅从波动光学的角度解释了显微镜的成像机理，明确了限制显微镜分辨本领的根本原因，而且由于显微镜（物镜）两步成像的原理本质上就是两次傅里叶变换，被认为是现代傅里叶光学的开端。阿贝所提出的显微镜成像的原理对相干光成像的机理、对频谱的分析和综合的原理做出了深刻的解释，直到今天，在图像处理中仍然有广泛的应用价值。

通过阿贝成像实验可以把透镜成像与干涉、衍射联系起来，初步了解透镜的傅里叶变换性质，从而有助于学生对现代光学信息处理中的空间频谱和空间滤波等概念的理解。

【实验目的】

（1）熟悉阿贝成像原理，进一步了解透射镜孔径对成像的影响；
（2）加深对傅里叶光学中有关空间频率、空间频谱和空间滤波等概念的理解；
（3）熟悉空间滤波的光路及高通、低通和方向滤波的方法。

【实验原理】

1. 二维傅里叶变换

设有一个空间二维函数 $g(x,y)$，其二维傅里叶变换为

$$G(f_x,f_y) = F[g(x,y)] = \iint_{-\infty}^{\infty} g(x,y)\exp[-i2\pi(f_x x + f_y y)]dxdy \qquad (4.1.1)$$

式中，f_x，f_y 分别为 x、y 方向的空间频率，其量纲为 L^{-1}，表示取长度量纲的倒数。
$g(x,y)$ 又是 $G(f_x,f_y)$ 的逆傅里叶变换，即

$$g(x,y) == F^{-1}[G(f_x,f_y)] = \iint_{-\infty}^{\infty} G(f_x,f_y)\exp[i2\pi(f_x x + f_y y)]df_x df_y \qquad (4.1.2)$$

式中，$g(x,y)$ 表示任意一个空间函数，也可以表示为无穷多个基元函数 $\exp[i2\pi(f_x x + f_y y)]$ 的线性叠加。$G(f_x,f_y)df_x df_y$ 是相应于空间频率为 f_x，f_y 的基元函数的权重，$G(f_x,f_y)$ 称为 $g(x,y)$ 的空间频谱。当 $g(x,y)$ 是一个空间周期性函数时，其空间频谱是不连续的分立函数。

2. 光学傅里叶变换

如图 4.1.1 所示，可以证明，如果在焦距为 F 的会聚透镜的前焦面上放一振幅透过率为 $g(x,y)$ 的图样作为物，并以波长为 λ 的单色平面波垂直照该图样，则在透镜后焦面 (x',y') 上的复振幅分布就是 $g(x,y)$ 的傅里叶变换 $G(f_x,f_y)$，其中 f_x，f_y 与坐标 x'、y' 的关系为

$$f_x = \frac{x'}{\lambda F}, f_y = \frac{y'}{\lambda F} \qquad (4.1.3)$$

式中，f_x、f_y 分别为 x、y 方向的空间频率，其量纲为 L^{-1}，x'、y' 分别为傅氏面上各级衍射斑的距离，λ 为激光波长，F 为透镜焦距。故 (x', y') 面称为频谱面（或傅氏面）。

由此可知，复杂的二维傅里叶变换可以用一透镜来实现，称为光学傅里叶变换，频谱面上的光强分布则为 $|G(f_x,f_y)|^2$，称为功率谱，也就是物的夫琅和费衍射图。

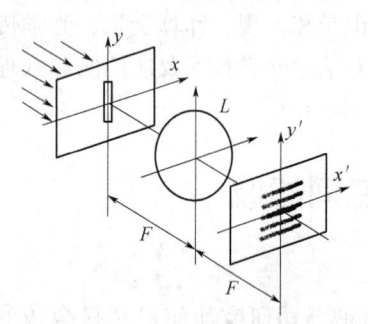

图 4.1.1 光学傅里叶变换图

3. 阿贝成像原理

阿贝认为在相干光照明下，显微镜的成像可分为两个步骤：第一步是通过物的衍射光在物镜的后焦面上形成一个衍射图，第二步则为物镜后焦面上的衍射图复合为像。成像的这两个步骤本质上就是两次傅里叶变换。经过计算可以证明实质上是以复振幅分布描述的物面光场的空间分布 $g(x,y)$，经傅里叶变换成为焦平面（傅氏面）上按空间频谱分布的复振幅频谱函数 $G(f_x,f_y)$。第二步则是频谱函数 $G(f_x,f_y)$ 再经傅里叶逆变换即可获得像平面上的复振幅分布 $g(x,y)$。也就是说透镜本身就具有实现傅里叶变换的功能。

图 4.1.2 为阿贝成像原理图。假设物是一个一维光栅，单色平行光照在光栅上，经衍射分解成为不同方向的很多束平行光（每一束平行光相应于一定的空间频率），经过物镜分别聚焦在后焦面上形成点阵。然后，代表不同空间频率的光束又重新在像平面上复合而成像。

— 124 —

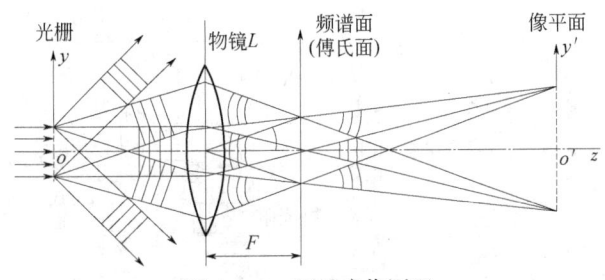

图 4.1.2 阿贝成像原理

如果这两次傅氏变换完全是理想的，即信息没有任何损失，则像和物应完全相似（可能有放大或缩小）。但一般说来像和物不可能完全相似。这是由于透镜的孔径是有限的，总有一部分衍射角度较大的高次成分（高频信息），不能进入到物镜而被丢弃了。所以像的信息总是比物的信息要少一些。高频信息主要反映了物的细节，如果高频信息受到了孔径的限制而不能到达像平面，则无论显微镜有多大的放大倍数，也不可能在像平面上显示出这些高频信息所反映的细节，这是显微镜分辨率受到限制的根本原因。特别当物的结构非常精细（如很密的光栅）或物镜孔径非常小时；有可能只有 0 级衍射（空间频率为 0）能通过，则在像平面上就完全不能形成像。

4. 空间滤波

概括地说，上述成像过程分两步：先是"衍射分频"，然后是"干涉合成"。所以如果改变频谱，必然引起像的变化。在频谱面上作的光学处理就是空间滤波。最简单的方法是用各种光栏对衍射斑进行取舍，达到改造图像的目的。如限制高频成分的光栏构成低通滤波器，它能减轻图像的颗粒效应。阻挡低频成分而让高频成分通过称高通滤波器。高通滤波限制连续色调而强化锐边，有助于细节观察。滤波器有各种形式，可以包括各种形状的孔板、吸收板和移相板等。

【实验仪器】

光具座、氦氖激光器、薄透镜、扩束镜、狭缝、一维光栅、正交光栅、滤波光栏、白屏、游标卡尺等。

【实验内容与步骤】

1. 阿贝成像光路调节

（1）阿贝成像原理光路如图 4.1.3 所示，先使氦氖激光束平行于导轨，再通过由凸透镜 L_1 和 L_2 组成的倒装望远镜，仔细调节使激光器、凸透镜 L_1 和 L_2 组成的扩束器产生截面较大的平行光，并使其平行于光具座导轨的准直光束。

（2）加入透射光栅（物）和变换透镜 L_3，使平行光束垂直地射在铅直方向的光栅上，调好共轴，移动变换透镜 L_3，直到 2m 以外的像屏上获清晰像。

（3）移开透射光栅（物），用一张白纸卡在白屏座上组成一个白屏，将白屏在变换透镜 L_3 的后焦面附近沿导轨移动，寻找激光的最小光点，以确定后焦面（频谱面）并测出变换透镜的焦距 f。调节完毕，移开白屏。

2. 观察阿贝成像和空间滤波的实验现象

（1）在物平面置一维光栅，观察像平面上的竖直栅格像在变换透镜 L_3 后焦平面（傅氏面）放置可调狭缝光阑，挡住频谱 0 级以外的光点，观察像屏光栅像。

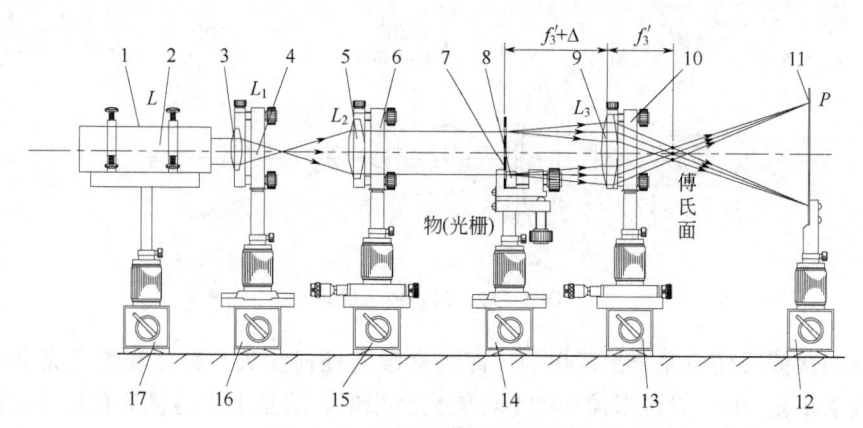

图 4.1.3 阿贝成像实验光路图

1—He-Ne 激光器 L；2—激光器架；3—扩束器 L_1 ($f=6.2mm$)；4—透镜架；
5—准直透镜 L_2 ($f=190mm$)；6—透镜架；7—维射光栅；8—透镜架；9—变换
透镜 L_3 ($f=225mm$)；10—透镜架；11—白屏；12~17—升降调节座

（2）调节可调狭缝宽度，使频谱的 0 级和 1 级通过狭缝，观察像面上的光栅像；

（3）调节可调狭缝宽度，让更高级次的衍射都能通过，再观察像面上的光栅像。不同情况下光栅像有何变化，观察并记录像面图像并简单解释。

（4）白屏放在傅氏面上，测量 0 级至+1、+2 级和-1、-2 级衍射极大之间的距离 d_1'、d_2' 和 d_1''、d_2''，求出 0 级至+1、+2 级或-1、-2 级衍射极大之间的平均距离 d_1 和 d_2。

（5）根据式（4.1.4）计算±1 级和±2 级光点的空间频率 f_1 和 f_2，式中 λ 为所用激光的波长，F 为变换透镜的焦距。

$$f_i = \frac{d_i}{\lambda F} \tag{4.1.4}$$

（6）如图 4.1.4 所示，在焦平面（傅氏面）上用二维的正交光栅替换一维的透射光栅。让竖向的一系列光点通过铅直的狭缝光阑，观察像面上栅缝的方向；将光阑转 90°，再观察像面上栅缝的方向。

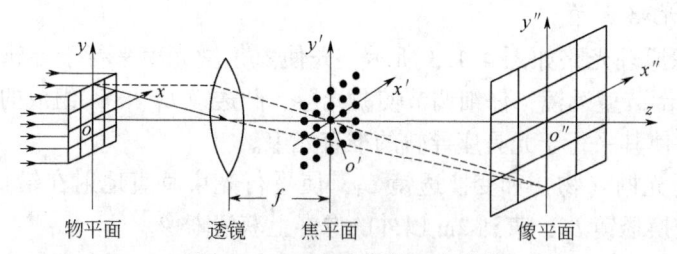

图 4.1.4 正交光栅的二步成像

【数据及处理】

1. 数据记录

（1）观察并分析一维光栅的成像情况，完成表 4.1.1。

表 4.1.1 一维光栅成像情况及分析

频谱成分	成像情况及分析
全部	
0 级	
0,±1 级	
0,±1,±2 级	

（2）观察并分析正交光栅的成像情况，完成表 4.1.2。

表 4.1.2 正交光栅成像情况及分析

频谱成分	成像情况及分析
全部	
纵向	
横向	

（3）根据式(4.1.4)计算一维光栅±1级和±2级光点空间频率 f_1 和 f_2，计算结果填入表 4.1.3、表 4.1.4。

表 4.1.3 ±1 级空间频率计算数据表

次数数值	d'_1,mm	d'_1,mm	$\bar{d}_1$,mm	f_1,Lp/mm	$\bar{f}_1$,Lp/mm
1					
2					
3					
4					
5					

表 4.1.4 ±2 级空间频率计算数据表

次数数值	d'_2,mm	d'_2,mm	$\bar{d}_2$,mm	f_2,Lp/mm	$\bar{f}_2$,Lp/mm
1					
2					
3					
4					
5					

2. 数据处理

空间频率：$f = \dfrac{d}{\lambda F}$　　平均值：$\bar{f} = \dfrac{1}{n}\sum f_i$

绝对误差：$\Delta f_i = |\bar{f} - f_i|$　　相对误差：$E_i = \dfrac{\Delta f_i}{\bar{f}} \times 100\%$，　　$E = \dfrac{1}{n}\sum E_i$

【注意事项】

（1）调节实验的光学系统前应认真预习，清楚实验的原理和方法之后，再进行实验操作。

（2）不要将光学器件从调节座的支撑装置上取下。

(3) 不要用手摸光学器件的表面，眼睛不要直视激光器。

【问题讨论】

(1) 什么是空间滤波？空间滤波器应放在何处？如何确定频谱面的位置？

(2) 如何从阿贝成像原理来理解显微镜或望远镜的分辨率受限制的原因？能不能用增大放大率的办法来提高其分辨率？

(3) 如果有一张细节比较模糊的照片，能否通过空间滤波的方法加以改善？

(4) 如果使用钠光或白光进行阿贝实验，有何困难？实验光路应作何变动？

实验 4.2　θ 调制与颜色合成

【引言】

在光学信息处理中，依据傅立叶逆变换公式，通过改变频谱函数，就可以改变像函数。在频谱面上放置一些滤波器，以改变频谱面所需位置上的光振幅或位相，便可得到所需要的像函数，这个改变频谱函数的过程就是空间滤波。最简单的滤波器就是一些特殊形状的光阑。θ 调制也属于空间滤波的一种形式，是阿贝原理的应用，它用不同取向的光栅对物平面的各个部分进行调制（编码），通过特殊滤波器控制像平面相应部位的灰度（用单色光照明）或色彩（用白光照明）的一种方法。通过 θ 调制与颜色合成实验加深对空间频谱和空间滤波的理解。

【实验目的】

(1) 了解空间滤波的概念；

(2) 了解简单的空间滤波在光信息处理中的实际应用；

(3) 学习颜色合成的一种方法。

【实验原理】

θ 调制实验是对阿贝成像理论的一个巧妙应用。将一个物体用不同的光栅来进行编码，制作成 θ 调制板。θ 调制是用不同取向的光栅对物平面各部位进行调制，通过特殊滤波器控制像平面相关部位的灰度（用单色光照明）或色彩（用白光照明）的一种调制-滤波方法，也称分光滤波，常用于假彩色编码。

本实验是用白光照明透明物体，在输出平面上得到彩色图像的有趣实验，透明物体就是本实验中使用的调制光栅。在这个光栅上，房子、草地、天空分别由三个不同取向的光栅组成。拼图时利用光栅的不同取向把准备"着上"不同颜色的部位区分开来。

如图 4.2.1(a) 所示，物是一个空间频率为 100Lp/mm 的正弦光栅，并把它剪裁拼接成一定图案，其中天安门用条纹右倾 60° 的光栅制作，天空用条纹左倾 60° 的光栅，地面用条纹竖直的光栅制作。因此，在频谱面上得到三个取向不同的正弦光栅的衍射斑，如图 4.2.1

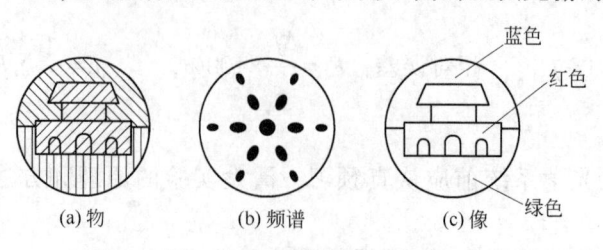

(a) 物　　(b) 频谱　　(c) 像

图 4.2.1　被调制物示意图

(b) 所示。由于白光照明和光栅的色散作用，除 0 级保持为白色外，正负 1 级衍射斑展开为彩色带，蓝色靠近中心，红色在外。在 0 级斑点位置、条纹竖直的光栅正负 1 级衍射带的红色部分、条纹左倾光栅正负 1 级衍射带的蓝色部分以及条纹右倾光栅正负 1 级衍射带的绿色部分，分别打孔进行空间滤波。然后在像平面上将得到蓝色天空下，绿色草地上的红色天安门图案，如图 4.2.1(c)。

【实验仪器】

光具座、溴钨灯、薄透镜、θ 调制板、θ 调制频谱滤波器（不透明硬纸板和大头针）、毛玻璃板等。

【实验内容与步骤】

1. θ 调制光路调节

(1) θ 调制实验光路如图 4.2.2 所示，按顺序摆放在光具座上，靠拢后目测调至共轴。

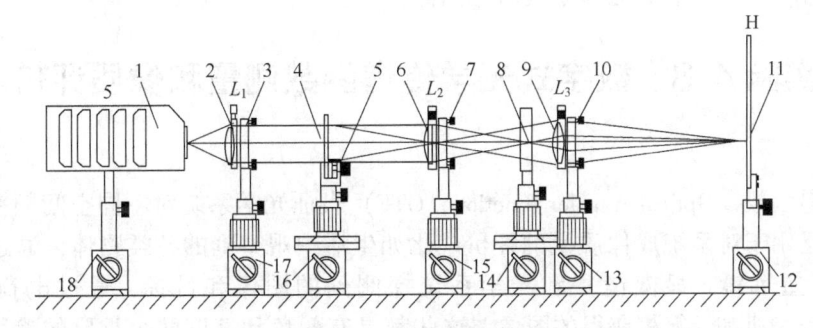

图 4.2.2　θ 调制实验光路图

1—带有毛玻璃的白炽灯光源 S（溴钨灯）；2—准直镜 L_1（$f_1 = 190mm$）；3—二维调整架；
4—θ 调制板（或三维光栅）；5—干板架；6—傅里叶透镜 L_2（$f_2 = 210$）；7—二维调整架；
8—θ 调制频谱滤波器（或干板架和不透明硬纸板）；9—傅里叶透镜 L_3（$f_3 = 210$）；
10—二维调整架；11—白屏；12—通用底座；13—一维底座；14—二维底座；15—一维底座；
16—二维底座；17—一维底座；18—通用底座

(2) 调节使平行光束垂直照射 θ 调制板的图案，通过 L_2 在毛玻璃板上成一个适当大小的像。

(3) 在 L_2 后面的傅氏面位置放置二维底座上干板架，夹入 θ 调制频谱滤波器（硬纸板），事先判断好物各部分的光栅取向，认定所对应的频谱方向，根据图案局部规定的颜色（如蓝天、红天安门和绿地），用大头针在不同频谱中对应颜色部位扎孔，毛玻璃板上出现彩色图案。

2. θ 调制与颜色合成实验的现象观察

(1) 观察滤波器上的光栅衍射图样。三行不同取向的衍射极大值是相对于不同取向的光栅，也就是分别对应于图像的天空、房子和草地，这些衍极大值除了 0 级波没有色散以外，1 级、2 级……都有色散，由于波长短的光具有较小的衍射角，一级衍射中蓝光最靠近 0 级极大，其次为绿光，而红光衍射角最大。

(2) 观察颜色合成的像。用大头针在纸板不同频谱中对应颜色部位扎孔，使相应于草地的一级衍射图上的绿光能透过，用同样的方法，使相应于天安门一级衍射的红光和相应于天空部分的一级衍射的蓝光能透过，这时候在毛玻璃板的像就会出现蓝色的天、红色的天安门和绿色的地。

【数据及处理】

观察像屏上图像变化情况，对 θ 调制与颜色合成实验现象进行描述和分析。

【注意事项】

（1）调节实验的光学系统前应认真预习，清楚实验的原理和方法之后，再进行实验操作。

（2）不要将光学器件从调节座的支撑装置上取下。

（3）光学镜片表面在实验过程中不可用手触摸。

【问题讨论】

（1）空间频率和时间频率有何异同？

（2）实验中如果使用单色光作为光源，会观察到彩色图像吗？

（3）调制实验中为什么会观察到彩色图像？

实验4.3 数字式光学传递函数测量和像质评价

【引言】

光学传递函数（Optical transfer function，OTF）表征光学系统对不同空间频率目标的传递性能，广泛用于对系统成像质量的评价。比如生活中观察到的各类物体，通过光学仪器（如照相机、望远镜、显微镜）和光学系统探测到的图像和目标，通过电荷耦合器件（CCD）、数码相机和计算机获得的图像，这些都具有颜色和亮度两个重要的参数。限于考虑二维的非相干单色光平面图像，则图像的光强分布就成为描绘、规定该图像的主要参数。一幅单色光图像总是由缓慢变化的背景和物体，以及急剧变化的边缘、局部细节构成。傅里叶光学中用空间频率来描述光强空间变化的快慢程度，把图像中缓慢变化的成分看作图像的"低频"，而把急剧变化的成分看作图像的"高频"，单位是1Lp/mm，即每毫米中光强变化的周期数。空间频率等于0表明图像中没有光强变化（如一张白纸）。一幅图像中既有零频分量，又有非零频分量，后者包含了各种空间频率的分量。光学成像系统对于各种空间频率成分的传递性能反映了该系统的成像质量，可借助于系统对于不同空间频率余弦光栅的传递特性来表征。

【实验目的】

（1）了解光学镜头传递函数测量的基本原理；

（2）学习传递函数测量和成像品质评价的近似方法，学习抽样、平均和统计算法；

（3）掌握数字式光学传递函数测量和像质评价的实验过程。

【实验原理】

傅里叶光学证明了光学成像过程可以近似作为线形空间中的不变系统来处理，从而可以在频域中讨论光学系统的响应特性。任何二维物体 $\psi_0(x_0,y_0)$ 都可以分解成一系列 x 方向和 y 方向的不同空间频率 (v_x,v_y) 简谐函数的线性叠加，物理上表示正弦光栅，如下式：

$$\psi_0(x,y) = \int_{-\infty}^{\infty}\int_{-\infty}^{\infty} \psi_0(v_x,v_y)\exp[i2\pi(v_xx+v_yy)]\,dv_xdv_y \tag{4.3.1}$$

式中，$\psi_0(v_x,v_y)$ 为 $\psi_0(x,y)$ 的傅里叶谱，它正是物体所包含的空间频率 (v_x,v_y) 的成分含量，其中低频成分表示缓慢变化的背景和大的物体轮廓，高频成分则表征物体的细节。

当该物体经过光学系统后,各个不同频率的正弦信号发生两个变化:首先是调制度(或反差度)下降,其次是相位发生变化,这一综合过程可表为

$$\psi_i(v_x,v_y)=H(v_x,v_y)\psi_0(v_x,v_y) \tag{4.3.2}$$

式中,$\psi_i(v_x,v_y)$ 表示像的傅里叶谱。$H(v_x,v_y)$ 称为光学传递函数,是一个复函数,它的模为调制传递函数(modulation transfer function,MTF),相位部分则为相位传递函数(phase transfer function,PTF)。显然,当 $H=1$ 时,表示像和物完全一致,即成像过程完全保真,像包含了物的全部信息,没有失真。

由于光波在光学系统孔径光栏上的衍射及像差(包括设计中的余留像差及加工、装调中的误差),信息在传递过程中不可避免要出现失真,总的来讲,空间频率越高,传递性能越差。

调制度 m 定义为

$$m=\frac{A_{\max}-A_{\min}}{A_{\max}+A_{\min}} \tag{4.3.3}$$

式中,$A_{\max}$ 和 $A_{\min}$ 分别表示光强的极大值和极小值。

光学系统的调制传递函数表示为给定空间频率下像和物的调制度之比:

$$\text{MTF}(\nu_x,\nu_y)=\frac{m_i(\nu_x,\nu_y)}{m_0(\nu_x,\nu_y)} \tag{4.3.4}$$

除零频以外,MTF 的值永远小于 1。$\text{MTF}(v_x,v_y)$ 表示在传递过程中调制度的变化,一般说 MTF 越高,系统的像越清晰。平时所说的光学传递函数往往是指 MTF,不同视场的 MTF 不相同。

在生产检验中,为了提高效率,通常采用如下近似处理:

(1) 使用某几个甚至某一个空间频率 v_0 下的 MTF 来评价像质。
(2) 由于正弦光栅较难制作,常常用矩形光栅作为目标物。

本实验用 CCD 对矩形光栅的像进行抽样处理,测定像的归一化的调制度,并观察离焦对 MTF 的影响。该装置实际上是数字式 MTF 仪的模型。

图 4.3.1 为一个给定空间频率下的满幅调制(调制度 $m=1$)的矩形光栅目标物,图中纵坐标为矩形光栅目标函数的强度,横坐标为抽样范围。

如果光学系统生成完善像,则抽样的结果只有 0 和 1 两个数据,像仍为矩形光栅。图 4.3.2(a) 为在软件中对像进行抽样统计;图 4.3.2(b) 为统计直方图,可以看出其直方图为一对位于 0 和 1 的 δ 函数,图中纵坐标为抽样分布情况,横坐标为数据类型。

实际上,由于衍射及光学系统像差的共同效应,光学系统的像不再是矩形光栅,生成不完善像。图 4.3.3(a) 是对图形实施抽样处理,其纵坐标为对图形实施抽样处理后的信号强度,波形的最大值 $A_{\max}$ 和最小值 $A_{\min}$ 的差代表像的调制度。图 4.3.3(b) 为直方统计图,找出直方图高端的极大值 m_H 和低端极大值 m_L,它们的差 m_H-m_L 近似代表在该空间频率下的调制传递函数 MTF 的值。

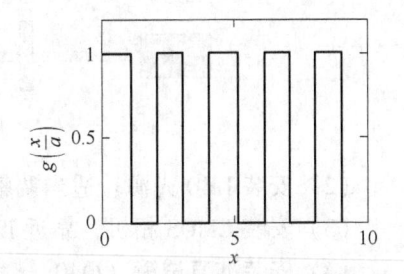

图 4.3.1 矩形光栅的满幅调制目标函数图

— 131 —

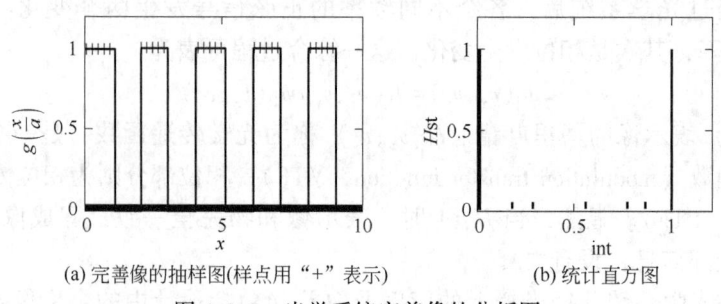

(a) 完善像的抽样图(样点用"+"表示)　　(b) 统计直方图

图 4.3.2　光学系统完善像的分析图

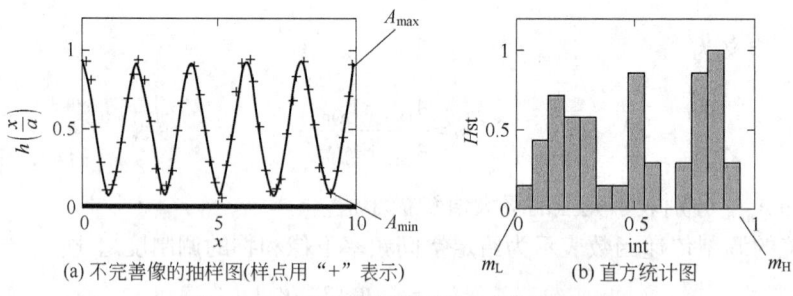

(a) 不完善像的抽样图(样点用"+"表示)　　(b) 直方统计图

图 4.3.3　对矩形光栅的不完善像分析图

为了比较全面地评价像质，要测量出高、中、低不同频率下的 MTF，从而大体给出 MTF 曲线，测定不同视场下的 MTF 曲线。

【实验仪器】

LED 光源、光具座、准直镜、目标板、待测透镜、CMOS 摄像机、计算机等。

【实验内容与步骤】

1. MTF 光路搭建与调试

（1）图 4.3.4 为搭建变频朗奇光栅测量 MTF 光路，自右向左依次为 LED 光源（含 LED 匀光器）、准直镜（$\Phi 40$，f 为 150mm）、目标板（朗奇光栅空间频率分别为 10Lp/mm、25Lp/mm、50Lp/mm 和 80Lp/mm）、待测透镜（$\Phi 40$，f 为 80mm）和 CMOS 摄像机。

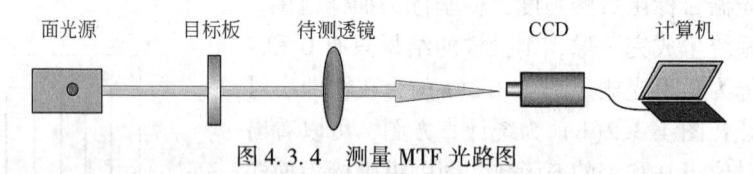

图 4.3.4　测量 MTF 光路图

（2）安装 LED 光源，适当调整光源亮度，并将其固定在导轨一端。

（3）安装 CMOS 相机，靠近 LED 光源，调整 COMS 高度，然后把相机移动导轨另一端。

（4）安装准直透镜（$\Phi 40$，f 为 150mm），在目标板前加一个准直镜，这个准直镜为单片的凸透镜，调整准直镜光源适当距离（约 150mm），使出射类似准直光束，然后调整准直镜高度使光斑基本处在相机靶面中心。

（5）安装目标物，在准直镜后安装目标物，将准直好的光束照在目标板有"水平横条纹、竖条纹、全白方格、全黑"四个部分组成的单元部分，可以看到一排衍射像，调整目标板高度，让衍射像处于相机中心。

（6）安装成像透镜（$\Phi 40$，f 为 80mm），在相机前安装成像透镜，调整透镜高度，使透镜聚焦点处在相机中心，然后向光源方向移动成像透镜，经过成像位置时即可在相机上看到光栅的清晰像，如果像没有在相机中心可以适当调整目标板位置。

2. 光学系统调制传递函数的测量

（1）运行分析软件，在左边设备信息栏会显示相机机型"MER-130-30UM"。开始采集，相机默认分辨率为 1280×1024，曝光时间默认为 30000μs，采集速度级别默认为 12，如果相机采集过程有卡顿情况，可以适当降低采集级别适当调整相机曝光时间和光源强度，保证拍摄的光栅像最大灰度值在 200 左右。

（2）如图 4.3.5 为拍摄不同空间频率的光栅像，分别选择目标板上 10Lp/mm、25Lp/mm、50Lp/mm 和 80Lp/mm 的光栅，在软件中观察成像情况。

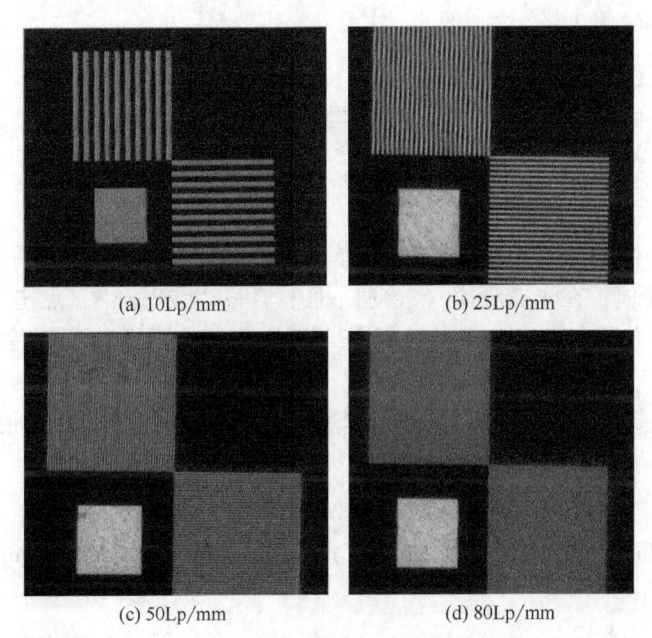

图 4.3.5　不同空间频率的光栅成像图

（3）图 4.3.6 以处理 10Lp/mm 光栅成像图为例，点击"读取图片"选择待测图片，移动红色选框到竖直条纹的合适位置，点击"保存子午方向截图"，即完成数据截取。

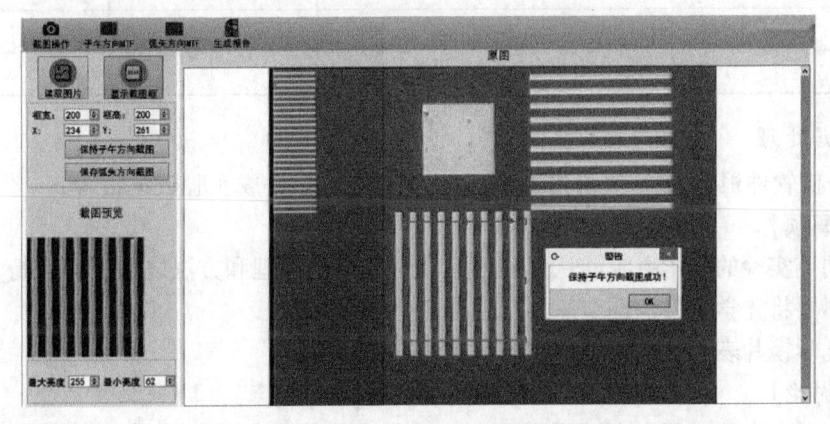

图 4.3.6　子午、弧矢方向条纹数据的采集

(4) 如图 4.3.7 所示，点击操作框上方的"子午方向 MTF"，即可读出子午方向条纹灰度分布。

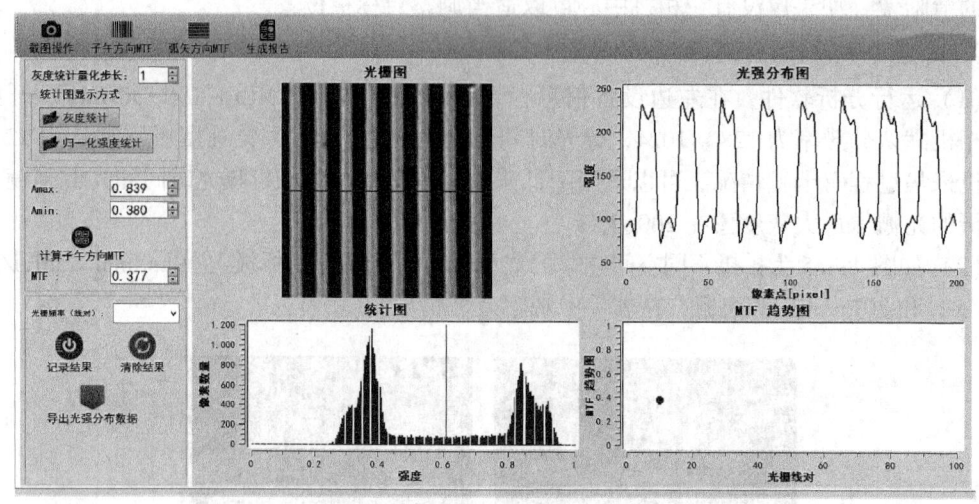

图 4.3.7 条纹波形图

(5) 图 4.3.7 中点击"灰度统计"，选择"归一化强度统计"，最后点击"计算子午方向 MTF"计算 MTF 值，在光栅频率（线对）框中填写"线对数"，点击"记录数据"即可将数据存储到右下方图表中。如果依次计算不同空间频率的 MTF 即可描绘一条 MTF 变化曲线。

(6) 更换其他颜色 LED 光源，重复上述过程，得出不同波长 MTF 曲线。

【数据及处理】

1. 数据记录

实验中更换不同 LED 光源（红、绿、蓝），测量不同空间频率、不同波长的 MTF 数据，记录在表 4.3.1。

表 4.3.1 不同波长、不同空间频率的 MTF 记录表　　　　（f 单位：Lp/mm）

MTF 光源	子午方向 f				弧矢方向 f			
	10	25	50	80	10	25	50	80
红光								
绿光								
蓝光								

2. 数据处理

通过分析软件根据 MTF 值得出不同波长 MTF 曲线，生成实验数据报告。

【注意事项】

(1) 调节实验的光学系统前认真预习，清楚实验的原理和方法之后，再进行实验操作。

(2) 不要将光学器件从调节座的支撑装置上取下。

(3) 光学镜片表面在实验过程中不可用手触摸。

【问题讨论】

(1) 如果在实验过程中光源强度已经比较低，软件得到的灰度图显示饱和，这是什么原因造成的？该如何解决？

(2) 对于一般球透镜成像，如果得出的两个方向 MTF 值像差很多，是什么原因造成的？该如何解决？

实验 4.4　透射式全息照相的拍摄与再现

【引言】

光学全息照相用干涉和衍射原理记录物光的振幅和位相，是记录光波全部信息的一种有效手段。全息照相的物理思想是 1948 年由丹尼斯·伽柏（Dennis Gabor）首先建立的，1960 年随着激光的出现，获得了单色性、方向性和相干性极好的光源，光学全息照相技术的研究和应用得到迅速发展。全息照相适用于红外、微波、X 光、声波和超声波等一切波动过程，在精密计量、无损检测、信息储存和处理、遥感测控、生物医学等方面的应用日益广泛，全息技术已经发展成为科学技术上的一个新领域。

【实验目的】

(1) 了解全息照相的基本原理和主要特点；
(2) 学习拍摄静态全息照片的基本技术；
(3) 学会全息照片再现物像的观察方法。

【实验原理】

1. 基本原理

振幅和位相是反映光波特性的两个参量，一束单色光所携带的全部信息都包含在这两个参量中。普通的照相方法只能记录物体表面各点射出光的振幅（明暗程度）分布，不能记录光波的位相信息，显现的只是被摄物体表面的平面像，不能反映被摄物体表面的凹凸及远近的差别，无立体感。全息照相则是利用光的干涉和衍射原理将物体表面射出光波的振幅和位相以干涉条纹的形式同时记录在全息干板上，并在一定条件下使其再现出来，形成原物逼真的立体图像。

2. 全息照相的记录原理

图 4.4.1 为全息图记录光路，激光器输出的光束经过分束镜后，分成两束相干光，一束足够强的相干光经全反镜 M_1 反射再经 L_1 扩束后均匀地照射在被摄物体上，再从物体表面反射到全息干板上，这束光称为物光。同时另一束相干光通过全反镜 M_2 反射及扩束镜 L_2 扩束后，直接投射到全息干板上，这束光称为参考光。物光和参考光在全息干板上叠加，发生干涉，形成许多明暗不同、疏密不同的条纹、小环、斑点等干涉图像，全息干板将这些图像记录下来，就是一张全息照片。

干涉图像的形状反映了物光与参考光束间的位相关系，其明暗对比程度（称为反差）则反映了光波的强度（振幅的平方）关系，光束越强，明暗变化越显著，反差越大。

由图 4.4.1 可知，到达全息干板上的参考光波的振幅和位相是由光路决定的，与被摄物无关，而照射至全息干板上的物光振幅和位相却与物体表面各点的分布和漫射性质有关，从不同物点来的物光光程（位相）不同，所以干涉图像与被摄物有一一对应的关系，因为这种照片把物光波的全部信息都记录下来，故称为全息照相，得到的全息图实际是一种较复杂的光栅结构。

3. 全息照相的再现原理

全息照相在全息干板上记录的不是被摄物的直观图像，而是复杂的干涉条纹，所以观察时必须采用一定的再现手段。图 4.4.2 为全息再现光路图，用一束被扩束了的激光（称为再现光），从特定方向照射全息照片观察全息像。

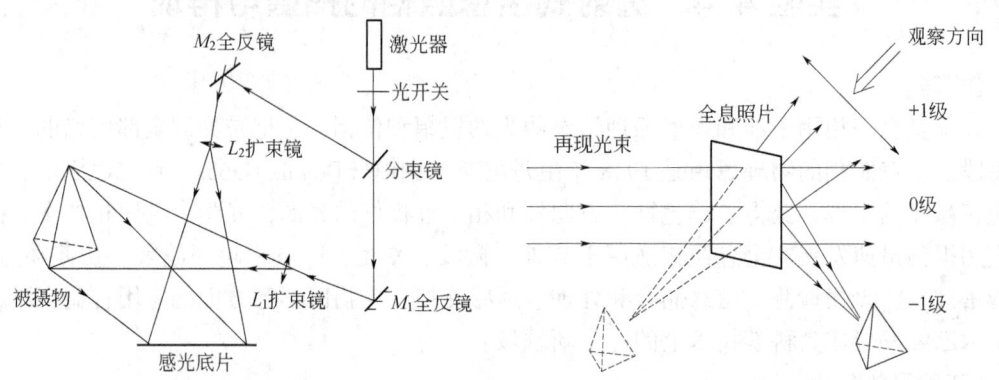

图 4.4.1　拍摄全息图的原理光路图　　　　图 4.4.2　全息照片再现的原理光路图

对于再现光来说，全息照片相当于一块反差不同、间距不等、弯弯曲曲、透过率不均匀的障碍物，被摄物体的全息图是许多组干涉条纹的复杂组合，每一干涉条纹就是一复杂的光栅，再现光通过它时将被干涉图像所衍射，在照片后面出现一系列衍射光波，有 0 级、±1 级等，0 级波可以看成是入射相干光经衰减后形成的光束，±1 级衍射波构成了被摄物体的两个再现像，再现的图像与原来物体的立体图像完全相同，其中虚像是一个与被摄物体完全一样的立体的无失真的像，称真像，实像用屏接收，称为共轭像。

4. 全息照片的特点

(1) 立体性。全息照片记录了物光的全部信息，再现出来的被摄物的像，是一个非常逼真的三维立体图像，与观察实物完全一样，具有显著的视差特性。当观察者改变自己的观察位置时，看到的情况也和观察原来的景物一样地改变，能看到不同的侧面，景物中的近景和远景的视差效应十分明显。从某一方向观察，如果一物被另一物遮住，可在另一方向避开障碍物，看到被遮住的物体。

(2) 可分割性。全息照片的任何一部分，不论大小，都可再现出原物的整体图像，所以全息照片一旦被弄碎，或被掩盖，或玷污了一部分，每一块都可以完整地再现原来的物体，只是像的分辨率降低了。原因在于照片上的每一点都受到被摄物体各部分反射光的作用，记录了来自整个物体各点的光信息，因而缺损的全息照片不仅仍能再现被摄物体的全貌，而且不会使再现像失真。

(3) 亮度可调。全息照片所再现出的被摄物像的亮度可调，再现光愈强，像的亮度愈大，反之则暗，物像的亮度随再现光的强弱而变，亮暗调节可达 10^3 倍。

(4) 多次曝光。在同一张全息干板上可进行多次重复曝光，在每一次曝光拍摄前稍微改变全息干板的方位，如转动一个小角度，或改变参考光的入射方向，或改变物体的空间位置，就可在同一格全息干板上重复记录许多物像，而且每一个像又能不受其他像的干扰而单独地再现出来。由于对不同的景物采用了不同角度入射的参考光束，所以获得的干涉图像随物光和参考光束间的夹角大小而变化，使得相应各种景物的再现像出现在不同的衍射方向上，从而在各个不同的地方组成了各个景物的独立的再现像，若物体在外力的作用下产生微小的位移或形变，并在变化前后重复曝光，再现时物光波将形成反映物体形态变化特征的干涉条纹，这就是全息干涉计量所依据的原理。

（5）像大小可变。当再现光的波长与拍摄时所用激光的波长不同时，再现的物像就会被放大或缩小，再现光的波长大于原参考光的波长时，像就放大，反之则缩小。

（6）易复制。全息照片很容易复制，如用接触法复制出的全息照片，原来透明的部分变为不透明的，原来不透明的部分变为透明的，再现出来的像和原来照片的像完全一样。

5. 全息照相的实验装置

要成功地拍摄一张精细条纹的全息照片，除要求相干性好的光源外，还需要采用高分辨率的全息感光材料、机械稳定性好的光学元件装置和抗震性能好的光学平台。

（1）光源：拍摄全息照片要用相干光源。He-Ne 激光的波长为 6328Å，小型 He-Ne 激光器（输出功率约为 1~3mW）常用来拍摄较小的漫射物体，能获得较好的全息图。当然，激光的功率大些更好，这样可以缩短拍摄时的曝光时间，减少干扰，拍摄出的全息图质量更好，操作时切忌用眼睛直接观看未扩束的激光，以免损伤眼睛。

（2）全息干板：记录全息图的记录介质，应当采用分辨率、灵敏度和其他感光化学特性良好的全息干板，从理论上可以推出，对波长为 λ 的相干光束，全息干涉条纹的平均间距 d 与物光和参考光的夹角 θ 的关系为

$$d = \frac{\lambda}{2\sin(\theta/2)} \tag{4.4.1}$$

d 的倒数 η 称为条纹的空间频率或感光材料的分辨率，表示每毫米中干涉条纹的数目，一般全息干涉条纹是非常密集的，因而要采用高分辨率（$\eta > 1000 \text{Lp/mm}$）的感光材料全息干板（普通照相感光片的 η 约为 100Lp/mm）。要满足这一要求，依据 θ、η 的关系，θ 要大于 45°。但是分辨率的提高将使感光度下降，所以全息照相的感光时间远比普通照相长，且与激光强度、被摄物大小及反光性能有关，通常需要几秒，几十秒，甚至更长。曝光后的显影、定影等化学处理与普通感光胶片的处理相同。用于 He-Ne 激光的全息干板对红外光极敏感，拍摄时全部操作要在弱绿光灯下进行。

（3）全息台：拍摄全息照片在保证光学系统中各元件有良好机械稳定性的前提下，整个拍摄工作必须在防震性能良好的光学平台上进行，以满足所需要的光学稳定性，各光学元件、全息干板、被摄物都必须紧紧固定在光学平台上，拍摄时不能有任何微小移动或振动，曝光时不要接触光学平台，不要随意走动，防止实验室有过大气流流动，导致条纹模糊不清，降低全息照片质量。

（4）拍摄光路：拍摄全息照片时，需要选用合适的分束镜，使参考光与物光的光强比在 5:1~10:1 范围；选用的光学元件数目越少越好，这样可以降低光损耗，减少干扰；投射到全息干板上的物光和参考光间的夹角一般选取 25°~45°之间；尽可能减小物光和参考光的光程差。物光和参考光在全息干板上相遇时，光强度 I 的大小取决于两束光的光程差 δ，δ 为波长的整数倍时，光强度取最大值 I_{max}，为亮条纹。Δ 为半波长的奇数倍时，光强度取最小值 I_{min}，为暗条纹。干涉条纹的调制度定义为

$$M = \frac{I_{max} - I_{min}}{I_{max} + I_{min}} \tag{4.4.2}$$

当 M 等于 1 时，调制度最好。M 的大小决定像质量的好坏，而 M 与光程差 δ 和激光管

模数有关，若激光管的长度 L 在 200~300mm 之间时，可以认为是单纵模，此时，当 $\delta=2kL$ ($k=0,\pm 1,\pm 2,\cdots$)，$M=1$ 时调制度最好。在光路中调节 $\delta=0$ 比较容易，所以一般取这个光程差，即便如此，实际调节中也不能达到光程差严格为零，一般只要控制在几厘米之内，就可以拍出很好的全息照片。

【实验仪器】

光学平台、He-Ne 激光器及开关、分光镜、全反射镜、扩束镜、拍摄物体、载物平台、全息干板、显影液、定影液、光照度计等。

【实验内容与步骤】

1. 透射式全息光路调节

（1）如图 4.4.3 所示搭建光路。物光光束与参考光光束的光程用细绳测量并调至基本相等，并使两者投射到干板的夹角在 25°~45° 之间。

（2）调平面反射镜 M_1 的倾角，使物光光束照射在物的中间位置，调平面反射镜 M_2 的倾角，使参考光光束照射在全息干板 P 的中间。

（3）加入扩束镜 L_1，调至位置，使光刚好照全物体，加入扩束镜 L_2，调节位置，使光照在全息干板上，用光照度计分别测量参考光和物光的光强值，使参考光与物光的光强比在 5:1~10:1 之间。

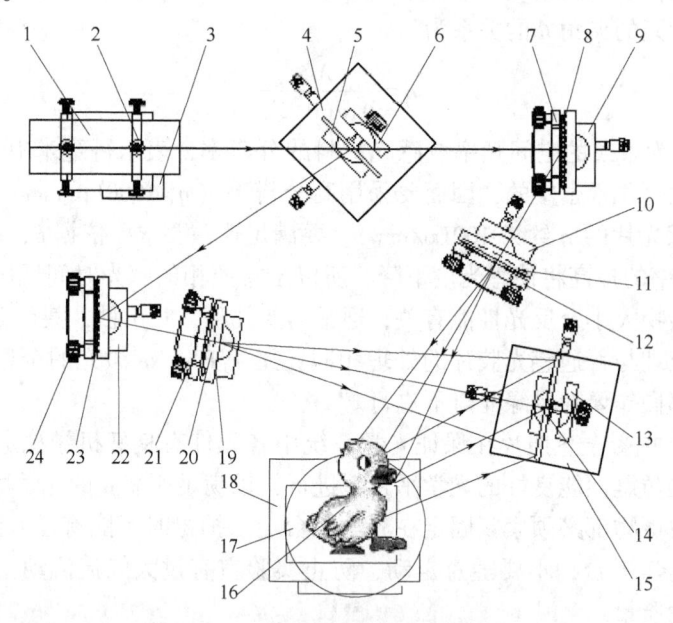

图 4.4.3 透射式全息光路图

1—He-Ne 激光器 L；2—激光器架；3—一维底座；4—一维底座；5—分光镜 S；6—干板固定架；7—二维调整架；8—平面反射镜 M_1；9—二维底座；10—二维底座；11—扩束镜 L_1：$f=4.5$mm；12—二维调整架；13—二维干板架；14—全息干板 P；15—三维底座；16—拍摄物体；17—载物台；18—一维底座；19—升降调整座；20—扩束镜 L_2：$f=6.2$mm；21—二维调整架；22—二维底座；23—平面反射镜 M_2；24—二维调整架

（4）对全息干板进行曝光，曝光时间约为 10~30s，然后在弱绿光下进行显影，显影时间视显影效果而定，大约在 10~50s 之间，定影 10min。

（5）把全息干板（既全息照片）进行干燥处理后，放在已扩束的激光光束中观察虚像和实像。

2. 观察全息照片的再现像

（1）将拍摄好的全息干板，在白炽灯下观察，透过基片向药膜方向看去，同时上下转动干板，如在某一位置看到一片光斑，说明已记录上了全息信息。

（2）取掉拍摄光路中的物光，将干板放回原拍摄位置。让拍摄时的参考光照射干板，透过基片向原物方向看去，观察再现虚像的位置、大小和亮度，与原物作比较，体会再现像的立体性。

（3）改变全息干板平面相对于再现参考光束的方位，观察物像的位置、大小和清晰度，沿干板平面法线旋转干板，观察像的变化情况。

（4）将全息干板前后翻转，把药膜面向观察者，用未扩束的激光沿原参考光方向直接照射全息干板，在正面用毛玻璃屏接受再现实像，改变入射点，观察像的变动情况，改变屏与干板间的距离，观察像的大小、清晰度的变化。

【数据及处理】

（1）调节光路拍摄全息干板，对干板进行曝光，把吹干的干板放在已扩束的激光光束中观察虚像和实像。

（2）观察全息照片的再现物像。

（3）对透射式全息照相的拍摄与再现实验现象进行详细描述和分析，总结全息照相的特点及与普通照相的差别。

【注意事项】

（1）拍摄前坚固各元件，调整其处于同一高度。

（2）擦镜面和镜头时一定要用镜头纸，切勿用手擦拭，以免划损光学元件。

（3）切忌用眼睛直接观看未扩束的激光，以免损伤眼睛。

（4）全息干板是玻璃片，使用时一定要小心，避免弄碎。在冲洗干板时不要损伤药膜，在烘干药膜和观察再现物像，拿取干板时小心不要划伤手指。

（5）曝光时不要随意走动，不要接触光学平台，防止实验室有大气流流动，影响全息照片质量。

【问题讨论】

（1）拍摄光路中，为什么要求物光和参考光的光程差要尽可能相等？

（2）如果冲洗出来的全息干板看不到全息像，你认为最大的原因是什么？

（3）如何判定再现像是实像还是虚像？

（4）观察全息照片碎片的再现像，结果是什么？解释原因。

实验 4.5 反射式全息照相的拍摄与再现

【引言】

激光问世以后全息术得到迅速发展，尤其是全息图的白光再现，更是日臻完善，已经应用到诸多行业。全息图的白光再现是通过特殊的记录方法或利用某种特性来实现的。可白光再现的全息图的种类很多，但基本类型主要有三种，即像面全息、彩虹全息和反射全息。其他可白光再现的全息图如合成全息、多层全息等，是由多个彩虹全息或反射全息或像面全息以及这三种基本类型的全息图合成而成。本实验将对反射式全息照相实验进行简单的分析。

【实验目的】
(1) 学习反射式全息照相的拍摄与再现原理；
(2) 掌握反射式全息的拍摄与再现光路搭建的方法；
(3) 制作反射式全息图。

【实验原理】
反射式全息照相用相干光记录全息图，可用白光照明得到再现像。由于再现时眼睛接收的是白光在底片的反射光，故称为反射式全息照相。

反射式全息照相中物光和参考光位于记录介质（干板）的异侧，两束相干光分别从干板的正反两面进入，在干板中形成驻波，在干板乳胶面中形成平行于乳胶面的一层一层的干涉面。全息图是利用厚层照相乳剂干板记录干涉条纹，并利用布拉格衍射效应再现物像。在这种记录过程中利用分离的相干光束进行叠加，物光和参考光分别从记录介质的两侧入射，两束光之间的夹角接近于180°，因而在全息记录介质内可建立起驻波，这样形成的干涉条纹接近平行于记录介质的表面。这些干涉条纹实际上是一些平面，即形成了三维分布的空间立体光栅。

图4.5.1说明干涉条纹的形成，图中参考光和物光入射到干板的乳胶层上，为简便分析，假设参考光和物光均为平面波且与乳胶面的法线构成相同的倾角。可以看到一系列相继等相位波前穿过乳胶层，两列波的波阵面相交的轨迹为平面，在这个平面上均为干涉最大。干板的乳胶层被曝光后，经过显影和定影处理，就形成了一些高密度的粒子层。在所假定的条件下，这些粒子层平分物光和参考光之间的夹角。这些密度高的粒子层对于入射光来说就相当于一些局部反射平面，称为布拉格平面（图中以虚线表示）。

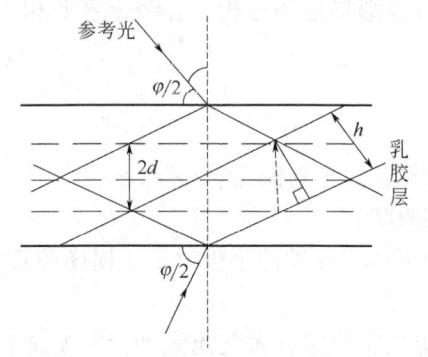

图4.5.1 干涉条纹的形成图

以上结果是在假定的特殊条件下得出的，实际的物光不可能是平面波，因此，物光和参考光所形成的干涉层是很复杂的。物光的全部信息就被记录在这些复杂的粒子层上，当用任何一束平面波照射处理好的全息图时，通过这些布拉格平面的局部反射作用就可以再现出一束原始物波，即再现出物体的原始信息。由相邻两个布拉格平面所反射的光线之间的总光程差

$$\delta = 2d\sin\varphi \tag{4.5.1}$$

为了使再现物像获得最大亮度，两个相邻布拉格平面的反射光之间的光程差应等于一个波长。令 $\delta=\lambda$，由式(4.5.1) 可得

$$\sin\varphi = \frac{\lambda}{2d} \tag{4.5.2}$$

这一关系式称为布拉格条件，φ 称为布拉格角。这也就是获得最佳再现像而应满足的条件。反射式全息照相这种方法的关键在于利用了布拉格条件来选择波长，首先让光从干涉面上衍射时衍射角等于反射角，其次满足相邻两干涉层的反射光之间的光程差必须是 λ，即满足布拉格条件。

综上所述，可以得到下面两个结论：
(1) 反射全息图在再现时，对应于某一个角度只有一种波长的光能获得最大亮度。也

就是只有再现光的波长和方向满足布拉格条件时才能再现物像。所以这种全息图可以从含有多种波长的复色光源中选择一种波长再现物像，从而实现了复色光再现。

（2）用白光再现时，若从不同角度观察，再现像的颜色将有所变化，即不同的角度对应着不同的光波波长，随着 φ 角的增加，观察到的波长将从短波向长波方向变化。

【实验仪器】

激光器、扩束镜、准直透镜、反射镜、二维调整架、底座、白屏、光具座等。

【实验内容与步骤】

（1）光路调节：图 4.5.2 为反射式全息光路，图中 M_1、M_2 为平面反射镜，L 为透镜，H 为全息干板，实验中物体为一枚一元硬币。调节光学元件的位置，使光束同轴，调节准直镜、物体的位置，使光束均匀照在干板上，使反射光束照在物体上。注意实验成像效果受以下因素影响：曝光时间、激光器功率、OH 距离、振动影响、显影时间。

（2）干板曝光：光路调节完成后，关闭激光与其他照明光源，将干板平放在待拍摄物上，感光膜层朝向目标物，之后打开激光曝光约 60s。

（3）干板干燥：曝光完成后，将干板正面朝上放入紫外灯箱内，并用紫外光照射干板 2min。

（4）再现像的观察：紫外灯照射完成后，将干板正面朝上放入 100℃ 的恒温箱内烘烤 10min。烘烤完成后，小心将干板取出，之后在自然光下可以看到再现像。

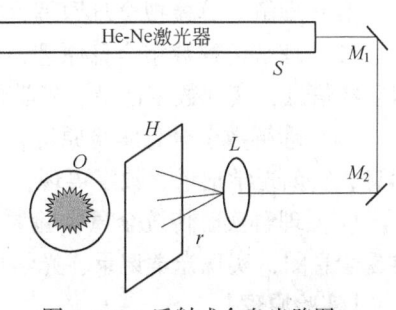

图 4.5.2 反射式全息光路图

【数据及处理】

（1）调节光路，拍摄干板，观察干板的再现物像。

（2）对反射式全息照相的拍摄与再现实验现象进行详细描述和分析。

【注意事项】

（1）拍摄光路的各个光学镜片必须用磁性底座固定。

（2）曝光过程中不要在室内走动或敲击全息台面，噪声及环境的振动会影响数据采集，导致干涉条纹模糊化。

（3）实验过程中要注意眼睛的防护，绝对禁止用眼睛直视激光束。

（4）禁止用手触摸光学镜片或向镜面吹气以免污染镜面。

（5）使用恒温箱时避免烫伤。

【问题讨论】

（1）怎样才能获得理想的全息照片？

（2）为什么全息的记录介质要采用高分辨率的全息干板？

（3）简单分析为什么能用白光实现全息图像存储？

实验 4.6 数字全息及实时光学再现

【引言】

在全息技术发展过程中，很长时间人们都是通过全息干板来记录全息干涉图样。传统光学全息实验是通过银盐、重铬盐材料或光致聚合物等记录全息图，拍摄过程对环境要求较高，冲洗过程繁琐，重复性差。数字全息技术自 1967 年顾德门提出，其基本原理是用高分辨率摄像机代替干板或者光致聚合物记录全息图，然后由计算机模拟光场对全息图进行数字再现。计算模拟全息是利用计算机模拟物光和参考光通过计算获得模拟全息图，通过计算机模拟光场实现数字再现。实时光学再现是将模拟全息图或数字全息图加载到空间光调制器，同时用参考光照射，在空间光调制器后面即可用白屏或 CCD 接收再现图像。

数字全息记录和再现的基本理论与普通全息是相同的，其区别在于数字全息采用数字摄像机代替干板存储全息图，通过计算机软件模拟记录光场实现图像衍射再现，简化了再现过程，实现了全息图实时记录与存储，展现了全息的数字化过程。目前计算机及 CCD 技术的发展直接推动了全息技术的革新，数字全息已涉及形貌测量、微小物体检测、数字全息显微、防伪、医学诊断等许多领域。

【实验目的】

（1）理解计算模拟全息原理，实现数字记录、数字再现；

（2）理解可视数字全息原理，在空间光调制器上加载计算模拟全息图，利用再现光路恢复物信息，实现数字记录、光学再现；

（3）理解数字全息实验原理，搭建透射、反射干涉光路采集全息图，通过软件再现物信息，实现光学记录、数字再现；

（4）理解实时传统全息实验原理，了解它与传统全息之间的异同，通过空间光调制器再现全息图，实现光学记录、光学再现。

【实验原理】

全息技术是基于光的干涉原理，将物体发射光波波前以干涉的形式记录光波的相位和振幅信息，利用光的衍射理论再现所记录物光波的波前，从而获得物体振幅和相位信息，此类技术在光学检测和成像方面有着广泛的应用。

1. 数字全息图的记录和再现基本原理

1）数字全息的全息图记录

目前数字全息技术仅限于记录和再现较小物体低频信息，对记录条件有要求，因此想成功记录数字全息图，就必须合理地设计实验光路。设物光和参考光在全息图表面上的最大夹角为 θ_{max}，则摄像机平面上形成最小的条纹间距 Δe_{min} 为：

$$\Delta e_{min} = \frac{\lambda}{2\sin(\theta_{max}/2)} \quad (4.6.1)$$

所以全息图表面上光波的最大空间频率为：

$$f_{min} = \frac{2\sin(\theta_{max}/2)}{\lambda} \quad (4.6.2)$$

给定的 CCD 像素大小为 Δx，根据采样定理，一个条纹周期 Δe 至少要等于大于 2 倍像素周期，记录信息才不会失真。由于数字全息光路中所允许的物光和参考光夹角很小，所以有

$$\theta_{max} = \frac{\lambda}{2\Delta x} \quad (4.6.3)$$

在数字全息图的记录光路中，参考光与物光的夹角范围受到摄像机分辨率的限制。由于现有摄像机分辨率较低，因此只有尽可能减小参考光和物光夹角，才能保证携带物体信息的物光中的振幅和相位被全息图完整地记录下来。摄像机的像素尺寸一般在 5~10μm 范围内，

故参考光和物光夹角最大值在 2°~4° 范围内。

2) 数字全息图的再现

根据数字全息图成像方式的不同,需要选择不同的再现系统。目前应用广泛的是菲涅耳数字全息图和数字像面全息图。菲涅耳数字全息图再现过程就是一个菲涅耳衍射过程,根据衍射原理和再现距离可得再现平面上的光场分布在菲涅耳数字全息图的数值再现过程中,同样可以根据衍射距离的不同,选择菲涅尔衍射的 S-FFT 算法或 D-FFT 算法进行再现计算。

数字像面全息图是物光场的像与参考光在全息平面干涉的强度分布 $I_H(x,y)$。因此,$I(u,v)$ 的傅里叶变换频谱 $I(f_u,f_v)$ 将包含原始物光波的频谱,同时存在物光共轭像的频谱及零级衍射光。如果利用频谱滤波或在参考光中引入相移等方法消除共轭像的频谱及零级衍射光,这样就能得到物光场在全息平面 xy 面上的像的频谱 $I_o(f_u,f_v)$,再通过傅里叶反变换,就可以获得物光场的像的复振幅分布 $U_I(x_I,y_I)$。

容易看出,再现像的强度分布 $I_I(x_I,y_I)$ 和相位分布 $\phi_I(x_I,y_I)$ 都可以由复振幅分布 $U_I(x_I,y_I)$ 计算得到 (* 表示共轭):

$$I_I(x_I,y_I) = U_I(x_I,y_I) U_I^*(x_I,y_I) \tag{4.6.4}$$

$$\phi_I(x_I,y_I) = \arctan \frac{\text{Im}[U_I(x_I,y_I)]}{\text{Re}[U_I(x_I,y_I)]} \tag{4.6.5}$$

式中,$\text{Im}[U_I(x_I,y_I)]$ 和 $\text{Re}[U_I(x_I,y_I)]$ 分别表示 $U_I(x_I,y_I)$ 的虚部和实部。

2. 计算模拟全息的记录与再现

1) 物面和全息图面的抽样及计算

数字计算机通常只能对离散的数字信号进行处理,并以离散的形式输出。因此,制作计算全息图的第一步是对物波函数进行抽样。设待记录的物波函数为

$$f(x,y) = a(x,y)\exp[i\varphi(x,y)] \tag{4.6.6}$$

傅里叶变换 (空间频谱) 为 $F(u,v) = A(u,v)\exp[i\varphi(u,v)]$,为满足抽样定理的要求,物波函数及其空间频谱函数必须是带限函数,即

$$f(x,y) = 0, |x| \geq \frac{\Delta x}{2}, |y| \geq \frac{\Delta y}{2}$$

$$F(u,v) = 0, |u| \geq \frac{\Delta u}{2}, |v| \geq \frac{\Delta v}{2} \tag{4.6.7}$$

在此条件下,根据抽样定理,对物函数及其频谱函数的抽样间隔为:

$$\delta_x \leq \frac{1}{\Delta u}, \delta_y \leq \frac{1}{\Delta v}, \delta_u \leq \frac{1}{\Delta x}, \delta_v \leq \frac{1}{\Delta y} \tag{4.6.8}$$

式 (4.6.8) 中,若取等号,则抽样单元总数 $MN = \Delta x \Delta y \Delta u \Delta v$ 是相同的。对于傅里叶变换全息图,全息图上记录的是物波的空间频谱 $F(u,v)$,因此必须对物波函数进行离散傅里叶变换。为了减少运算时间,通常采用快速傅里叶变换算法 (FFT)。计算结果一般为复数,其振幅和位相可分别表示为

$$f(m,n) \xrightarrow{\text{FFT}} F(j,k) = F_\gamma(j,k) + iF_i(j,k) \tag{4.6.9}$$

$$A(j,k) = \sqrt{F_\gamma^2(j,k) + F_i^2(j,k)} \tag{4.6.10}$$

$$\phi(j,k) = \tan^{-1}\left(\frac{F_i(j,k)}{F_\gamma(j,k)}\right) \tag{4.6.11}$$

2）全息图的绘制

图 4.6.1 是采用矩形通光孔径编码计算全息图的一个抽样单元。图中，δ_x 和 δ_y 为抽样单元的抽样间隔，$W\delta_x$ 为开孔的宽度，$L_{mn}\delta_y$ 为开孔的高度，$P_{m,n}\delta_x$ 为开孔中心到抽样单元中心的距离。

选取矩形孔的宽度参数 W 为定值，用高度参数 L_{mn} 和位置参数 P_{mn} 来分别编码光波场的振幅和位相。设待记录光波场的归一化复振幅分布函数为：

$$f_m = A_{mn}\exp(j\varphi_{mn}) \quad (4.6.12)$$

则孔径参数和复振幅函数的编码关系为：

$$L_{mn} = A_{mn}, \quad P_{mn} = \frac{\varphi_{mn}}{2\pi K} \quad (4.6.13)$$

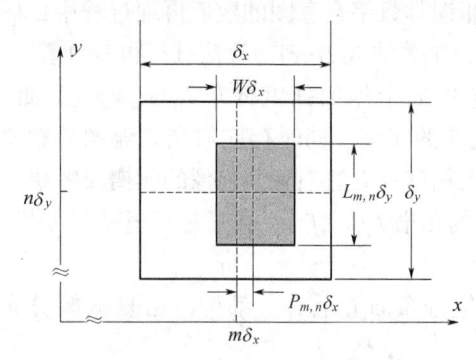

图 4.6.1 抽样单元的示意图

利用这种方法编码的计算全息图的透过率只有 0、1 两个值，故抗干扰能力强，对记录介质的非线性效应不敏感，可多次复制而不失真，因而应用较为广泛。当计算机完成了计算全息图的编码后，按计算得到的全息图的几何参数来控制成图设备以输出计算全息图。

3）全息图的再现

计算全息图的再现与光学全息类似，不同的是实验过程中通过软件模拟平面波光场，模拟物信息记录的实验条件，所以模拟仅在特定的衍射级次上才能再现理想的波前。

3. 空间光调制器实时再现

随着计算机和采集技术的发展，在传统全息实验基础上，人们逐渐用高分辨率的 CCD 摄像机来替代全息记录干板来采集全息图。由于摄像机记录了含有物光信息的全息图，如果能将此全息图加载到再现光路上，那么就能完成光学再现。空间光调制器恰好可对光进行振幅调制和相位调制，能完成全息图加载光路的工作。下面对空间光调制做简单介绍。

1）空间光调制器

空间光调制器是一类能将信息加载于一维或二维的光学数据场上，以便有效的利用光的固有速度、并行性和互连能力的器件。这类器件可在随时间变化的电驱动信号或其他信号的控制下，改变空间上光分布的振幅、相位、偏振态以及波长，或者把非相干光转化成相干光。由于它的这种性质，可作为实时光学信息处理、光计算等系统中构造单元或关键的器件。空间光调制器是实时光学信息处理、自适应光学、光计算等现代光学领域的关键器件。

空间光调制器一般按照读出光的读出方式不同，可以分为反射式和透射式；按照输入控制信号的方式不同又可分为光寻址（OA-SLM）和电寻址（EA-SLM）。最常见的空间光调制器是液晶空间光调制器，应用于光-光的直接转换。空间光调制器的结构主要是液晶材料和偏振片。液晶被夹在两个偏振片之间，就能实现显示功能，光线入射面称为起偏器，出射面称为检偏器。实验时通常将这两个

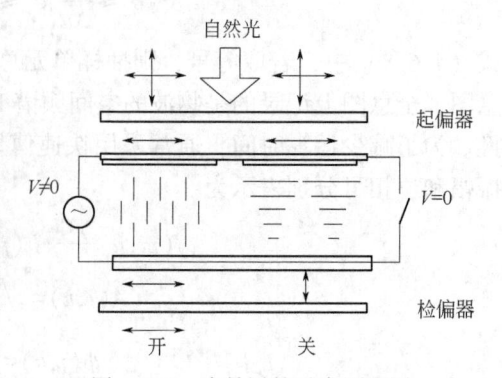

图 4.6.2 液晶屏的透光原理图

偏振片从液晶屏中分离出来，取而代之的是可旋转的偏振片，这样方便调节角度。

图 4.6.2 是在不加电压或加电压的情况下液晶屏的透光原理图。图中液晶屏两侧的起偏器和检偏器相互平行，自然光透过起偏器后变为线偏振光偏振方向为水平。右侧 $V=0$，不加电压，液晶分子自然扭曲 90°，透过光的偏振方向也旋转 90°，与检偏器方向垂直，无光线射出，即为关态。在左侧 $V\neq 0$，分子沿电场方向排列，对光的偏振方向没有影响，光线经检偏器射出，即为开态。这样即实现了通过电压控制光线通过的功能。

2) 空间光调制器实时再现

利用空间光调制器来代替传统全息干板，可以实现传统全息实验中无法实现的实时全息功能。但由于液晶空间光调制器的分辨率比干板的低，当有参考光照射空间光调制器时衍射过程中物的振幅信息和相位信息都会有丢失，所以在记录全息图的时候要尽可能获得较完备信息。同时为提高再现信息质量，物体尺寸、记录距离、参物光干涉夹角以及共轭像的分离都可以作为实验中的优化参数。

【实验仪器】

激光器及组件、可调光阑、摄像机、空间光调制器、分束镜及组件、空间滤波器、可调衰减片、反射镜及组件、干板架、待测物等。

【实验内容与步骤】

图 4.6.3 为实验内容的整体规划示意图，包括计算机模拟全息、数字全息、可视数字全息、实时传统全息。如果从记录方式和光学再现方式的角度区分，实验内容可分为数字记录，数字再现；光学记录，数字再现；数字记录，光学再现；光学记录，光学再现。

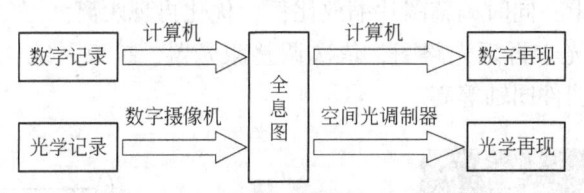

图 4.6.3 数字全息整体实验方案

1. 计算机模拟全息（数字记录，数字再现）

计算模拟全息分为两个过程，第一是通过计算机计算出一幅图片的全息图，第二个过程仍然是通过计算机将全息图重建，重建之后就能得到初始的图片。

（1）图 4.6.4 分别为物信息图片和参数设置界面。先打开物信息图片，点击菜单栏中的"单平面菲涅尔数字全息—>菲涅尔全息图数字模拟"进行参数设置。在模拟时可以不更改默认参数，也可更改现有参数，比如记录距离调整为 1000mm，放大率为 1。

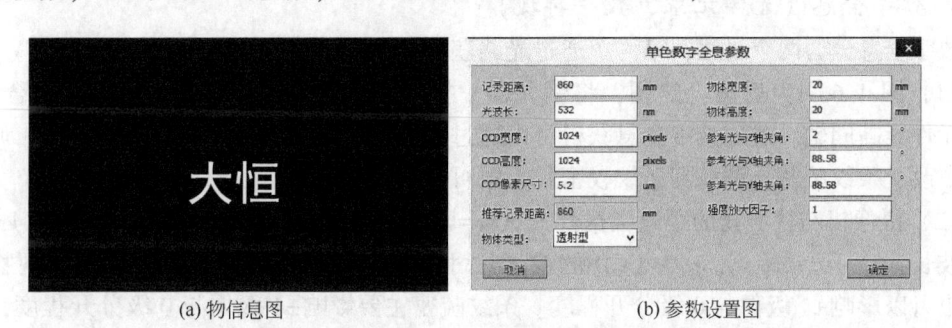

(a) 物信息图 (b) 参数设置图

图 4.6.4 物信息图和参数设置图

（2）运行程序，输出全息图如图4.6.5所示。

（3）点击"一步菲涅尔全息数字重建"，再现参数要和模拟参数相同，软件计算之后会输出再现图如图4.6.6所示，图中的大恒便是重建结果。

图4.6.5　全息图　　　　　　　　　　图4.6.6　再现图

2. 可视数字全息（数字记录，光学再现）

可视数字全息分为两个过程，第一个过程是图片通过计算软件得到其全息图，第二个过程是得到的全息图加载到空间光调制器上，在光路中将物信息再现出来。

（1）打开软件加载图片。参考实验1中获得全息图的方法，可得到"大恒"的计算全息图，如图4.6.7所示。将图像存储到指定文件夹中，图片大小为1024×1024，格式为bmp，记录距离为100mm，物体大小的高度和宽度选择50mm，CCD像素大小默认5.2μm。

（2）调整电脑分辨率为1024×768使其与空间光调制器匹配，将采集的全息图通过电脑加载到空间光调制器上，同时调整图片缩放比例，优化再现距离。

（3）图4.6.8为光学再现光路图，依次调整激光器、扩束系统、准直系统、空间光调制器、白屏，保证各器件同轴等高。

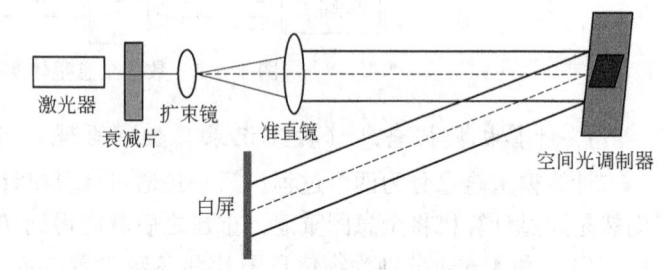

图4.6.7　全息图　　　　　　　　　　图4.6.8　光学再现光路示意图

3. 数字全息（光学记录、数字再现）

数字全息分为两个过程，第一个通过光路获得全息图，第二个数字再现。

（1）图4.6.9为透射光路图，将激光器、扩束准直系统、分束镜、反射镜、合束镜，使各元件等高同轴。透射数字全息获得可以通过搭建马赫曾德干涉光路获得全息图。调整合束镜，改变条纹疏密，调整到条纹较密且人眼可分辨的程度。

（2）摄像机与待测物的距离根据公式 $\Delta L_0 = \lambda d/p$ 确定，式中 ΔL_0 为物体尺寸的4倍，λ 是光波长，d 为记录距离，p 为CCD的像元尺寸。再现距离的长短既可以影响再现物的大小，也可以影响±1级像与0级分开程度。条纹疏密主要影响±1级像与0级分开程度，条纹越密分开角度越大，条纹越疏分开角度越小。例如：物体尺寸选27mm，CCD像素选

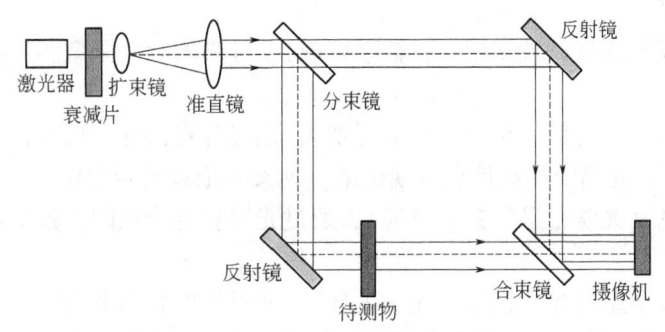

图 4.6.9　透射全息光路示意图

5.2μm，光波长用 632.8nm，则记录距离应该选大于 854mm。由于实验过程中使用的激光波长是 532nm，所以记录距离可选择 150～450mm。

(3) 调整摄像机的快门速度和增益获得一定灰度的全息，物光和参考光光强相近，单独一束光的灰度大于 25 即可。经摄像机采集后可获得大小为 1024×1024 的全息图，如图 4.6.10 所示。

(4) 图 4.6.11 为信息再现图，再现过程可参考实验 1 计算机模拟全息中信息再现部分，再现参数要和光路采集的实际参数相同（记录距离、摄像机参数、记录波长、物体大小），软件计算之后会将重建结果输出，经软件再现可得信息再现图即为原物信息，需注意的是再现过程放大率默认值为 25，实验过程中可根据实际再现的物信息效果调整放大倍数，放大倍数越大物与背景的对比度越高。

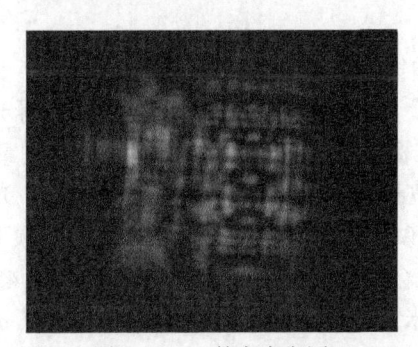

图 4.6.10　数字全息图　　　　　图 4.6.11　信息再现图

4. 实时传统全息（光学记录、光学再现）

实时传统全息通过光路记录全息图和通过光路再现物信息，但是整个实验系统不采用干板这种记录介质，利用高分辨 CMOS 摄像机和空间光调制器实时采集。实时传统全息也同样是分为两个过程，一是搭建干涉光路，用 CMOS 摄像机采集全息图。二是将全息图加载到空间光调制器上，让再现光入射，在空间光调制器后方放置 CCD 或 CMOS 采集再现图像。

(1) 第一个过程的全息光路如图 4.6.9，参考数字全息中的采集部分，以"恒"为例，可以获得"恒"全息图，大小为 1024×1024。

(2) 第二个过程的再现光路如图 4.6.8 所示，将获得的全息图加载到空间光调制器上。调整电脑分辨率为 1024×768，使其与空间光调制器匹配，将采集的全息图通过电脑加载到空间光调制器上再现出来，根据情况调整空间光调制器的缩放。

【数据及处理】
（1）计算机模拟全息（数字记录，数字再现），计算图片的全息图、数字再现图，观察并记录实验现象。
（2）可视数字全息（数字记录，光学再现），通过计算得到全息图，再把全息图加载到空间光调制器上，在光路中将物信息再现出来，观察并记录实验现象。
（3）数字全息（光学记录、数字再现），通过光路获得全息图，数字再现，观察并记录实验现象。
（4）实时传统全息（光学记录、光学再现），通过光路获得全息图，再把全息图加载到空间光调制器上，在光路中将物信息再现出来，观察并记录实验现象。

【注意事项】
（1）注意激光器开机顺序，先打开电源开关，再打开激光器，停一秒后出光。实验结束时，先关闭激光器，再关闭电源开关。
（2）整个实验过程中，不要用手触摸镜片表面，不要直视激光光源。

【问题讨论】
(1) 数字全息记录是否需要考虑参考光与物光之间的夹角？为什么？
(2) 数字全息与传统全息相比，优缺点是什么？
(3) 简述全息图的记录与重现原理。

实验 4.7　光拍法测量光速

【引言】
光速的测量始于1676年，天文学家罗默迪第一个测出了光的速度。1966年卡洛鲁斯和赫姆博格用声光频移法产生光拍频波，测量光拍频波的波长和频率，测得光速为 $c=(299792.47\pm0.15)\times10^3 \mathrm{m/s}$。1970年美国国家标准局和美国国立物理实验室用最先进的激光作了光速测定，根据波动公式 $c=\lambda\nu$，光的波长用迈克尔逊干涉仪直接测量，光的频率用较低频率的电磁波通过一系列混频、倍频、差频技术测量较高频率，再以较高频率测量更高频率的方法测得。1975年第十五届国际计量大会提出真空中光速为 $c=(299792.458\pm0.001)\times10^3 \mathrm{m/s}$。2019年国际计量大会（CGPM）把米的定义更新为当真空中光速 c 以 m/s 为单位表达时选取固定数值 299792458 来定义米，其中秒是由铯的频率 $\Delta\nu_{Cs}$ 来定义。本实验是用声光频移法获得光拍，通过测量光拍的波长和频率来确定光速。

【实验目的】
（1）学习光拍法测量光速的原理；
（2）掌握熟练调节光路的方法；
（3）进一步熟悉示波器，频率计等各种仪器的使用。

【实验原理】
1. 光拍的产生及其特征

由振动的叠加原理，两列速度相同、振面相同、频差较小而同向传播的简谐波的叠加形成拍，设两列光波 $E_1=E\cos(\omega_1 t-k_1 x+\varphi_1)$、$E_2=E\cos(\omega_2 t-k_2 x+\varphi_2)$，式中 $k_1=\dfrac{2\pi}{\lambda_1}$、$k_2=\dfrac{2\pi}{\lambda_2}$ 为波数。频差 $\Delta f=f_2-f_1$ 很小。这两列波叠加后得

— 148 —

$$E = E_1 + E_2 = \left\{ 2E\cos\left[\frac{\omega_1-\omega_2}{2}\left(t-\frac{x}{c}\right)+\frac{\varphi_1-\varphi_2}{2}\right]\right\} \times \cos\left[\frac{\omega_1+\omega_2}{2}\left(t-\frac{x}{c}\right)+\frac{\varphi_1+\varphi_2}{2}\right] \quad (4.7.1)$$

图 4.7.1 为拍频图，可见合成波是角频率为 $\frac{\omega_1+\omega_2}{2}$，振幅为 $2E\cos\left[\frac{\omega_1-\omega_2}{2}\left(t-\frac{x}{c}\right)+\frac{\varphi_1-\varphi_2}{2}\right]$ 带有低频调制的高频波。显然 E 的振幅是时间和空间的函数以频率 $\Delta f = \frac{\omega_1-\omega_2}{2\pi}$ 周期性的变化，称这种低频的行波为光拍频波，Δf 就是拍频。

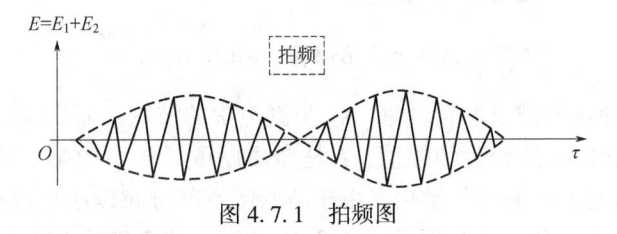

图 4.7.1 拍频图

2. 光拍信号的检测

用光电检测器接收光拍频波，可把光拍信号变为电信号。因光检测器光敏面上光照反应所产生的光电流与光强成正比，即

$$i_0 = gE^2 \quad (4.7.2)$$

式中，g 是接收器的光电转换常数。由于光波的频率甚高大于 10^{14} Hz，而光敏面的频率响应一般小于 10^8 Hz，来不及反映如此快的光强变化，因此检测器所产生的光电流只能是响应时间 τ 内的平均值。

$$\overline{i_0} = \frac{1}{\tau}\int_\tau i_0 \mathrm{d}t \quad (4.7.3)$$

将式(4.7.1)、式(4.7.2) 代入式(4.7.3)，积分中高频项变为零，只留下常数项和缓变项，即

$$\overline{i_0} = \frac{1}{\tau}\int_\tau i_0 \mathrm{d}t = gE^2\left\{1+\cos\left[\Delta\omega\left(t-\frac{x}{c}\right)+\Delta\varphi\right]\right\} \quad (4.7.4)$$

式中，缓变项即光拍频波信号，可见光电检测器输出的光电流含有直流和光拍信号两种成分，滤去直流成分 gE^2，检测器输出的是光拍信号，这个信号的频率为拍频 Δf，与初相位 $\Delta\varphi$、相位与空间位置有关。

3. 光拍的获得及光速的测量

光拍频波产生的条件是两光速具有一定的频率差，使光束产生固定频移的方法很多。利用声波与光波相互作用发生声光效应是一种常用方法。介质中的超声波能使入射的光束发生衍射，这就是所谓的声光效应，出射光发生了衍射，改变了入射光的传播方向，衍射光的频率也发生了与超声波频率有关的移动，可达到获得确定频率差的两光速的目的。

本实验是用超声波在声光介质与激光束产生声光效应来实现的。声光衍射可分为拉曼-奈斯衍射和布拉格衍射。若超声波沿 y 方向传播，它引起声光介质在 y 方向的应变，从而引起介质的光折射率的变化，使声光介质形成一相位光栅。在声频较低，声光作用区较小时，这个位相光栅使沿 x 方向的入射单色平面波的波阵面发生"相位皱折"，使入射的光形成对称的多级衍射极值。同时，由于光栅运动的多普勒效应，衍射极值中光的频率发生偏移，这

就是拉曼—奈斯衍射。而当声频较高，相互作用区较长时，入射光既受相位扰动又受振幅扰动，从而使相位光栅的衍射过渡到光在折射率周期性立体结构上的选择反射，称为布拉格衍射，这里只有 0 级和 1 级衍射光存在。

无论是超声的行波还是驻波，都能使光发生衍射，而驻波的衍射效率较高。在各向同性的介质中，介质折射率的分布为

$$n(y,t) = n_0 + \Delta n \sin\Omega t \times \sin\frac{2\pi}{\lambda}y \qquad (4.7.5)$$

光波通过这种分布时引起的相位变化是

$$\Delta\Phi(y,t) = n_0 k_0 L + \Delta n k_0 L \sin\Omega t \times \sin\frac{2\pi}{\lambda}y \qquad (4.7.6)$$

式中，λ、Ω 分别是超声的波长和角频率，k_0 为真空中的波数，n_0 为未加超声波时介质的折射率，Δn 是超声引起的 n 的变化的幅值，L 是介质厚度，式中的第二项是超声引起的附加相位延迟，就是它引起前述的相位皱褶。由于疏密的空间分布以超声波长为周期，因而相位光栅的光栅常数为 d。在上述情况下垂直入射的光束，超声能实现对光束的拉曼—奈斯衍射，衍射极大值满足公式 $d\sin\theta_k = k\lambda$，$k = 0, \pm 1, \pm 2, \cdots$ λ 是光波的波长，θ_k 是第 k 级衍射亮纹的衍射角。

利用声光相互作用产生频移的方法有两种：一种是行波法，在声光介质内与声源相对的端面上敷以吸声材料，防止声反射，以保证只有行波通行，通过适当的光路系统，可以使 1 级与 0 级两光束平行叠加，产生频差为 Ω 的光拍频波。另一种是驻波法，利用声波的反射，使介质中产生驻波声场。它也使激光产生各级对称衍射，衍射光比行波法强得多，第 i 级衍射光的角频率 $\omega_{i,m} = \omega_0 + (i + 2m)\Omega$，其中 i、m 的值都为 $0, \pm 1, \pm 2, \cdots$ 可见除不同衍射级的光波产生频移外，同一级衍射光内就含有许多不同频率的光波的叠加，由同级衍射光就能获得不同的拍频波，而不需要通过光路的调整使不同频率的光叠加。比较两种方法，驻波法明显优于行波法。本实验用驻波法。

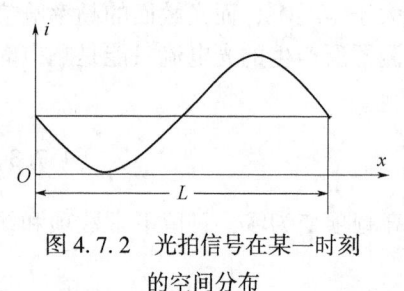

图 4.7.2　光拍信号在某一时刻的空间分布

图 4.7.2 是光拍信号在某一时刻的空间分布图，如果接收电路将直流成分滤去，即得到拍频信号在空间的分布。这就是说处于不同空间位置的光检测器，在同一时刻有不同相位的光电流输出，可以用比较相位的方法间接的决定光速。

由式(4.7.4) 可知光拍频的同相位诸点有如下的关系：$\Delta\omega \frac{x}{c} = 2n\pi$ 或 $x = \frac{nc}{\Delta f}$，n 为整数，两相邻的同相点的距离 $L = \frac{c}{\Delta f}$ 即相当于拍频波的波长。可见只要测出 L 和 Δf 即可确定光速。

【实验仪器】
光速测量仪、示波器、数字频率计、声光功率源、钢板尺、小扳手等。

【实验内容与步骤】
1. 搭建光速测量的光学系统
（1）根据图 4.7.3 完成光路搭建，仪器预热约 20min，表 4.7.1 是电路控制面板与其他仪器的连接。

— 150 —

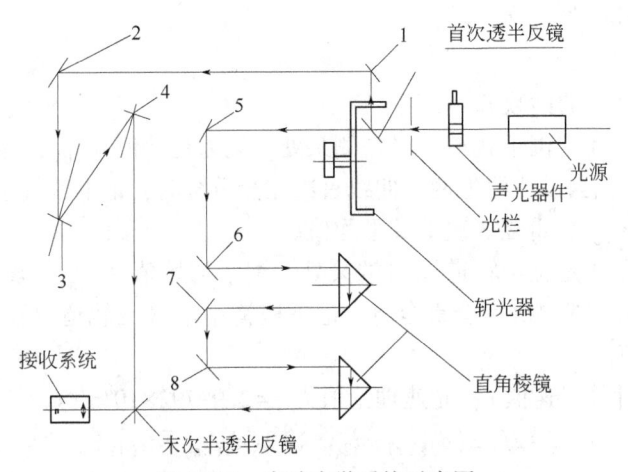

图 4.7.3　实验光学系统示意图

1~4—内（近）光路全反光镜；5~8—外（远）光路全反光镜

表 4.7.1　电路控制面板与其他仪器的连接

电路控制面板	光速测量仪中其他仪器
光电接收	光学平台上的光电接收盒
信号（~）	示波器的通道1
信号（n）	示波器的通道2
参考	示波器的同步触发端
测频	频率计
声光器件	光学平台上的声光器件
激光器	光学平台上的激光器
调制	暂不用

（2）调节电路控制面板上的频率和功率旋钮，使示波器上的正（余）弦图形清晰，频率大约在 75±0.02MHz，功率指示一般在满量程的 60%~100%。

（3）调节声光器件平台的手调旋钮，使激光器发出的光束垂直射入声光晶体，产生衍射，可以观察到零级衍射光和左右两个（或以上）强度对称的衍射光斑。然后调节手调旋钮1，使某个一级衍射光正好进入斩光器。斩光器是一种电子控制的风扇式轮叶，在一定转速下，将连续光调制（斩断）成一定频率的周期性断续光，且遮断时间等于透光时间，把恒定光源改成交变的"方波"光源。斩光器主要用于为其他测量仪器（如锁定放大器）提供参考信号。

2. 调节光学系统光路

（1）内光路调节：调节光路上的平面反射镜，使内光程的光打在光电接收器的入光孔中心。

（2）外光路调节：内光路调节完成基础上，调节外光路的平面反射镜，使棱镜小车在整个轨道上来回移动时，外光路的光始终保持在光电接收器入光孔中心。

（3）反复进行之前的操作，直到示波器上出现两条清晰、稳定、幅值相等的曲线。这时即可进行测量。注意斩光器的转速要适中。过快，示波器上两路波形会左右晃动；过慢，示波器上两路波形会闪烁。

3. 测量光速

（1）记录频率计上的读数 f。

（2）将棱镜小车 A 定位于轨道 A 最左侧某处，记为初始值 $d_{1(0)}$，同样从轨道 B 最左侧开始移动棱镜小车 B，当示波器上两条曲线首次完全重合时，记下棱镜小车 B 在轨道 B 上的左侧某处位置记为 $d_{2(0)}$，重复 3 次求其平均值。

（3）将棱镜小车 A 定位于轨道 A 右端某处，记下初始值 $d_{1(2\pi)}$，将棱镜小车 B 向右移动，当示波器上两条曲线再次完全重合时，记下棱镜小车 B 在轨道 B 上的位置记为 $d_{2(2\pi)}$，重复 3 次求其平均值。

（4）根据下式计算光速值 v，光速理论值为 $c=2.99792\times10^8\text{m/s}$。

$$v=2f[2(d_{2(2\pi)}-d_{2(0)})+2(d_{1(2\pi)}-d_{1(0)})] \tag{4.7.7}$$

【数据及处理】

1. 数据记录

（1）实验测量值填入表 4.7.2。

表 4.7.2　光速测量实验数据表

频率计读数 $f=$_____MHz

次数＼数值	$d_{1(0)}$ cm	$d_{1(2\pi)}$ cm	$d_{2(0)}$ cm	$d_{2(2\pi)}$ cm	v_i m/s	$\bar{v}$ m/s	误差 %
1							
2							
3							
4							
5							

2. 数据处理

光速 v：$v=2f[2(d_{2(2\pi)}-d_{2(0)})+2(d_{1(2\pi)}-d_{1(0)})]$

平均值：$\bar{v}=\dfrac{1}{N}\sum v_i$（$N$ 指测量次数）

绝对误差：$\Delta v=|\bar{v}-c|$

相对误差：$E=\dfrac{\Delta v}{\bar{v}}\times100\%$

【注意事项】

（1）实验中保持频率不变，如发生变化，调节声光功率源面板的频率旋钮。

（2）眼睛不要迎着激光的方向去直视激光。

（3）实验中调节光路时，一定要先调节内光路再调节外光路，保持内外光路的光在光电接收器的入光孔中心。调节时一定要细心，要将光路图和实验原理明确之后，才能调节仪器。

（4）光路中的镜片都有镀膜，不要用手去摸镀膜，防止损坏反射膜。调节镜子后面的螺钉时，用力要适中，适可而止，千万不能用力太大，否则会损坏装置。

（5）推动棱镜小车时，用力的方向应与轨道平行。

(6) 进入斩光器应是一级衍射光。

【问题讨论】

(1) 光拍频是怎样形成的？它具有什么特点？
(2) 为什么进入斩光器应是一级衍射光？
(3) 实验中如何测量测光拍频的波长？

实验 4.8 开放式 CCD 光栅摄谱实验研究

【引言】

现代科学技术水平不断提高，科学理论不断深入，各个领域中引进多种先进技术，同时创造出许多辅助使用的仪器。这些仪器根据物质的物理特性或化学特性进行设计，通过可观测现象的变化或具体数据的显示得出研究结论，有助于正确认识事物，做出适当的决策。检测物质成分中光栅摄谱仪就是一种很重要的仪器，它利用平面反射式光栅分光研究物质的成分和含量，主要用于金属合金（包括矿物井石）的日常定性定量分析，纯金属和材料的成分鉴定，与各种附件配合，用作激光微区分析、记录闪光和弱光现象，广泛应用于地质、冶金、机械、石油化工等部门作光谱定量和定性分析。本实验拍摄的光谱图像既可以在目视观察屏上观察，又可以通过 CCD 光强分布测量仪进行精密测量。

【实验目的】

(1) 理解光栅衍射的原理，研究衍射光栅的特性；
(2) 观察光栅衍射现象以及一级谱和二级谱。观察光栅衍射角与光波长的关系。直观地感受光栅光谱仪原理；
(3) 更换不同光源测量其特征光谱确定其他谱线的频率；
(4) 通过目视直观的观察光源的谱线构成。

【实验原理】

1. 光谱和物质结构的关系

每种物质的原子都有自己的能级结构，原子通常处于基态，当受到外部激励后，可由基态跃迁到能量较高的激发态。由于激发态不稳定，处于高能级的原子很快就返回基态，此时发射出一定能量的光子，光子的波长（或频率）由对应两能级之间的能量差 ΔE_i 决定：

$$\Delta E_i = E_i - E_0 \tag{4.8.1}$$

式中，E_i 和 E_0 分别表示原子处于对应的激发态和基态的能量，即

$$\Delta E_i = h\nu_i = h\frac{c}{\lambda_i} \tag{4.8.2}$$

所以得

$$\lambda_i = \frac{hc}{\Delta E_i} \tag{4.8.3}$$

式中，$i=1,2,3,\cdots$，h 为普朗克常数，c 为光速。每一种元素的原子，经激发后再向低能级跃迁时，发出包含不同频率（波长）的光，这些光经色散元件（光栅或棱镜）即可得到对应的光谱。此光谱反映了该物质元素的原子结构特征，故称为该元素的特征光谱。

2. 光栅的衍射特性

图 4.8.1 为光栅片的结构，平面单色光波入射到光栅表面上产生反射衍射光，衍射光通

过透镜成像在焦平面（观察屏）上，于是在观察屏上出现衍射图样。

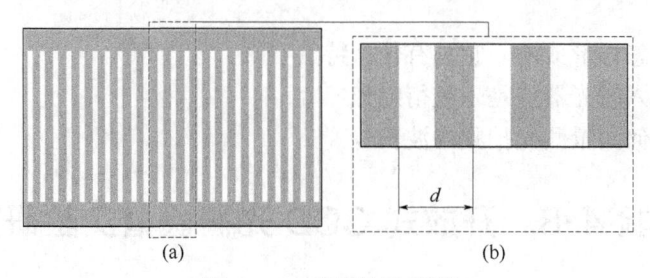

图 4.8.1 光栅片示意图

已知光栅方程为
$$d(\sin\theta \pm \sin\theta_0) = j\lambda \quad (j = 0, \pm1, \pm2, \pm3, \cdots) \tag{4.8.4}$$
式中，θ 为衍射角，j 为衍射级数，θ_0 表示衍射方向与法线间的夹角，其角度均为正值。θ 与 θ_0 在法线同侧时上式左边括号中取加号，在法线异侧时取减号。可以看出，在相同的衍射环境下，不同波长的光，其衍射角是不同的。

图 4.8.2 为衍射光通过透镜成像图，当入射光为复合光时，在相同的 d 和相同级别 j 时，衍射角随波长增大而增大，这样复合光就可以分解成各种单色光。

图 4.8.3(a) 为光栅片与物镜成像光的基本关系图，根据光栅方程，通过计算可以得出理论公式为 $1.953d\sin\theta = j\lambda$，光栅光谱仪入射光与物镜成像光的夹角始终保持在 25°，光栅片与物镜成像光夹角为 12.5°。

图 4.8.3(b) 为旋转光栅片的变化图，当光栅片转过的角度为 α，光栅片与物镜成像光的夹角改变为 12.5°±α，逆时针为正，顺时针为负。逆时针旋转，当旋转角度小于 12.5°时，入射光与法线夹角为 12.5°−α，大于 12.5°时为 α−12.5°，物镜成像光与法线夹角

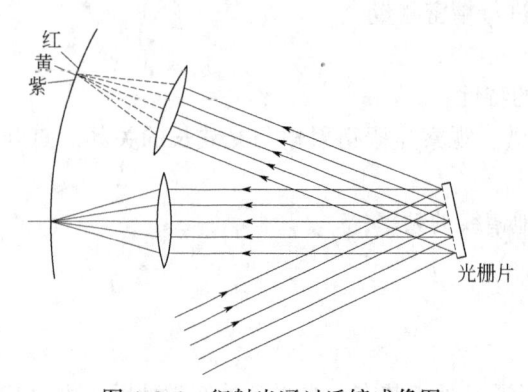

图 4.8.2 衍射光通过透镜成像图

为 12.5°+α。

根据光栅衍射方程，将上面的夹角代入方程：
$$j\lambda = \begin{cases} d[\sin(12.5°-\alpha) - \sin(12.5°+\alpha)], \alpha < 12.5° \\ d[\sin(\alpha-12.5°) + \sin(12.5°+\alpha)], \alpha > 12.5° \end{cases} \tag{4.8.5}$$

通过三角函数运算可以简化为
$$j\lambda = \begin{cases} 2d\cos(12.5°)\sin\alpha = 2d\cos12.5°\sin\alpha, \alpha < 12.5° \\ 2d\cos(-12.5°)\sin\alpha = 2d\cos12.5°\sin\alpha, \alpha > 12.5° \end{cases} \tag{4.8.6}$$

得到如下方程：
$$j\lambda = 2d\cos12.5°\sin\alpha \tag{4.8.7}$$

式中，α 为光栅片转角，顺时针旋转通过相似的计算可以相同的结果：
$$j\lambda = 2d\cos12.5°\sin\alpha = 1.953d\sin\alpha \tag{4.8.8}$$

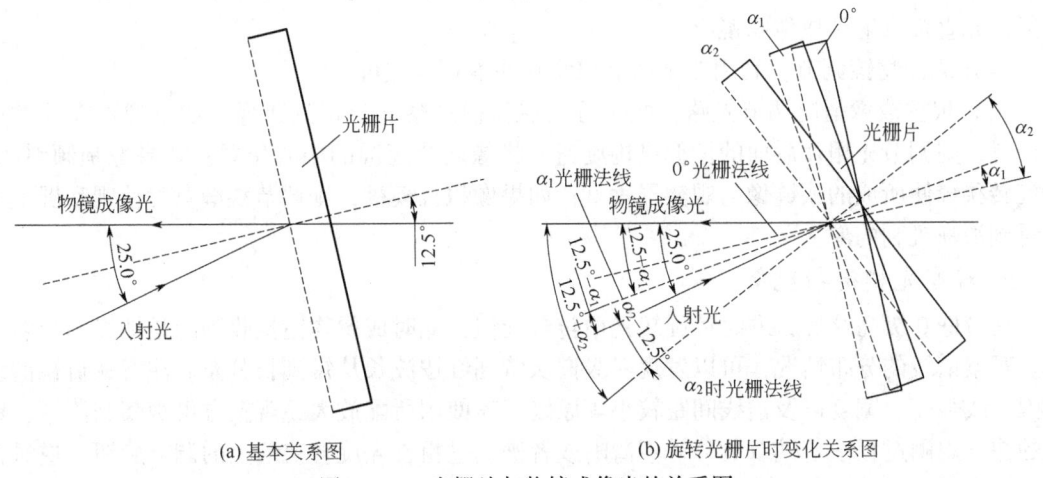

(a) 基本关系图   (b) 旋转光栅片时变化关系图

图 4.8.3 光栅片与物镜成像光的关系图

3. 用线形内插法求待测波长

光栅是线性色散元件，谱线的位置和波长有线性关系。如图 4.8.4 所示，如波长为 λ_x 的待测谱线位于已知波长 λ_1 和 λ_2 谱线之间，它们的相对位置可以在 CCD 采集软件上读出，如用 d 和 x 分别表示谱线 λ_1 和 λ_2 的间距及 λ_1 和 λ_x 的间距，那么待测线波长为

$$\lambda_x = \lambda_1 + \frac{x}{d}(\lambda_2 - \lambda_1) \tag{4.8.9}$$

4. 线阵 CCD 的基本原理

线阵 CCD 器件是光强分布测量仪的核心器件，由数千个光电二极管组成，这些光电二极管被称为感光像元，其尺寸一般为几个或十几个微米，它们依次紧密相邻，能各自将感受到的光强信号转化为电信号输出，输出电信号的强弱与入射光的强弱呈线性对应关系。线阵 CCD 器件的扫描（即将光强信号转化为

图 4.8.4 比较已知光谱与待测光谱的关系

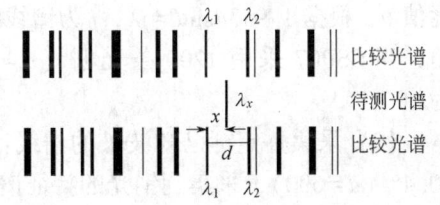

电信号输出）是动态、瞬间且连续的。因此线阵 CCD 器件具有实时响应、分辨率高等优点。它拥有 2160 个像元，每个像元的尺寸是 14μm，即分辨率是 14μm。

【实验仪器】

光栅光谱仪、钠灯、汞灯、计算机等。光栅光谱仪由底座、狭缝、准直透镜、光栅、成像透镜、接收模块、镜筒、目视观察屏、CCD 光强分布测量仪、USB 数据采集盒等。

【实验内容与步骤】

1. 调节光栅光谱仪光路

在光路的调节过程中，遵循自狭缝开始、由前及后的顺序调节原则。具体的实验步骤如下：

（1）初始状态调节：钠灯预热 5min，将目视/CCD 选择旋钮置于"目视"挡，狭缝调节垂直于光栅光谱仪水平支撑面。

（2）准直透镜调节：在较暗的环境下可以在光栅片上发现一个圆斑，调节准直透镜的 X、Y 调节旋钮将圆斑调节到光栅片中心位置。

(3) 光栅转台调节：将光栅转台的指针旋转至刻度 0°左右，光栅片作为反射镜可以将入射的光直接反射到成像物镜上。

(4) 成像物镜调节：利用二维调节架使其基本垂直即可。

(5) 根据成像情况调节光路：此时可以在目视观察屏上得到成像。如果像不在屏的中心位置，则调节光栅片后面的俯仰机构旋钮，将像调节至屏的中心位置；如果像是倾斜的，则旋转狭缝使所成的狭缝像与观察屏垂直；如果像粗且模糊，则调节狭缝宽度使观察屏上可以看到清晰锐利的像。

2. 观察光栅衍射现象

调节好 0 级亮纹后，顺时针旋转光栅转台旋钮，此时成像物镜接收到的是钠光的衍射光线。观察谱线的分布情况，可以发现一级谱从紫到红按波长从短到长分布。注意在目视谱线时因谱线强度、宽度以及谱线间距较小等原因，需使用所配放大镜观察方可观察到清晰、锐利的像。观测过程中若钠双黄分辨不清晰或者谱线过粗，先旋转狭缝上的调节旋钮，逆时针旋转减小谱线宽度。若所显条纹不清晰，则前后调节接收模块位置。

3. 测量未知光谱的波长

本实验采用线形内插法求待测波长，根据式(4.8.9)，需要先采集并定标两条已知波长的谱线，然后再采集未知的谱线并对其波长进行测量。实验中以钠灯的双黄线作为已知波长的谱线来计算氦灯的未知谱线。

(1) 用旋转角度估测谱线的波长：将光栅转台旋转至 0°，可以观察到一个清晰的像，这是 0 级谱，记下 0 级谱线对应 CCD 的像素点位置（CH 值）。旋转光栅转台，当发现分离出的谱线时，继续旋转光栅转台使此谱线移动到刚才的 0 级谱的像素点位置，读取转台的角度值 θ，根据 $1.953d\sin\theta=j\lambda$，$j$ 为谱线级数，d 为光栅常数，计算出波长。例如钠双黄的转角，当 GSP07 采用 1200 条光栅（$d=1200$）时为 21.2°，采用 600 条光栅（$d=600$）时为 10.4°。

(2) 采集并定标已知波长的谱线：根据上一步，将光栅转台调至 21.2°（$d=1200$）或 10.4°（$d=600$），采集到钠光的特征谱双黄线后（两个间距很小的尖峰的图像），点击"停止采集"。移动取样框到左边的谱线处，选择"A/D"值最大时（可使用键盘上的方向键）按下鼠标左键，输入"589.6nm"，点击"查看数据"下的"放大局部视窗"放大视窗准确定标。之后鼠标移至右边的谱线处输入"589.0nm"，完成定标图。

(3) 采集并测量未知波长的谱线 1：不改变光学系统，在同一位置换上氦灯，不要转动光栅转台，用软件采集到某一条未知待测波长的谱线。将鼠标压在此谱线上，弹出"待测谱线计算"对话框，按下"由列表选定标谱线 1"，选择一条刚才定过标的钠灯谱线；同样方法在"由列表选定标谱线 2"选择另一条定过标的钠灯谱线，点击"计算待测波长"，得到波长值为 588.5nm，对照氦灯谱线波长，可知这条是波长为 587.6nm 的黄色谱线，如图 4.8.5 所示。

(4) 采集并测量未知波长的谱线 2：如果待测谱线是在光栅转台转角改变的情况下获得的，不能采用上一步的方法测量，因为在光栅角度改变的情况下，已定过标的钠灯双黄线与此未知谱线的相对位置关系已被破坏。这时可以通过中间谱线过渡的方法计算出待测波长。例如，虽然待测的氦灯的绿色谱线（447.15nm）不能与已知的钠的双黄线同时显示（即保持相同转角），但钠的双绿谱线（497.78nm、498.2nm）可以与钠的双黄谱线保持相同转角，而氦灯的绿色谱线又可以与钠的双绿谱线保持相同的转角。因此，可以先将光栅转台旋

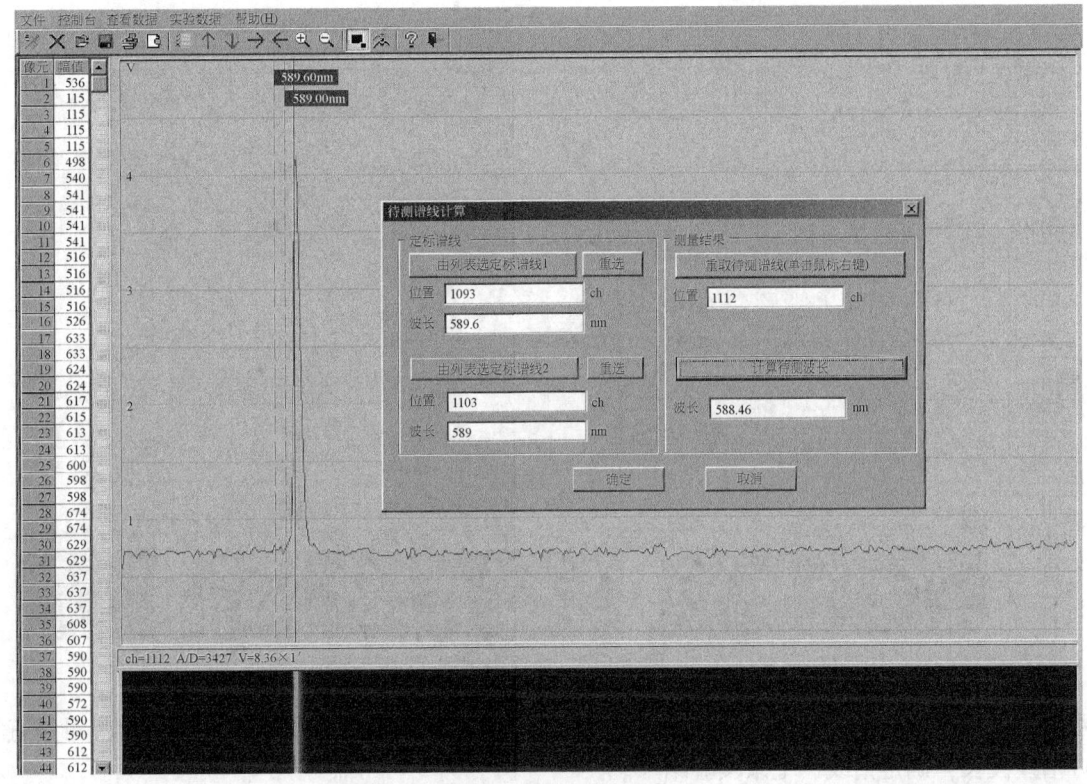

图 4.8.5　定标完成图

转到某一个角度，以同时采集到钠的双绿谱和双黄线，通过钠双黄线计算出钠的双绿谱线，然后将光栅转台到另一个角度，以同时采集到钠的双绿谱和氦灯的绿色谱线，这样就可以最终通过钠的双绿谱线计算出氦灯的绿色谱线了。

4. 实验测量方法

（1）若所得像过于粗大，则调节狭缝直到能看到一个锐利的清晰的像。

（2）若 CCD 上显示相邻的谱线出现叠加，则旋转狭缝旋钮，将狭缝调小。

（3）图 4.8.6 为 CCD 上接收到的谱线可能出现强度溢出削顶，此时需调节狭缝粗细直到可以清晰地分辨出两条谱线或单独的锐利的像。

（4）光栅衍射仪的衍射光谱是线性分布的，因此在同一张 CCD 图片中只要能确定二条谱线就可以确定其他谱线。然而 CCD 接收到的谱线由于 CCD 响应以及本身谱线强度不同等原因，出现某条谱线因刚达到 CCD 的响应阈值而幅度很小，但另外一条谱线却已经溢出的情况。这时先减小狭缝的线宽，此时应该可以看到溢出削顶的现象消失，保存这条 CCD 曲线；在其他条件不变的情况下，增大狭缝的宽度，直到可以看到响应较弱的那条谱线并保存下来。其他光源也可以采用类似的办法进行测量。

【数据及处理】

（1）调节光路，观察光栅衍射现象，注意光路完成调节后，必须保持不变直至全部实验的完成。

（2）采用线形内插法求待测波长，在软件上采集到钠光的特征谱双黄线后，完成定标，记录定标图。

（3）换上氦灯，用软件采集到某一条未知待测波长的谱线，选为定标谱线 1，选择一条

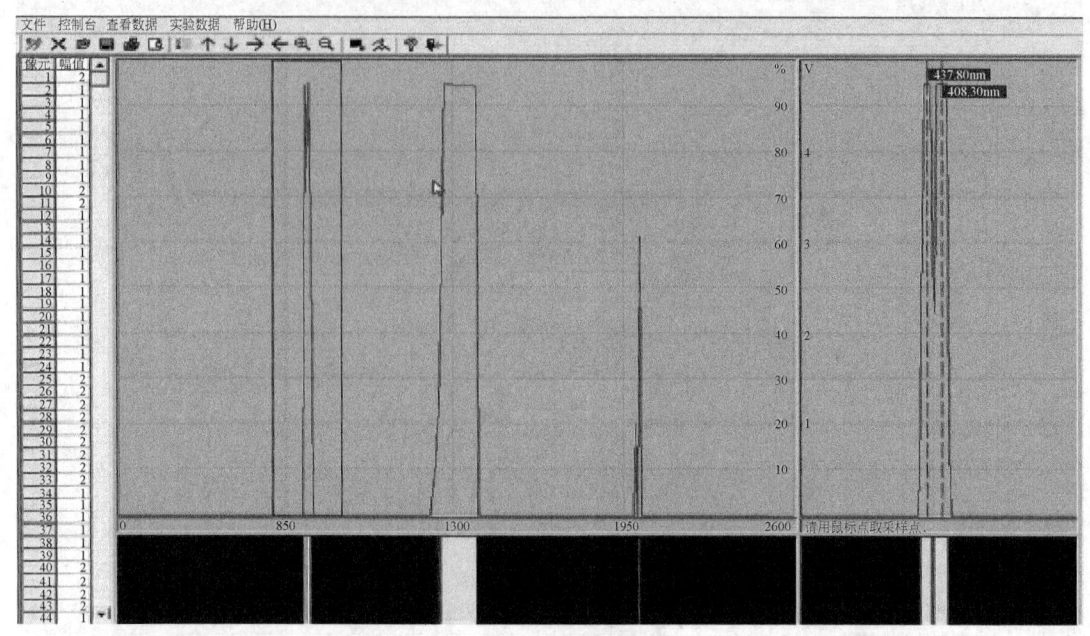

图 4.8.6 削顶溢出图

刚才定过标的钠灯谱线；选择另一条定过标的钠灯谱线，通过软件计算现实波长值，对照氦灯谱线波长，确定谱线，记录实验结果。

【注意事项】

（1）光栅是精密光学器件，严禁用手触摸刻痕；

（2）钠、汞灯等光谱灯源在使用时不要频繁开启、关闭，否则会降低其寿命；

（3）测量时如需改变狭缝大小，不要旋转光栅转台。

【问题讨论】

（1）光栅摄谱实验中所得的光谱在一定波长范围内，其波长的间隔分布是怎样的？

（2）一张光谱底片可拍几组谱线？每组最小间隔多大？

（3）在拍摄光谱过程中，如果谱板发生横向位移，将会带来什么后果？实验中如何避免这一情况的发生？

第 5 章 光学设计实验

光学设计是指在制作光学系统之前，确定光学系统最优结构参数的过程，如确定透镜表面的曲率半径、透镜之间空气间隔厚度以及透镜材料等。最早的光学设计始于19世纪，但是由于当时科技不发达，设计者需花费大量时间和精力用于繁琐的光线追迹手工计算，这导致光学设计在光学发展早期并不受到重视。这种情况一直持续到20世纪40年代，随着大容量、高运算速度的计算机出现、有效优化算法的快速发展，使光线追迹计算时间大大缩短，设计者有更多空余时间去考虑系统可能存在的缺陷，并在设计过程中及时对其进行纠正，以提高整体光学设计效率。

光学设计过程是涉及多任务、包含多步骤的复杂过程，通常设计者首先根据光学系统应用目的，确定设计所需实现的光学特性参数，然后通过计算或参考镜头数据库、专利的方式获得合理初始结构，并经过设置参数变量和构建与设计目标相匹配的评价函数，最终对光学透镜系统进行优化、评价和公差分析，判断光学设计目标是否已经实现。在这一过程中，设计者必须不断地对设计过程进展进行干涉，根据实际情况修改光学透镜参数、变量或评价函数等一系列设置，来保持各光学性能之间的平衡，直至设计结果系统性能满足设计要求目标。

本章介绍了ZEMAX软件基本用户界面和5个典型光学设计案例，期望读者能通过本章学习，了解光学设计的基本设计流程，熟悉ZEMAX光学设计软件在光学设计领域的运用，如初始结构的选择和计算、变量的选择和优化、评价函数的构成、像质评价的方式等，最终通过典型光学镜头设计案例，掌握ZEMAX光学设计软件操作方法，并在实践中不断积累设计经验。

实验 5.1 ZEMAX 软件基本用户界面介绍

【引言】

随着计算机的发展以及其在多个领域中的应用，计算机彻底改变光学设计的过程。目前，采用商业化光学设计软件进行复杂光学设计已经成为最高效的手段，它不仅大大缩短光学设计的时间，还可在保证设计性能的前提下，结合现有制造技术可行性，来有效控制设计结果的复杂性和生产成本。在众多的光学设计软件中，ZEMAX软件是一款界面简洁、使用灵活的光学设计软件，不仅可进行序列、非序列以及混合式光学设计，还可实现图表分析、系统优化、物理光学、偏振设置等功能。

【实验目的】

(1) 熟悉 ZEMAX 软件基本界面；
(2) 掌握 ZEMAX 软件基本对话框和设置；
(3) 掌握在 ZEMAX 软件中建立单透镜的过程。

【实验原理】

1. ZEMAX 软件的基本用户界面

1) 主窗口界面

主窗口界面通过桌面快捷图标或"开始—程序"菜单运行 ZEMAX，进入如图 5.1.1 所示的 ZEMAX 初始用户主窗口界面，它包含有标题栏、菜单栏、工具栏、状态栏。

以下列出了与光学设计联系最紧密的菜单栏选项：

（1）File（文件）：用于文件的打开、关闭、保存、重命名等，其中用户可以根据个人偏好修改文字大小、快捷键按钮和状态栏选项等。

（2）Editors（编辑器）：用于调用镜头数据编辑器、评价函数编辑器、多重结构编辑器、公差数据编辑器、附加数据编辑器和非序列元件编辑器的编辑窗口。

（3）System（系统）：用于定义或更新进入光学系统的光线，以及其他众多系统基本参数，例如系统相对孔径、系统视场范围和系统工作波长范围等。

（4）Analysis（分析）：用于对光学设计结果进行分析操作，可提供各种图表详细资料，以方便设计者判断设计改进方向。

（5）Tools（工具）：该选项包含功能众多，其中有用于光学系统局部优化、全局优化和锤形优化的优化工具，有用于系统公差分析的公差工具，以及用于选择、查看和编辑透镜材料的工具等。

（6）Reports（报告）：用于提供光学设计的相关文档，包括系统整体光学性能参数数据报告、光学面型数据报告以及相关图表报告等。

（7）Macros（宏）：用于编辑、执行已经编译好的宏程序，以提取光线追迹数据、像质情况等。

（8）Extensions（扩展功能）：用于在 ZEMAX 环境中，执行其他语言编程完成的执行程序，以实现外界程序与 ZEMAX 交换数据。

（9）Window（窗口）：用于窗口切换选择。

（10）Help（帮助）：用于提供在线帮助文档。

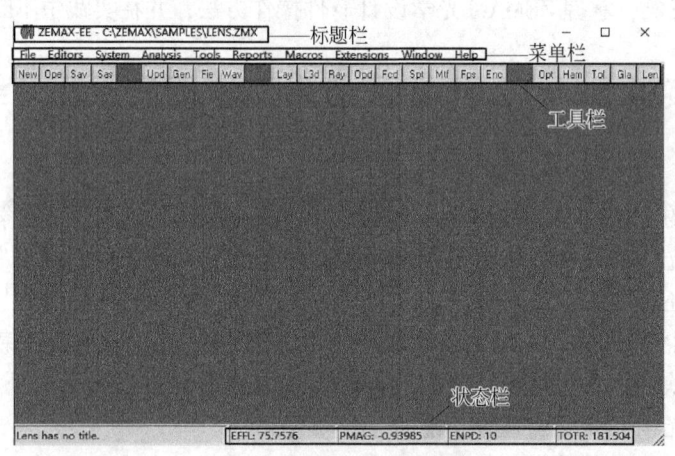

图 5.1.1 主窗口界面

2）编辑窗口界面

编辑窗口界面共有六种不同的编辑器，用户可根据不同需求进行选择，以下是本书中所用到的四种编辑器的基本介绍。

（1）Lens Data Editor（镜头数据编辑器）。

用于输入基本的镜头数据，包括面型数据、表面曲率半径数据、厚度数据、玻璃数据和二次曲面数据等。整个镜头数据编辑器以电子表格形式体现，每一行表示一个光学面，每一列代表具有不同特性的数据。在镜头数据编辑器中通常需要进行四个方面的操作：对每个表面按需求选择表面类型；依据符号规则设置表面曲率半径；依据符号规则，在局部坐标系中设置某面到下个面的相对距离；依据设计布局输入相应透镜材料名称。

以图 5.1.2 所示的镜头数据编辑器图为例，单击任一单元格，光标会移动到该单元格。如果此单元格存在求解方式，则可双击该单元格，对出现的求解对话框进行求解设置或撤销，以实现过对曲率半径、厚度、透镜材料等特定参数进行动态调整的目的。如图 5.1.2 中某些参数旁边的"V"，这就是常用的变量设置，后期优化时可更改此类单元格中的值以提高系统性能。

图 5.1.2 镜头数据编辑器

在镜头数据编辑器中，还可通过将鼠标移到所选表面的 Type（类型）单元格上，进行双击操作，打开如图 5.1.3 所示的表面属性对话框，即可对该表面进行如孔径光阑面设置，表面类型设置等操作。

（2）Merit Function Editor（评价函数编辑器）。

如图 5.1.4 所示，评价函数编辑器与镜头数据编辑器不同，它由多行操作数组合而成，这些操作数涉及光学设计目标中系统光学性能参数要求、像差控制要求以及一些特定约束要求等。系统整体的评价函数 MF(Merit Function) 将由这些操作数共同决定，即：

$$\mathrm{MF}^2 = \frac{\sum_i W_i (V_i - T_i)^2}{\sum_i W_i} \quad (5.1.1)$$

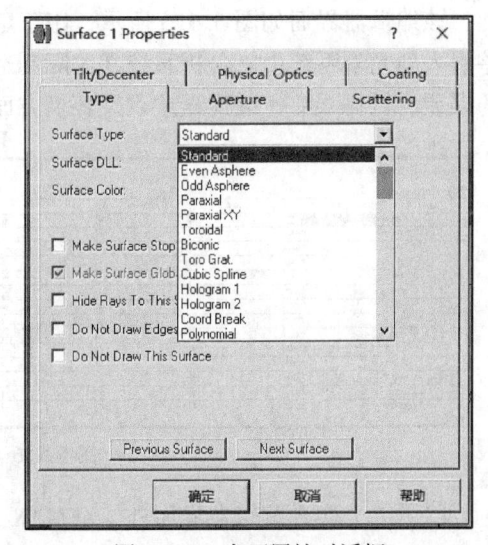

图 5.1.3 表面属性对话框

式中，V_i 是第 i 种操作数所对应的实际值，T_i 是第 i 种操作数所对应的目标值，W_i 是第 i 种操作数所对应的权重因子。由于当操作数实际值向其目标值靠近时，评价函数值将接近于零，所以在光学设计过程中，需要通过优化找出具有评价函数最小值的设计结果。关于评价函数操作数的详细说明，请查阅该软件操作手册。

（3）Multi-configuration Editor（多重结构编辑器）。

该编辑器界面如图 5.1.5 所示，用于多重结构系统定义所需变化参数，如变焦镜头中变化的镜头间距、消热差镜头中变化的温度和压强、扫描系统中变化反射镜倾角等。

（4）Tolerance Data Editor（公差数据编辑器）。

Merit Function Editor: 1.144558E-002

Edit Tools Help

Oper #	Type							Target	Weight	Value	% Contrib
1 (DMFS)	DMFS										
2 (BLNK)	BLNK	Default merit function: RMS spot radius centroid GQ 3 rings 6 arms									
3 (BLNK)	BLNK	No default air thickness boundary constraints.									
4 (BLNK)	BLNK	No default glass thickness boundary constraints.									
5 (BLNK)	BLNK	Operands for field 1.									
6 (TRAC)	TRAC		1	0.000000	0.000000	0.335711	0.000000	0.000000	0.077570	0.005434	0.642243
7 (TRAC)	TRAC		1	0.000000	0.000000	0.707107	0.000000	0.000000	0.124112	0.004222	0.620377
8 (TRAC)	TRAC		1	0.000000	0.000000	0.941965	0.000000	0.000000	0.077570	0.000816	0.014492
9 (TRAC)	TRAC		2	0.000000	0.000000	0.335711	0.000000	0.000000	0.096963	0.005685	0.878621
10 (TRAC)	TRAC		2	0.000000	0.000000	0.707107	0.000000	0.000000	0.155140	0.003954	0.680018
11 (TRAC)	TRAC		2	0.000000	0.000000	0.941965	0.000000	0.000000	0.096963	0.002391	0.155449
12 (TRAC)	TRAC		3	0.000000	0.000000	0.335711	0.000000	0.000000	0.077570	0.007836	1.335280
13 (TRAC)	TRAC		3	0.000000	0.000000	0.707107	0.000000	0.000000	0.124112	0.007883	2.162166
14 (TRAC)	TRAC		3	0.000000	0.000000	0.941965	0.000000	0.000000	0.077570	0.001917	0.079950

图 5.1.4　评价函数编辑器

Multi-Configuration Editor

Edit Solves Tools Help

Active : 1/5		Config 1*	Config 2	Config 3	Config 4	Config 5
1: THIC	1	-37.000000	-35.000000	-32.000000	-29.000000	-23.500000
2: APMN	1	5.000000	4.450000	3.900000	3.200000	2.000000
3: THIC	3	-12.338048 V	-14.694201 V	-17.510095 V	-20.786048 V	-26.349871 V
4: THIC	4	60.620000	56.110000	51.380000	44.790000	36.800000
5: THIC	5	-7.010000	-7.010000	-7.030000	-8.000000	-8.600893 V

图 5.1.5　多重结构编辑器

该编辑器界面如图 5.1.6 所示，用于定义、修改和查看系统公差值，即将各种扰动或像差引入到光学系统中，分析系统在实际制造各种误差范围内的效果，这些误差包括制造方面的误差、材料误差、装配误差以及环境方面引入的误差等。

Tolerance Data Editor

Edit Tools Help

Oper #	Type	Surf	Code	-	Nominal	Min	Max	Comment
1 (COMP)	COMP	6	0	-	-	-5.000000	5.000000	Default compensator on back focus.
2 (TWAV)	TWAV	-	-	-	-	0.632800	-	Default test wavelength.
3 (TRAD)	TRAD	3	-	-	-65.762753	-0.020000	0.020000	Default radius tolerances.
4 (TRAD)	TRAD	4	-	-	-124.554841	-0.020000	0.020000	
5 (TRAD)	TRAD	5	-	-	-21.814406	-0.020000	0.020000	
6 (TRAD)	TRAD	6	-	-	-25.708439	-0.020000	0.020000	
7 (TTHI)	TTHI	1	2	-	-37.000000	-0.020000	0.020000	Default thickness tolerances.
8 (TTHI)	TTHI	2	3	-	50.000000	-0.020000	0.020000	
9 (TTHI)	TTHI	3	4	-	-12.338048	-0.020000	0.020000	
10 (TTHI)	TTHI	4	5	-	60.620000	-0.020000	0.020000	
11 (TTHI)	TTHI	5	6	-	-7.010000	-0.020000	0.020000	
12 (TEDX)	TEDX	3	3	-	-	-0.020000	0.020000	Default element dec/tilt tolerances 3-3.
13 (TEDY)	TEDY	3	3	-	-	-0.020000	0.020000	
14 (TETX)	TETX	3	3	-	-	-0.200000	0.200000	

图 5.1.6　公差数据编辑器

除了以上四种编辑器界面外，ZEMAX 还提供用于定义扩展参数的扩展数据编辑器，以及用于杂散光分析的非序列元件编辑器，其具体操作方法，请查阅该软件操作手册。

3）分析窗口界面

为了方便用户进行像质评价和分析，ZEMAX 提供了多种分析窗口，在分析窗口中即可进行对话框式参数选择，也可将分析结果以图形或文本数据进行显示。以下是几个常用分析窗口界面。

（1）Layout（视图类）。

该分析窗口界面用于展示所设计的光学系统视图，包含 2D Layout（二维视图），3D Layout（三维视图），Wireframe（三维网格视图）等。图 5.1.7 是某系统二维视图。

（2）Fan（扇形图类）。

该分析窗口界面用于分析光学系统的综合像差，是 ZEMAX 中一个重要的分析手段，它包含 Ray Aberration（光线像差图）、Optical Path（光程差图）、Pupil Aberration（光瞳像差图）三个选项。以光线像差图为例，如图 5.1.8 所示，由于在计算光路的时候，通常要考虑子午面和弧矢面光线，所以在光线像差图每个视场都有两个图来分别代表系统子午面和弧矢面的垂轴像差，它全面反映了系统宽光束的成像质量。其中横坐标分别代表光学系统归一化的入瞳坐标 P_Y 和 P_X，而纵坐标代表光线在像面上交点与主光线在像面上交点之间的坐标差值，该差值可以按 X 轴或 Y 轴方向进行计算。

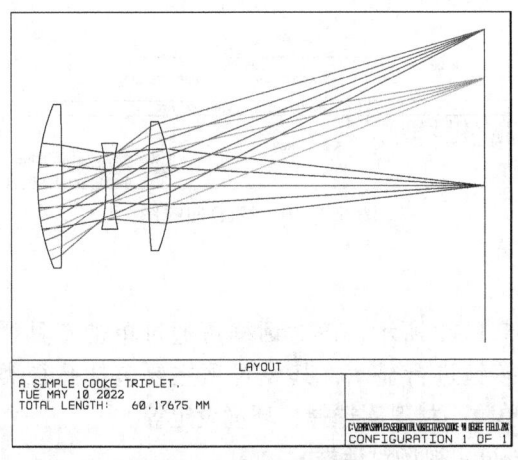

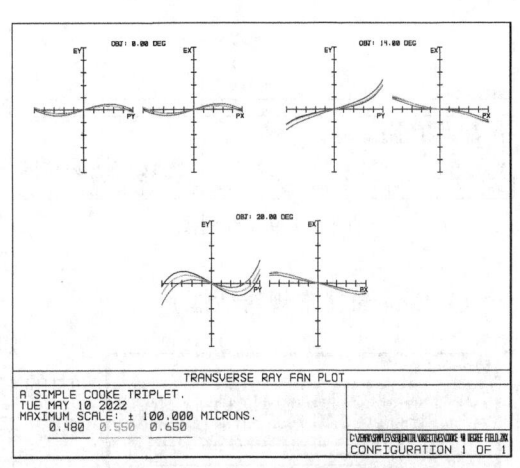

图 5.1.7　二维视图　　　　　　　　　　图 5.1.8　光线像差图

（3）Spot Diagram（点列图类）。

该分析窗口界面用于分析光线追迹过程中，光学系统特定面上光线与表面交点的分布，它包括用于显示不同视场的标准点列图、显示偏离焦点的离焦点列图、显示不同视场的全视场点列图点等。以标准点列图为例，如图 5.1.9 所示，由于系统存在像差，对于来自同一物点的光线，其与像面的交点不再集中于同一点，而形成了一个弥散斑。在图中下方给出的数值，分别用于表示每个视场弥散斑的均方根半径、几何半径及爱里斑直径，这三个值越小说明光线的密集程度越大、能量越集中、成像质量越好。此外，还可根据光斑的分布形状特征来判断系统中是否存在明显像散或彗差，以及通过不同颜色光斑分离程度判断系统色差的情况。

（4）MTF（调制传递函数类）。

该分析窗口界面用于分析系统对物体不同空间频率信息的传递能力，其 MTF 值定义为一定空间频率 ν 下像的对比度 $M_{\text{image}}(\nu)$ 与物的对比度 $M_{\text{object}}(\nu)$ 之比，即

$$\text{MTF}(\nu) = \frac{M_{\text{image}}(\nu)}{M_{\text{object}}(\nu)} \tag{5.1.2}$$

该类分析包括快速傅里叶变换调制传递函数分析、惠更斯调制传递函数分析和几何调制传递函数分析。以计算速度最快的快速傅里叶变换调制传递函数图为例，如图 5.1.10 所示，其中横坐标是空间频率 Lp/mm，纵坐标是 MTF 值，曲线越高表明成像质量越好。

2. ZEMAX 软件的基本对话框

ZEMAX 软件除了提供以上基本窗口界面外，还提供用于设置或更改数据的对话框，以下是几个常用基本对话框。

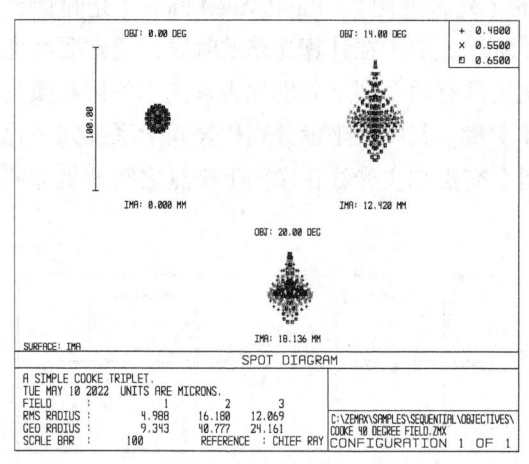

图 5.1.9　点列图

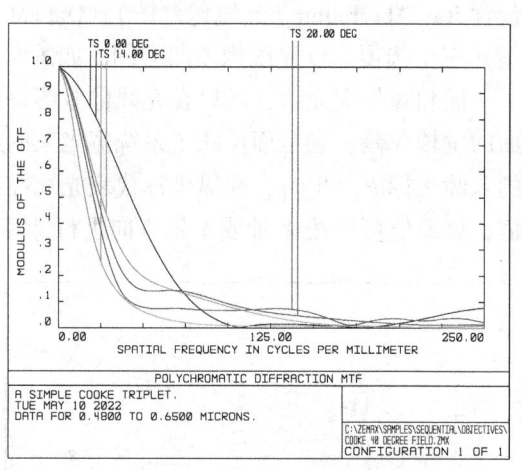

图 5.1.10　MTF 曲线图

1）General（常规对话框）

如图 5.1.11 所示，该对话框可通过单击工具栏中的 Gen 按钮进行显示，其设置项主要包括孔径类型、系统单位、材料库选择、环境设定等。

2）Field（视场对话框）

如图 5.1.12 所示，该对话框可通过单击工具栏中的 Fie 按钮进行显示，其设置项包括视场角、物高、近轴像高、实际像高。

3）Wavelength（波长对话框）

如图 5.1.13 所示，该对话框可通过单击工具栏中的 Wav 按钮进行显示，其设置最多可以输入 24 个波长值，并需对系统的主波长进行确定。

图 5.1.11　常规对话框

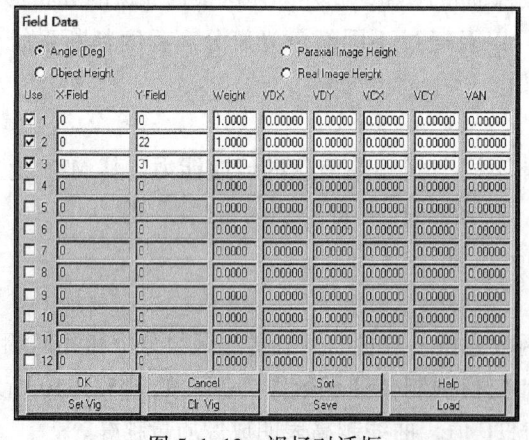

图 5.1.12　视场对话框

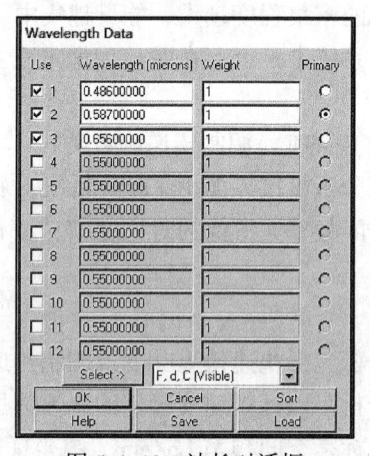

图 5.1.13　波长对话框

【实验仪器】

PC 机。

— 164 —

【实验内容与步骤】

1. 实验内容

按照表 5.1.1 的单透镜结构参数,在 ZEMAX 中建立一个单透镜,入瞳直径为 25mm,全视场角 2ω 为 $0°$,工作波长范围为可见光,孔径光阑位于单透镜前 10mm 处。

表 5.1.1 单透镜结构参数

面号	半径,mm	厚度,mm	玻璃型号
1	80	4	BK7
2	−100		

2. 实验步骤

1)输入光学系统性能参数

在运行系统中开启 ZEMAX,此时默认的编辑视窗为镜头数据编辑器,但在对镜头数据进行编辑之前,通常需要对光学系统所适用的孔径大小、视场范围、波长范围等进行设置。

(1)设置系统孔径:单击工具栏中的 Gen 按钮来开启常规对话框,依据本实验设计参数要求,将孔径按照入瞳直径设置为 25mm。

(2)设置视场角:单击工具栏中的 Fie 按钮来开启视场对话框,依据本实验设计参数要求,将物方半视场角设置为 $0°$。

(3)设置波长:单击工具栏中的 Wav 按钮来开启波长对话框,依据实验设计参数要求,将波长范围设置为可见光,其中波长 $0.587\mu m$ 为主波长。

2)编辑镜头数据

(1)在默认的镜头数据编辑器基础上,插入两个新面,并将其中 1 面设置为 STOP 面(孔径光阑),依次建立物面、孔径光阑面、透镜前表面、透镜后表面、像面的系统结构。

(2)对 1 至 3 面行输入表面曲率半径,其中光阑为表面曲率半径无穷大的平面,单透镜前表面半径格设置为 80mm,后表面的曲率半径格设置为 −100mm,其中正值表示曲面中心点在表面右边,负值表示曲面中心点在表面的左边。

(3)将光标移到 2 面行的 Glass(玻璃)格,输入 BK7。

(4)光阑面行的厚度格输入 10mm,说明孔径光阑位于单透镜之前 10mm 处。

(5)单透镜厚度在 2 面行的厚度格中设置,依据透镜孔径尺寸情况,直接在该格内输入数值 4mm 作为透镜合理厚度。

(6)根据单透镜焦距计算公式(5.1.3)(忽略透镜厚度,按薄透镜计算),计算出透镜焦距约为 86mm,则将该值输入到 3 面行的厚度格,即表示在单透镜后表面之后 86mm 处就是像面位置。

$$\frac{1}{f} = (n-1)\left(\frac{1}{R_1} - \frac{1}{R_2}\right) \tag{5.1.3}$$

(7)最终获得如图 5.1.14 所示的镜头数据编辑器界面。

3)分析初步设计结果

(1)在工具栏中单击 Lay 按钮,获得图 5.1.15 二维视图,光线显示数目可自行进行设置。

(2)在工具栏中单击 Spt 按钮,获得图 5.1.16 标准点列图。由于实际透镜具有一定真

图 5.1.14　镜头数据编辑

实厚度和像差，所以光束与像面的交点不再集中于一点，而形成了分布在一定范围内的弥散斑。

（3）在工具栏中单击 Ray 按钮，获得图 5.1.17 光线像差图。这个分析图是以 0.588μm 为主波长，其线型在原点附近斜率不为零，说明系统存在离焦现象。

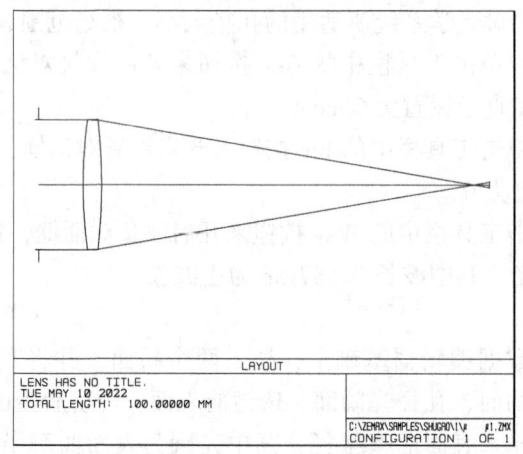

图 5.1.15　二维视图

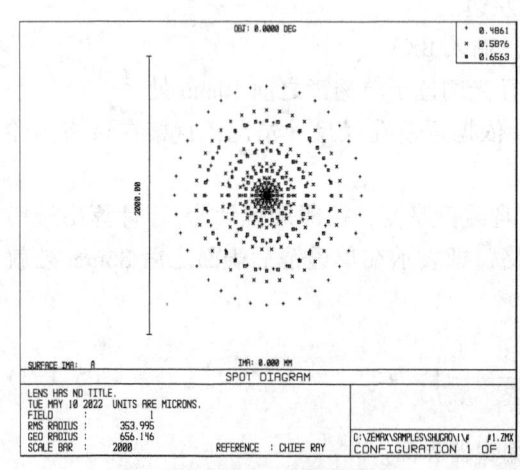

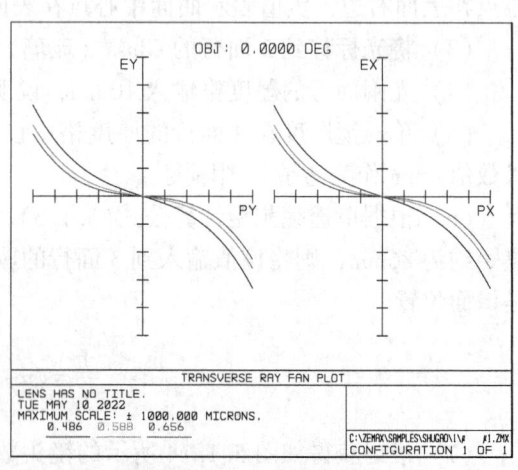

图 5.1.16　二维视图　　　　　　图 5.1.17　光线像差图

4）运用厚度求解方式

（1）双击 3 面行中厚度格，按图 5.1.18 所示对厚度求解对话框进行设置。选择最常用的边缘光线高度求解方式，其中 Height（高度）默认值为零。

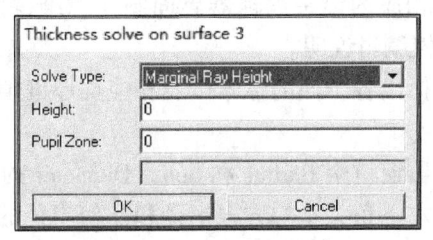

图 5.1.18　厚度求解对话框

（2）最终结构数据将如图 5.1.19 镜头数据编辑器所示，可见通过 3 面行厚度求解，像面位置移动到透镜焦点上，该点为系统理想像面位置。

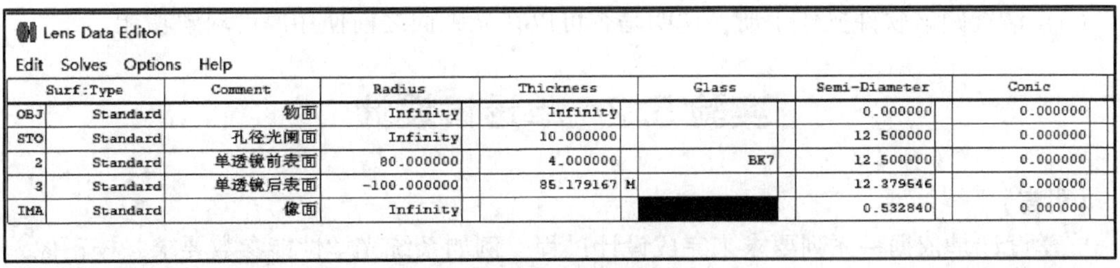

图 5.1.19　镜头数据编辑器

5）对最终结果进行分析

（1）在工具栏中单击 Spt 按钮，获得图 5.1.20 标准点列图，将该图与图 5.1.16 进行对比，发现光斑尺寸减小，说明通过厚度求解功能设置移动像面后，光线的聚焦情况有所好转，但依然未达到爱里斑范围以内，说明即使在系统理想像面位置，系统也不是处于最佳状态，仍需进行进一步优化。

（2）在工具栏中单击 Ray 按钮，获得图 5.1.21 光线像差图，将该图与图 5.1.17 进行对比，发现其线型在原点附近斜率减小，但曲线依然未与横轴重合，考虑到该系统唯一视场为轴上点，说明系统存在球差。

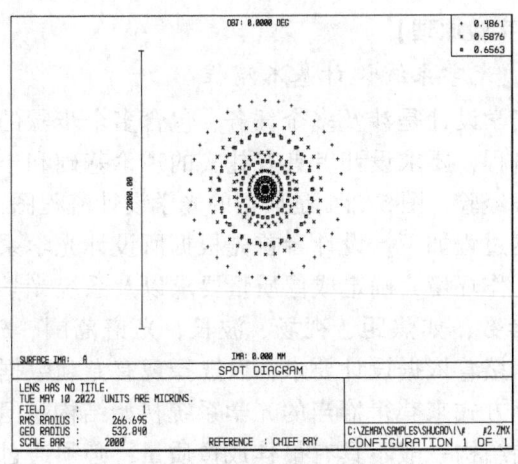

图 5.1.20　标准点列图 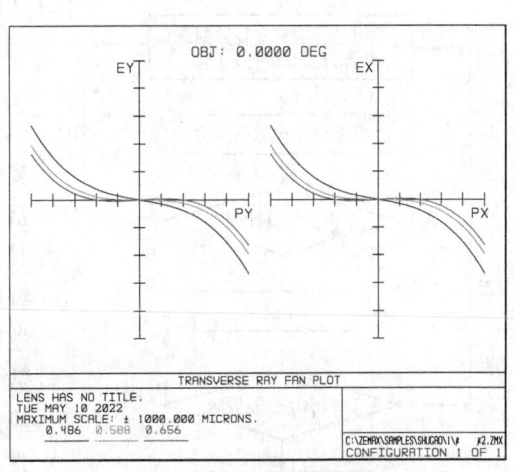　　　　　图 5.1.21　光线像差图

— 167 —

【数据及处理】
（1）根据操作过程生成相应的镜头编辑器界面图、二维视图、标准点列图、光线像差图等，并对相应图表进行文档编辑说明。
（2）打印二维视图，并标出各个面的标号以及相应面厚度值的具体指向。

【注意事项】
（1）注意镜头数据编辑器窗口中 Radius 和 Semi-Diameter 的区别。
（2）注意标准点列图中左下角关于均方根半径和几何半径的定义及两者区别。

【问题讨论】
（1）请查阅该软件操作手册，说明是否有其他功能操作可以使像面快速移动到系统焦点。
（2）请查阅该软件操作手册，说明如何在点列图中观看系统爱里斑大小。
（3）请查阅该软件操作手册，说明是否可以在光阑面之前使用厚度求解功能。

实验5.2 单透镜设计

【引言】
光学设计是依据一系列要求来完成设计过程，例如系统光学性能参数要求、校正像差要求以及成像质量等方面的要求。通常为了满足这些要求，设计者首先需要在众多结构中选择或计算恰当的光学系统作为初始结构，然后选择参数进行变量设置并建立评价函数，最后利用光学设计软件对初始结构进行优化，来获得最佳光学系统，整个过程需要设计者将理论知识与设计经验完美结合。

【实验目的】
（1）掌握 ZEMAX 软件的变量设置功能和评价函数设置功能；
（2）熟悉 ZEMAX 软件的优化功能；
（3）体验光学系统设计基本流程；
（4）了解 ZEMAX 软件简单公差分配和分析功能。

【实验原理】
1. 光学系统设计基本流程

光学设计是涉及多个任务、包含多个步骤的复杂过程，要求设计者具有扎实的理论基础和丰富实践经验。图5.2.1是典型的光学设计流程图，其基本过程如下：设计者首先根据所设计光学系统的工作环境，确定成像质量要求以及系统光学性能参数，如焦距、视场、波长、光谱范围、F数等；接着依据设计要求，以选择现有专利数据或计算方式来获得恰当的光学系统初始结构；但是初始结构一般不具有最佳成像质量，必须通过光学设计软件对初始结构进行优化；然后通过像质评价来判断光学设计是否已实现最初的设计目

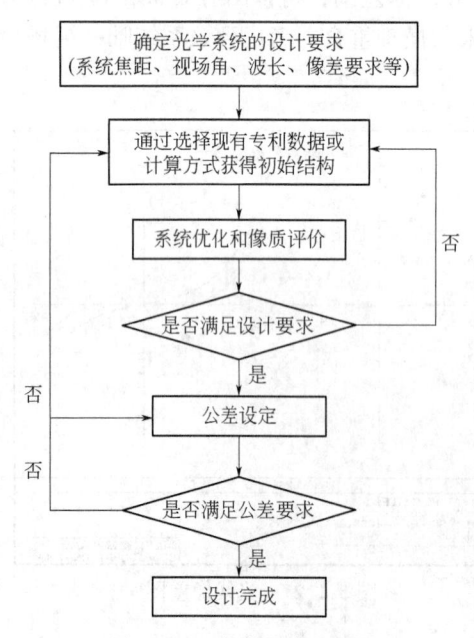

图5.2.1 光学设计流程图

标，如果设计结果不满足要求，那么设计必须返回到初始结构进行修改，并重复以上操作直到满足设计要求；在最终在生产制造前，光学系统还需进行公差分析，若发现公差影响成像品质过大，则需对公差设定进行调整，并重新进行分析，若公差分析还不能满足要求，则设计必须返回到初始结构，并重复以上操作直到公差符合要求。

2. ZEMAX 软件优化功能

在光学设计过程中，由于光学系统结构参数和光学系统设计要求之间的关系非常复杂，往往需要通过光学设计软件的优化算法对光学系统进行数值优化。ZEMAX 软件提供的优化功能可以通过菜单栏的 Tool-Optimization 来开启，其中常用的局部优化功能是使用梯度方法来找到"最近"的最小值，全局优化功能则可以突破局部最小值以找到更全面的解决方案集，锤形优化功能则可自动重复优化设计，以跳出评价函数中的局部最小值。

3. 公差分析

由于光学零件不可能被完美加工或者一个系统不可能被完美装配，所以公差分析是光学系统设计非常重要的一个步骤，公差过紧意味着系统制造精度要求高，系统制作成本也会很高，而公差过松也意味着系统生产精度的误差范围大，会严重影响成像质量的好坏。由于实际上公差分析需要与负责加工者来进行讨论，所以本书中仅在本实验中，将公差设置在合理加工范围内的进行分析，其他设计实验将不再进行公差分析。

1) 光学设计中引入的公差项目

（1）制造方面的公差项目：曲率半径公差，厚度公差，面形公差，非球面项系数公差等。

（2）材料公差项目：折射率精度公差，折射率均匀性公差等。

（3）装配公差项目：元件对机械轴（X, Y）的公差，元件在 Z 轴上的位置公差，元件对光轴倾斜的公差等。

（4）环境方面引入的公差项目：受机械材料的热胀冷缩影响，湿度和压强对折射率的影响及系统受震动的影响等方面所引入的公差。

2) ZEMAX 提供的公差分析模式

（1）灵敏度分析：该模式是 ZEMAX 软件中最基本计算模式，它通过给定的一组公差，分别计算每项公差对评价标准的影响，从而指导设计者对哪些参数公差进行收紧。

（2）反灵敏度分析：该模式通过对于给定的评价标准改变量，分别计算每项公差的极值。在 ZEMAX 软件中可按照评价标准值变化不同，可选择反向极值模式或反向增量模式。

（3）蒙特卡罗分析：灵敏度和反灵敏度分析考虑了每项公差对系统性能的影响，而蒙特卡罗分析是通过随机生成一系列符合指定公差的随机镜头，从而评估所有公差对系统的总体影响。

【实验仪器】

PC 机。

【实验内容与步骤】

1. 实验内容

（1）在 ZEMAX 中建立一个单透镜结构，透镜玻璃材料为 BK7，入瞳直径为 25mm，系统 F 数为 5，全视场角 2ω 为 10°，工作波长范围为可见光。同时为了便于安装，要求镜头机械直径必须比工作直径至少宽 2mm。

（2）设计过程要求通过设置变量和评价函数，来优化单透镜成像性能。

（3）对设计结果进行公差分析。

2．实验步骤

1）输入光学系统性能参数

依据本实验设计参数要求，对光学系统所适用的孔径大小、视场范围、波长范围等进行设置，其中将孔径按照入瞳直径设置为25mm，物方半视场角设置为0°、5°，波长范围设置为可见光，其中波长0.587μm为主波长。由于设计中还要求镜头的机械直径大于其工作直径2mm，因此在通用对话框中还需按图5.2.2所示对半径边距进行设置。

2）建立初始结构

（1）在默认的镜头数据编辑器中上插入两个新面，依次建立起物面、孔径光阑面、透镜前表面、透镜后表面、像面。

（2）将光阑面行中厚度格设置为0mm，表明光阑面紧挨透镜前表面。

（3）在2面行的玻璃格中输入"BK7"，并依据透镜孔径尺寸情况，在该行厚度格内输入4mm，作为透镜的合理厚度。

（4）对于单透镜后表面的曲率半径格，按照图5.2.3所示对该格进行F数求解设置，从而获得满足求解要求的透镜表面曲率半径。

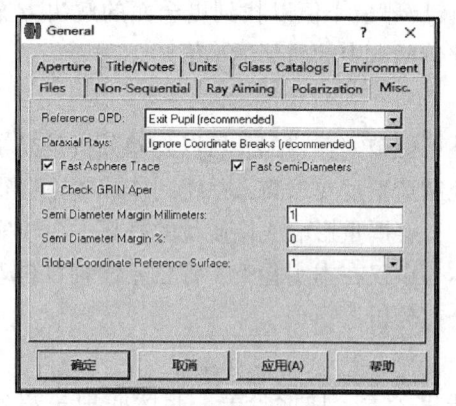

图5.2.2　镜头机械半径边距设置

（5）选择菜单栏中Tools--->Quick Focus选项，并按照图5.2.4所示设置快速聚焦对话框，最终获得如图5.2.5所示的镜头数据编辑器界面。

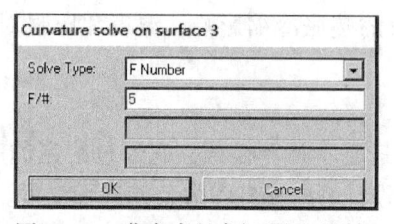

图5.2.3　曲率半径求解设置对话框　　　图5.2.4　快速聚焦对话框

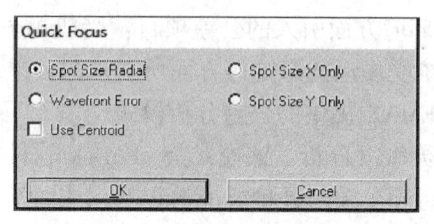

图5.2.5　镜头数据编辑器数据

（6）在工具栏中单击Lay按钮，获得图5.2.6二维视图。

（7）在工具栏中单击Spt按钮，获得图5.2.7标准点列图。从图中可以看出均方根光斑半径在轴上点约为129μm，在视场角为5°的轴外点处约为294μm。

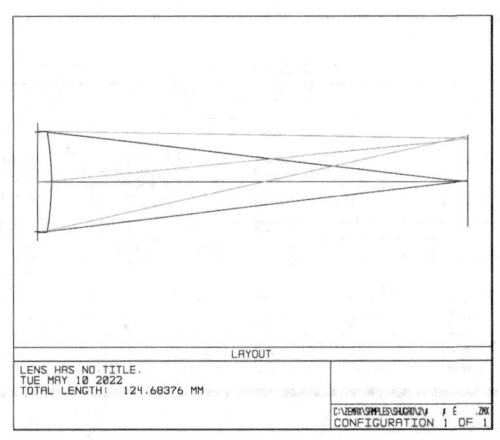

图 5.2.6　二维视图

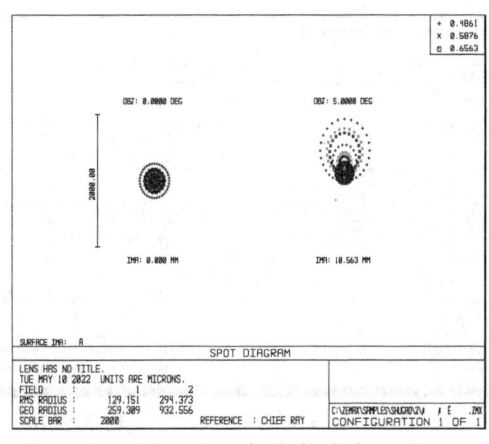

图 5.2.7　标准点列图

3）设置变量

目前初始结构系统的基本设置虽满足 F 数、波长和视场范围的设计要求，但在该结构中很明显只有一个曲面，所以对图 5.2.8 的系统结构数据进行变量设置，以期望通过优化提高系统性能。

图 5.2.8　镜头数据编辑器数据

4）设置评价函数

（1）设置默认评价函数：以获得最小的均方根光斑半径为目标，按照图 5.2.9 所示对默认评价函数进行设置，其中也包括了对透镜厚度进行必要约束。

（2）在默认评价函数基础上设置限制条件：为了更好地对系统进行优化，在默认评价函数的基础上，如图 5.2.10 所示在评价函数编辑器第一行插入有效焦距操作数 EFFL，波长号设置为 2，目标值设置为 125mm，权重因子设置为 1，该操作数的功能是运算指定波长所对应的系统有效焦距。

5）运行优化

在工具栏中单击 Opt 按钮，便会出现如图 5.2.11 所示的优化对话框，点击自动按钮即可进行优化。由于以评价函数值最小化来代表系统

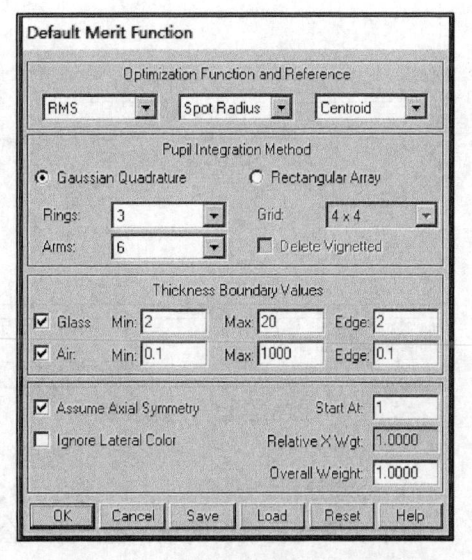

图 5.2.9　默认评价函数对话框

— 171 —

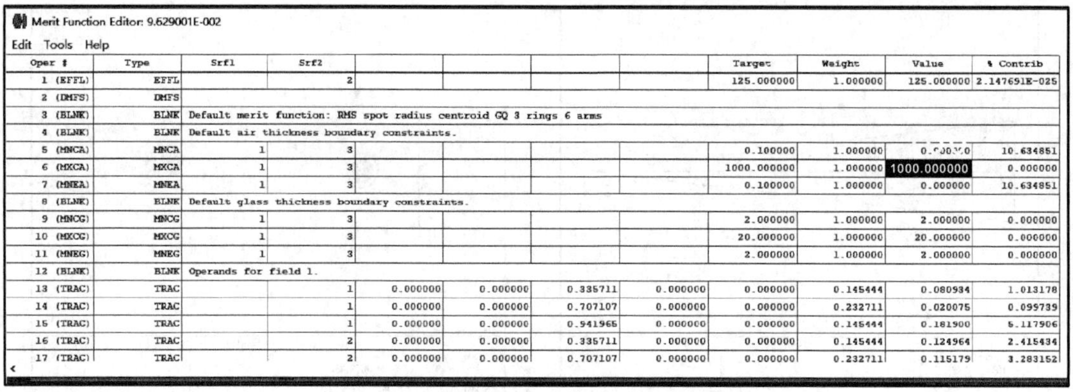

图 5.2.10　评价函数编辑器

优化设计的方向，所以当评价函数值优化不断减小时，说明光学系统在朝着所期望的状态变化。

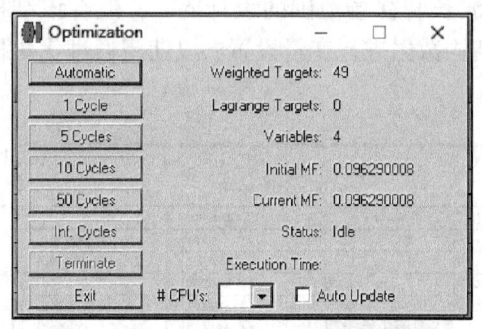

图 5.2.11　优化对话框

6）分析优化结果

（1）在工具栏中单击 Lay 按钮，获得图 5.2.12 二维视图。将该图与图 5.2.6 进行对比，说明初始结构经过优化后，光阑位置、透镜表面的曲率半径和透镜的厚度均发生了改变。

（2）在工具栏中单击 Spt 按钮，获得图 5.2.13 标准点列图。从图中可以看出均方根光斑半径对于轴上点约为 71μm，在视场角为 5°的轴外点处约为 87μm。若与图 5.2.7 进行对比，说明经过优化后的透镜对光线聚焦能力得到改善，但仍存在严重像差。考虑到单透镜结构参数有限，仅将此结构作为本实验的最终结果。

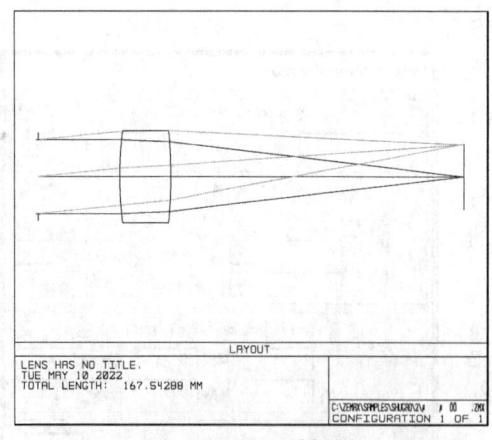

图 5.2.12　二维视图

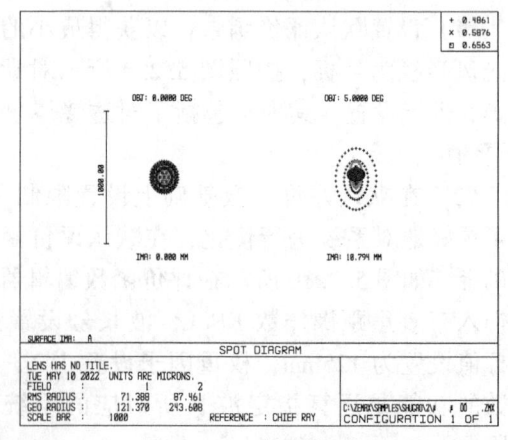

图 5.2.13　标准点列图

7）公差分析

由于该单透镜结构简单，能产生的公差项目较少，主要包括：两个表面的曲率半径、镜片的厚度、两个表面的不规则度、加工过程中表面的倾斜和偏心、装调过程中整个镜片的倾斜和偏心。

（1）定义默认公差：按照如图5.2.14所示设置默认公差对话框，可获得如图5.2.15所示的公差编辑器界面图，其由众多公差操作数组合而成。

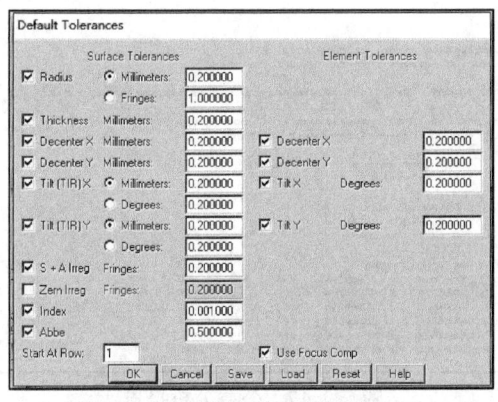

图5.2.14 默认公差设置对话框

图5.2.15 公差编辑器界面

（2）设置公差对话框：在工具栏中单击Tol按钮，按照如图5.2.16所示对公差对话框进行设置和确定，可获得如图5.2.17所示的公差分析报告。

图5.2.16 公差对话框

图 5.2.17 公差分析报告

【数据及处理】

(1) 根据操作过程生成相应的镜头编辑器界面图、二维视图、标准点列图、光线像差图，轴向像差图等分析图表，并对相应图表进行文档编辑说明。

(2) 对单透镜最终设计结果所形成的公差分析报告进行说明。

【注意事项】

(1) 为了保证系统结构的合理性和加快优化的速度，在对透镜厚度变量进行优化时，应该始终将透镜边缘和透镜中心厚度进行合理边界限制。

(2) 公差分析是个复杂的过程，设计最终结果往往需要进行重复校验。

【问题讨论】

(1) 请查阅该软件操作手册，结合光线像差曲线的图示设置，针对系统轴上点视场，分别说明光线像差曲线图中子午面内和弧矢面内的光线像差特点。

(2) 请查阅该软件操作手册，结合光线像差曲线的图示设置，针对系统轴外点视场，分别说明光线像差曲线图中判断子午彗差和弧矢彗差的方法。

(3) 请查阅该软件操作手册，结合轴向像差曲线的图示设置，分别说明在轴向像差曲线图中判断轴向球差、轴向色差及色球差的方法。

实验 5.3 双胶合望远物镜设计

【引言】

望远镜是一种在天文和地面观测领域中，不可缺少的助视光学仪器。整体系统主要由物镜和目镜这两个有限焦距系统组合而成，其中物镜系统除包含物镜本身外，还可能包含如棱镜、分划板等其他功能元件。物镜作为望远镜系统中重要的组成部分，可根据不同物镜将望远镜分为折射式、反射式以及折反射式三种类型，但无论对于哪种类型望远镜，都需保证实现入射平行光束经过系统出射时仍保持平行光的光束变换。

【实验目的】

(1) 了解初级像差理论；

(2) 掌握利用初级像差理论求解双胶合望远物镜结构参数的方法;

(3) 进一步熟悉 ZEMAX 软件的使用功能。

【实验原理】

1. 折射式望远镜

折射式望远镜是用透镜作物镜的望远镜,其按目镜类型可分为伽利略望远镜和开普勒望远镜两种类型,其成像原理如图 5.3.1 所示。开普勒望远镜是由两个凸透镜构成,由于在两透镜之间存在一个实像,则可在此处安装分划板,但这种结构最终成像是倒立的,所以要在系统中安装棱镜或透镜转像系统。伽利略望远镜的物镜采用凸透镜,而目镜采用凹透镜,当光线经过物镜折射后,在目镜靠近人眼的焦点上形成实像,该像对目镜而言则是一个虚物,因此经目镜折射后会形成正立的虚像。

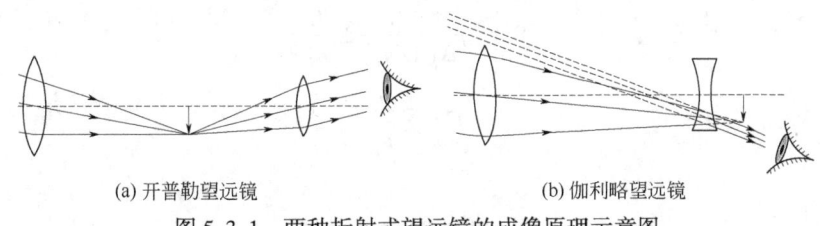

(a) 开普勒望远镜　　　　　　　　(b) 伽利略望远镜

图 5.3.1　两种折射式望远镜的成像原理示意图

2. 双胶合望远物镜

由于望远物镜的相对孔径一般小于 1/5 和视场范围一般不大于 10°,因此它的结构形式比较简单,要求校正的像差也比较少,一般主要校正边缘球差、轴向色差和边缘孔径的正弦差。

对于以上像差校正任务,很难单纯依靠单透镜作为望远镜物镜来完成,而是采用双胶合、三分离、对称型和远摄型等透镜组作为望远镜物镜。其中双胶合透镜是最简单的透镜组,它由不同种类光学玻璃构造的正负透镜胶合而成,其优点在于结构简单、光能损失小,而缺点在于当镜头口径过大时,温度变化会引起胶合面产生变化,从而成像质量变坏甚至脱胶。

3. PW 法

在光学设计过程中,光学系统的初始结构通常可以通过两种方式来获得:一种是根据已有光学技术资源和专利文献,选择其光学性能参数与所要求的相接近的结构作为初始结构,另一种是根据初级像差理论来求解满足成像质量要求的初始结构,该方法又称为 PW 法。

依据初级像差理论,一个近似薄透镜系统的赛德尔像差和数经简化后可以表示如下:

$$S_{\mathrm{I}} = \sum hP \quad (\text{球差}) \tag{5.3.1}$$

$$S_{\mathrm{II}} = \sum h_z P - J \sum W \quad (\text{彗差}) \tag{5.3.2}$$

$$S_{\mathrm{III}} = \sum \frac{h_z^2}{h} P - 2J \sum \frac{h_z}{h} W + J^2 \sum \phi \quad (\text{像散}) \tag{5.3.3}$$

$$S_{\mathrm{IV}} = J^2 \sum \mu \phi \quad (\text{场曲}) \tag{5.3.4}$$

$$S_{\mathrm{V}} = \sum \frac{h_z^3}{h^2} P - 3J \sum \frac{h_z^2}{h^2} W + J^2 \sum \frac{h_z}{h} \phi (3+\mu) \quad (\text{畸变}) \tag{5.3.5}$$

$$C_{\mathrm{I}} = \sum h^2 C \quad (\text{轴向色差}) \tag{5.3.6}$$

$$C_{\mathrm{II}} = \sum h h_z C \quad (\text{垂轴色差}) \tag{5.3.7}$$

以上公式说明像差不仅和外部参数 J（拉格朗日不变量）、h_z（主光线高度）、h（边缘光线高度）等有关，也和透镜组内部参数 P、W、C、μ 有关。其中 μ 的定义为

$$\mu = \sum \frac{\phi_i}{n_i}/\phi \tag{5.3.8}$$

式中，ϕ_i 和 n_i 是每个单透镜的光焦度和玻璃折射率，ϕ 是该薄透镜组总光焦度。

考虑到薄透镜系统总的光焦度等于各单透镜光焦度之和，以及玻璃折射率一般在 1.5~1.7 范围之内，所以 μ 的平均值在本书取值为 0.7。而 P、W 是只与单色像差相关的内部参数，C 是与色差相关的内部参数，它们具体定义公式如下：

$$P = \sum \left(\frac{\Delta u_i}{\Delta(1/n_i)}\right)^2 \Delta \frac{u_i}{n_i} \tag{5.3.9}$$

$$W = \sum \frac{\Delta u_i}{\Delta(1/n_i)} \Delta \frac{u_i}{n_i} \tag{5.3.10}$$

$$C = \sum \frac{\phi_i}{\nu_i} \tag{5.3.11}$$

其中，

$$\Delta u_i = u_i' - u_i \tag{5.3.12}$$

$$\Delta \frac{1}{n} = \frac{1}{n_i'} - \frac{1}{n_i} \tag{5.3.13}$$

$$\Delta \frac{u_i}{n_i} = \frac{u_i'}{n_i'} - \frac{u_i}{n_i} \tag{5.3.14}$$

式中，u_i、u_i' 分别是边缘光线经过折射的物方孔径角和像方孔径角，ν_i 为单透镜玻璃的阿贝数。

依据上述初级像差公式，求解薄透镜系统结构参数的基本过程：首先根据对整体系统的像差要求，求出相应的赛德尔像差和数要求，并把已知外部参数带入，然后列出各个透镜组跟像差相关的内部参数 P、W、C 的方程组，并对每个薄透镜组要求的 P、W、C 值进行求解，最终通过 P、W、C 值，求解各个透镜组的结构参数。

【实验仪器】

PC 机。

【实验内容与步骤】

1. 实验内容

（1）设计一款双胶合望远物镜，入瞳直径为 40mm，焦距为 200mm，全视场角 2ω 为 4°，工作波长范围为可见光。同时该物镜后面有一棱镜系统，展成平行玻璃板后总厚度为 150mm，棱镜的玻璃材料为 BK7。

（2）由于望远物镜要和目镜、棱镜或透镜式转像系统组合起来使用，所以在设计物镜时，要考虑到它和其他组件之间的像差补偿，则在本设计实验中为了补偿目镜的像差，要求物镜系统（包括双胶合物镜和棱镜）的像差为：$\delta L' = 0.1$mm，$\Delta L'_{FC} = 0.05$mm，$SC' = -0.001$。

2. 实验步骤

1）利用 PW 法计算初始结构参数

（1）计算 h，h_z，J。

根据光学特性的要求：
$h = D/2 = 20$ $\qquad\qquad y' = -f'\tan\omega = -200\times\tan-2° = 6.9842$
$h_z = 0$（光阑与物镜重合） $\qquad u' = h/f' = 0.1$
$J = n'u'y' = 0.69842$

（2）棱镜展开成平行玻璃板，计算棱镜的赛德尔像差和数 S_I、S_II、C_I。

根据上一步计算，可得到的平板玻璃入射光束的相关参数有：
$$u = 0.1$$
$$u_z = \tan-2° = -0.03492$$

已知棱镜系统，展成为平行玻璃板后总厚度 d 为 150mm，棱镜的玻璃材料为 BK7（$n = 1.5168$，$v = 64.16$），则棱镜的赛德像差和数 S_I、S_II、C_I 分别为：

$$S_\mathrm{I} = \frac{1-n^2}{n^3}u^4 d = \frac{1-1.5168^2}{1.5168^3}\times(0.1)^4\times 150 = -0.00559$$

$$S_\mathrm{II} = \frac{1-n^2}{n^3}u^3 u_z d = S_I\left(\frac{u_z}{u}\right) = -0.00559\times(-0.3492) = 0.001952$$

$$C_\mathrm{I} = d\frac{1-n}{vn^2}u^2 = 150\times\frac{-0.5168}{64.16\times 1.5168^2}\times(0.1)^2 = -0.00525$$

（3）确定双胶合物镜的像差：S_I、S_II、C_I。

对整个系统来说，系统赛德像差和数为
$$S_\mathrm{I} = -2n'u'^2\delta L' = -2\times 0.1^2\times 0.1 = -0.002$$
$$S_\mathrm{II} = -2n'u'(SC'\cdot y') = -2\times 0.1\times(-0.001)\times 6.9842 = 0.0014$$
$$C_\mathrm{I} = -n'u'^2\Delta L'_{FC} = -(0.1)^2\times 0.05 = -0.0005$$

依据系统整体与物镜、棱镜的赛德尔像差和数之间关系，确定物镜的赛德尔像差和数应为

$$S_{物镜} = S_{系统} - S_{棱镜}$$

则双胶合物镜的赛德尔像差和数要求为
$S_\mathrm{I} = -0.002 - (-0.00559) = 0.00359$
$S_\mathrm{II} = 0.0014 - 0.001952 = -0.000552$
$C_\mathrm{I} = -0.0005 - (-0.00525) = 0.00475$

（4）根据式（5.3.1）、式（5.3.2）、式（5.3.6），以及双胶合物镜的赛德像差和数要求，求出 P、W、C：

$$P = \frac{S_\mathrm{I}}{h} = 0.00018 \qquad W = \frac{h_z P - S_\mathrm{II}}{J} = 0.0008 \qquad C = \frac{C_\mathrm{I}}{h^2} = 0.000012$$

（5）把 P、W 归化为 $\overline{P}_\infty$、$\overline{W}_\infty$，C 归化为 $\overline{C}$。

所谓归化就是把任意物距、焦距、入射高的内部参数，在保持透镜组几何形状相似的条件下，转为焦距等于 1、入射高度等于 1、物平面位于无限远时的内部参数。

首先 P、W 对入射高度和焦距的归化：

$$\overline{P} = \frac{P}{(h\phi)^3} = 0.18 \qquad\qquad \overline{W} = \frac{W}{(h\phi)^2} = 0.08$$

然后需进一步将 $\overline{P}$、$\overline{W}$ 对物距进行归化，即将 $\overline{u}_1 = \frac{u_1}{h\phi} = 0$ 代入关于 $\overline{P}$、$\overline{W}$ 对物距进行归

化的公式,则 P、W 归化后 $\overline{P}^\infty$、$\overline{W}^\infty$ 参数分别为

$$\overline{P}_\infty = \overline{P} - \overline{u_1}(4\overline{W}-1) + \overline{u_1}^2(5+2\mu) = \overline{P} = 0.18$$

$$\overline{W}_\infty = \overline{W} - \overline{u_1}(2+\mu) = \overline{W} = 0.08$$

这也说明由于望远物镜本身就是针对无穷远处物体进行成像,所以无需对 $\overline{P}$、$\overline{W}$ 进一步进行物距归化。

由于 C 只与透镜组中各单透镜的光焦度有关,因此只需要对透镜组的焦距进行归化即可,即 $\overline{C} = \dfrac{C}{\phi} = 0.0024$。

(6) 针对双胶合透镜结构,由 $\overline{P}_\infty$、$\overline{W}_\infty$ 求 P_0。

单透镜不能满足任意的 $\overline{P}_\infty$、$\overline{W}_\infty$、$\overline{C}$ 的要求,而双胶合由于提供了足够的结构参数自由度,所以能够同时满足这三个参数的要求。由于 $\overline{P}_\infty$、$\overline{W}_\infty$ 除了与玻璃折射率有关,还和透镜形状有关,因此考虑到双胶合透镜结构特点,则双胶合透镜组的形状参数 Q 与 $\overline{P}_\infty$、$\overline{W}_\infty$ 的关系为:

$$\overline{P}_\infty = P_0 + 2.35(Q-Q_0)^2 \tag{5.3.15}$$

$$\overline{W}_\infty = -1.67(Q-Q_0) + 0.15 \tag{5.3.16}$$

$$Q = c_2 - \phi_1 \tag{5.3.17}$$

其中 c_2 是双胶合透镜中间面的曲率,ϕ_1 是第一个透镜的光焦度。

对式(5.3.12)和式(5.3.13)两式联立消去 $(Q-Q_0)$,可得 $\overline{P}_\infty$ 与 $\overline{W}_\infty$ 之间关系:

$$\overline{P}_\infty = P_0 + 0.85 \times (\overline{W}_\infty - 0.15)^2 \tag{5.3.18}$$

将上一步所得 $\overline{P}_\infty$、$\overline{W}_\infty$ 数据代入(5.3.18)式,得到:

$$P_0 = \overline{P}_\infty - 0.85(\overline{W}_\infty - 0.15)^2 = 0.1758$$

(7) 根据计算所得 P_0 和 $\overline{C}$,对双胶合薄透镜参数表进行查找和插值计算,最终确定玻璃组合及相应 ϕ_1 和 Q_0 值。本实验所选择的双胶合薄透镜参数查表结果见表 5.3.1。

表 5.3.1 双胶合薄透镜参数查表结果

正透镜	K7: $n_1 = 1.5147$ $\nu_1 = 60.6$
负透镜	SF5: $n_2 = 1.6725, \nu_2 = 32.2$
参数	$P_0 = 0.1, C = 0.0020, \phi_1 = 2.1098, Q_0 = -4.59$

(8) 根据式(5.3.15)和式(5.3.16)两式,确定双胶合物镜形状系数 Q 值。

$$Q = Q_0 \pm \sqrt{\dfrac{\overline{P}_\infty - P_0}{2.35}} \tag{5.3.19}$$

$$Q = Q_0 - \dfrac{\overline{W}_\infty - 0.15}{1.67} \tag{5.3.20}$$

选择式(5.3.19)中与式(5.3.20)相近的解,求其平均值作为 Q 值,即双胶合物镜形状系数为 -4.47。

（9）由 Q、ϕ_1 值求出曲率半径 r_1、r_2、r_3 的规化值。

$$\phi_1=\frac{\left(\overline{C}-\frac{1}{\nu_2}\right)}{\left(\frac{1}{\nu_1}-\frac{1}{\nu_2}\right)}=1.9689 \qquad \frac{1}{r_1}=\frac{\phi_1}{n_1-1}+\frac{1}{r_2}=\frac{n_1\phi_1}{n_1-1}+Q=1.32533$$

$$\phi_2=1-\phi_1=-0.9689 \qquad \frac{1}{r_3}=\frac{1}{r_2}-\frac{\phi_2}{n_2-1}=-1.06$$

$$\frac{1}{r_2}=\phi_1+Q=-2.5$$

（10）计算双胶合透镜半径的实际值。

由于上一步求得的半径，是在总焦距为 1 的归化条件下的半径值，所以如果实际焦距为 200mm，则双胶合透镜半径的实际值为：

$R_1=200r_1=150.9\text{mm}$　　$R_2=200r_2=-80\text{mm}$　　$R_3=200r_3=-188.7\text{mm}$

2）确定双胶合透镜初始结构参数

参考“光学设计手册”中光与光学零件中心和边缘后度的规定，通过通光孔径尺寸查表，确定光学元件边缘最小厚度和中心最小厚度，并综合考虑实际情况，确定该双胶合透镜初始厚度分别为 6mm 和 4mm。

表 5.3.2　双胶合透镜初始结构参数

序号	半径，mm	厚度，mm	玻璃类型
1	150.9	6	K7
2	−80	4	SF5
3	−188.7		

3）输入光学系统性能参数

依据本实验透镜结构参数要求，对光学系统所适用的孔径大小、视场范围、波长范围等进行设置，其中将孔径按照入瞳直径设置为 40mm，物方半视场角设置为 0°、2°，波长范围设置为可见光，其中波长 0.587μm 为主波长。

4）输入双胶合物镜初始结构并进行分析

（1）根据计算所得的双胶合透镜初始结构参数以及棱镜展开后数据，按照如图 5.3.2 所示对镜头数据编辑器进行输入和光阑设置。

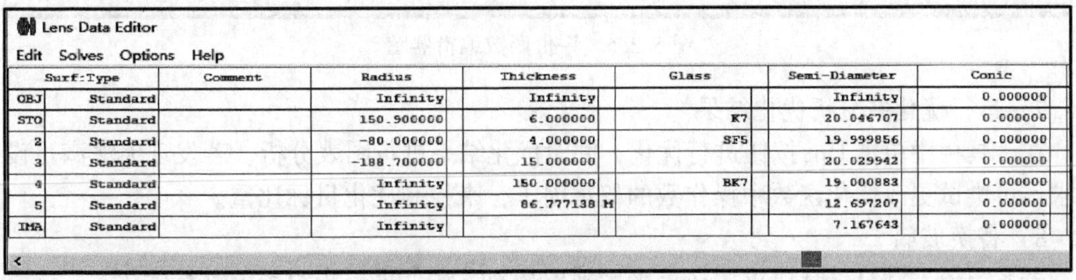
Lens Data Editor
Edit Solves Options Help

Surf:Type		Comment	Radius	Thickness		Glass	Semi-Diameter	Conic
OBJ	Standard		Infinity	Infinity			Infinity	0.000000
STO	Standard		150.900000	6.000000		K7	20.046707	0.000000
2	Standard		-80.000000	4.000000		SF5	19.999856	0.000000
3	Standard		-188.700000	15.000000			20.029942	0.000000
4	Standard		Infinity	150.000000		BK7	19.000883	0.000000
5	Standard		Infinity	86.777138	M		12.697207	0.000000
IMA	Standard		Infinity				7.167643	0.000000

图 5.3.2　镜头数据编辑器

（2）在工具栏中单击 Lay 按钮，获得图 5.3.3 二维视图。

（3）在工具栏中单击 Spt 按钮，获得图 5.3.4 标准点列图。从图中可以看出，由于实际透镜组加入了真实厚度,以及真实像差是由初级像差和高级像差组成,所以还需要对初级球差求解所得系统进行进一步优化。

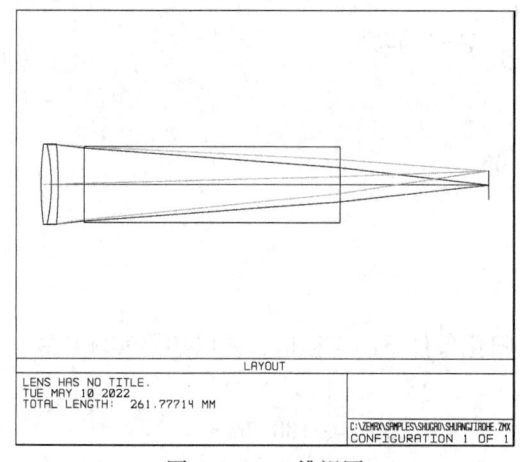

图 5.3.3　二维视图

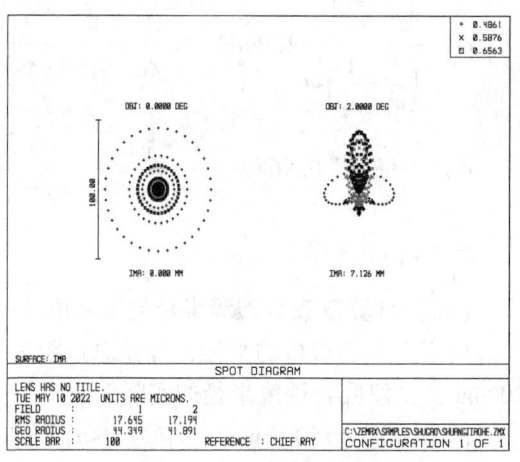

图 5.3.4　标准点列图

5）设置变量

由于双胶合透镜材料一般是用初级像差方程式求解结构参数时就确定下来了,所以在设置变量时,主要将双胶合透镜的 3 个曲率半径、透镜厚度作为变量来进行优化。

6）设置评价函数

（1）从评价函数编辑器界面中点击 Tools-->Default Merit Function 选项,注意对玻璃厚度优化边界条件的限制。

（2）为了更好地对系统进行优化,依据本实验要求,按照如图 5.3.5 所示在默认评价函数基础上插入相应的评价函数操作数。其中除了对系统焦距有要求外,还对物镜系统（包括双胶合物镜和棱镜）的轴向球差、轴向色差和正弦差提出了控制要求。

图 5.3.5　评价函数编辑器图

7）运行优化并分析优化结果

在工具栏中单击 Opt 按钮进行优化,并对优化结果进行图表分析,若发现无法满足设计要求,可尝试更改优化函数中操作数的权重因子,来控制优化目标比重。

8）替换玻璃

若系统还不满足设计要求,还可采用玻璃替换方法,进一步对系统进行优化。

（1）定义玻璃替换模板：点击 Tools-->Optimization-->Glass Substitution Template 选项,并按照图 5.3.6 所示进行设置,以表明替换所用首选玻璃的相对成本不得超过 N-BK7 的 2 倍,并且最大抗温系数为 2 和最大耐污系数为 1。

— 180 —

（2）双击 3 面行的玻璃格 SF5，并在求解对话框中设置为替代求解方式。

（3）在工具栏中单击 Ham 选项，进行锤形优化，最终获得如图 5.3.7 所示的镜头数据编辑器界面。

9）分析设计结果

（1）在工具栏中单击 Lay 按钮，获得图 5.3.8 二维视图。将该图与优化前的初始结构二维视图 5.3.3 进行对比，发现透镜表面的曲率半径，以及透镜的厚度均发生了改变。

（2）在工具栏中单击 Spt 按钮，获得图 5.3.9

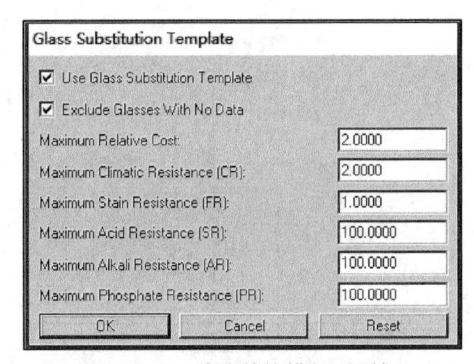

图 5.3.6 玻璃替换模板对话框

图 5.3.7 镜头数据编辑器

标准点列图。从图中可以看出 RMS 光斑半径对于轴上点约为 10μm，在视场角为 2°的轴外点处约为 17μm。若与标准点列图 5.3.4 进行对比，优化后的透镜对光线聚焦能力更好，像差有明显降低。

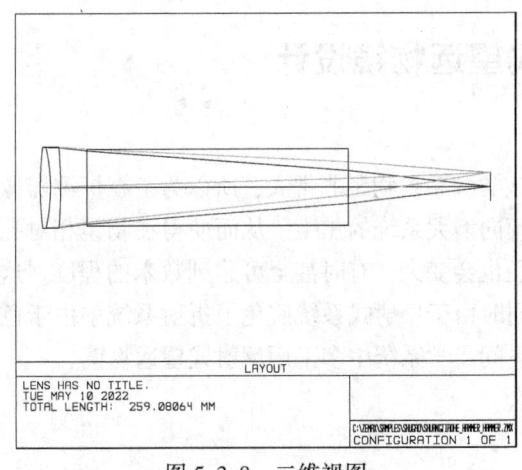

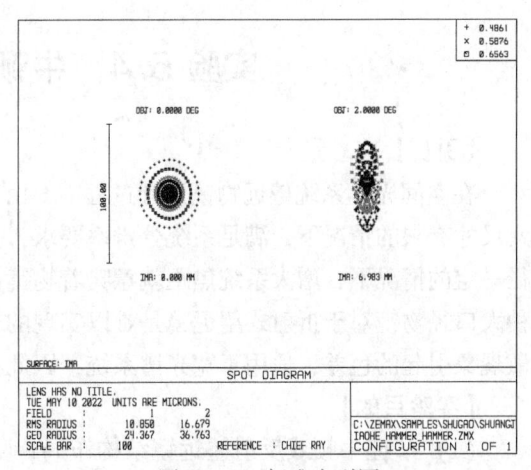

图 5.3.8 二维视图　　　　　　　图 5.3.9 标准点列图

（3）点击 Analysis-->Miscellaneous-->logitinal abbreviation 选项，获得图 5.3.10 轴向像差曲线图，图中说明在 0.707 孔径带附近轴向色差得到了良好校正。

【数据及处理】

（1）重新设定设计目标，并参照计算过程对初始结构数据进行仔细推导。

（2）根据操作过程生成相应的镜头编辑器界面图、二维视图、标准点列图、光线像差

— 181 —

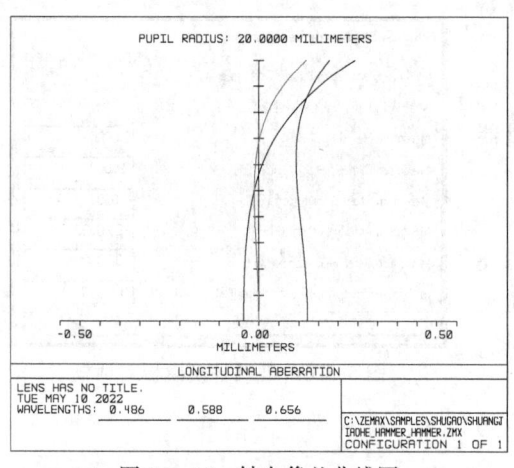

图 5.3.10 轴向像差曲线图

图、轴向像差图等分析图表，并对相应图表进行文档编辑说明。

(3) 确定设计结果中边缘球差、轴向色差和正弦差的实际值与目标值之间的差距。

【注意事项】

(1) 如果已知透镜材料的折射率和阿贝数数据，为了获得相应材料名称，首先在镜头数据编辑器中选中相应玻璃格，将其设置为变量求解方式，则单元格不再是字母和数字构成的玻璃牌号，而是变成了两组数字（第一组数字是折射率，第二组数字是阿贝数），然后将相应数据输入后，最后改变求解方式为固定求解，此时在玻璃格中所出现的牌号就是与输入数据最相近的玻璃牌号。

(2) 在物镜光路中有棱镜的系统中，棱镜的像差要由物镜来补偿。同样目镜也无法完全校正球差和轴向色差，也需要物镜像差来进行补偿，所以物镜的边缘球差，轴向色差和边缘孔径的正弦差只需校正到目标值，无须完全校正为零。

【问题讨论】

(1) 为什么单透镜不能满足任意的 $\overline{P}_\infty$、$\overline{W}_\infty$、$\overline{C}$ 的要求，而双胶合透镜可以同时满足这三个参数的要求？

(2) 尝试一下若单独设置光阑作为孔径光阑面，分析一下光阑位置的优化，有助于校正哪种像差？

实验 5.4 牛顿式望远物镜设计

【引言】

在空间光学系统望远物镜设计过程中，由于该类型系统物距非常大，所以为了在探测器像元尺寸有限的情况下，满足系统分辨率要求，会倾向增大系统的焦距。从而使得在物镜相对孔径一定的情况下，增大系统焦距就意味着物镜口径也会变大，有时甚至可达到数米的程度。这种大口径物镜对于折射式望远镜是难以实现的，同时由于反射式系统避免了折射系统中由于色散现象引起的色差，适用于宽光谱系统，因此在空间光学系统中多采用反射式望远物镜。

【实验目的】

(1) 掌握牛顿式反射望远镜结构布局；

(2) 掌握 ZEMAX 软件中非球面数学模型、反射镜设置功能、坐标变换功能；

(3) 掌握在 ZEMAX 软件利用非球面参数设置来优化系统，提高成像质量。

【实验原理】

1. 牛顿式反射望远镜的结构布局

反射望远镜是采用凹面反射镜作物镜的望远镜，比较常见的反射望远镜有牛顿式反射望远镜与卡塞格林式反射望远镜。其中牛顿式反射望远镜结构如图 5.4.1 所示，它采用抛物面镜作为主镜。当来自无穷远处的平行光进入物镜筒后，将会被主镜反射回到开口处倾斜 45°的平面反射镜上，然后经反射后再次改变光线方向，会聚于被安置到望远镜镜筒顶部侧方的目镜焦平面上，以进一步便于人眼通过目镜进行观察。

依据几何光学成像原理，牛顿式反射望远镜所成像是一个倒立像，但由于倒立成像并不影响天文观测，因此牛顿式反射望远镜是天文学常用的一种反射式望远镜系统。从整体来看，牛顿望远镜具有焦距长、口径大的特点，整体结构相对紧凑，而且通过用反射镜替换昂贵笨重的透镜来收集和聚焦光线，大大降低了成本。

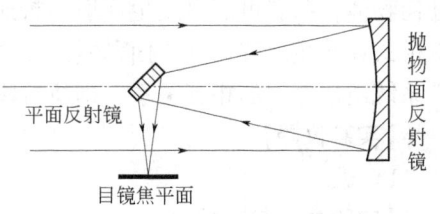

图 5.4.1 牛顿式反射望远镜光路示意图

2. 非球面在光学设计中的应用

非球面光学元件是一种非常重要的光学元件，在军用和民用光电产品上的应用很广泛。从广义上讲，光学元件表面所采用的面型除了球面和平面，其他面型的表面都可以被称为非球面，其中包括旋转对称式非球面（如二次非球面、高次非球面）和非旋转对称式非球面（如自由曲面）。由于非球面各处的半径是变化的，所以不能用一个半径来确定非球面形状。以光学系统中最常用的旋转对称非球面为例，其表达式为

$$z(r) = \frac{cr^2}{1+\sqrt{1-(k+1)c^2r^2}} + \alpha_1 r^2 + \alpha_2 r^4 + \alpha_3 r^6 + \cdots \tag{5.4.1}$$

$$r = \sqrt{x^2 + y^2} \tag{5.4.2}$$

$$k = -e^2 \tag{5.4.3}$$

式中，z 轴既是非球面的旋转对称轴，也是系统的光轴。同时直角坐标系的原点与非球面表面的顶点重合，r 为光线在非球面上入射高度，c 为非球面顶点曲率，e 为偏心率，k 为圆锥系数，$\alpha_1, \alpha_2, \alpha_3, \cdots$ 为高次项系数；当高次项系数都为零，仅剩有第一项时，该曲面为常用二次曲面（$k<-1$ 代表双曲面，$k=-1$ 代表抛物面；$-1<k<0$ 代表椭球面，$k=0$ 代表球面，$k>0$ 代表扁椭圆）。

一般应用在光学系统中的透镜及反射镜，曲面面型多数为平面和球面，这是因为这些简单面型的加工和检验过程容易，但是在某些高精密度成像系统中，非球面光学元件比球面光学元件相比具有更大的优势。采用非球面设计的光学系统，不仅在扩大系统的相对口径和视场角的同时，有助于消除球差、彗差、像散等像差，提高系统成像质量，还可以利用一个或几个非球面元件代替多个球面元件，从而简化仪器结构，实现系统尺寸小型化、重量轻型化。综上所述，在现代光学设计中，可将透镜表面的非球面参数设置为变量，但考虑到优化速度、加工难易程度和生成成本的问题，在对非球面参数进行变量设置时应尽可能用较少的变量来完成优化目标，同时每次优化一个表面、一个变量（从最低阶开始），勿将非球面参数同时设置为变量。

3. ZEMAX 软件中面位置坐标定义

ZEMAX 软件中主要用到序列追迹模式和非序列追迹模式两种光线追迹模式。在序列追迹模式中，光线总是从 0 面，即"物体"表面开始追迹，先经过 1 面，然后依次到达 2 面、3 面等，最后到达像面。在此追迹模式中，镜头数据编辑器中面位置的定义是建立在局部坐标系统内，每个面的位置都是通过沿 Z 方向厚度进行定义，即每个表面皆可为下一个表面

定义新的坐标系统。

在非序列光线追迹模式中，任何光线都没有预定义的路径。一条光线出射到其路径上的任何物体，都有可能会发生反射、折射、衍射、散射等。由于它比序列光线追迹复杂，因此该模式在光线追迹速度方面稍慢。非序列元件编辑器提供了一种简单的方法来定义非序列光学系统组件之间的相互关系，即所有物体位置定义是建立在全局坐标系内。

【实验仪器】

PC 机。

【实验内容与步骤】

1. 实验内容

设计一个焦距为 1200mm，F 数为 5 的牛顿式反射望远物镜，全视场角 2ω 为 0°，工作波长范围为可见光。

2. 实验步骤

1）输入光学系统性能参数

依据本实验设计参数要求，对光学系统所适用的孔径大小、视场范围、波长范围等进行设置，其中将孔径按照入瞳直径设置为 240mm，物方视场角则沿用默认值，波长范围设置为可见光，其中波长 0.587μm 为主波长。

2）系统初始结构设置和成像质量分析

（1）在镜头数据编辑器里，依据球面反射镜的曲率半径和焦距的关系，按照图 5.4.2 所示设置系统初始结构。其中在反射面这一行的玻璃材料这一列输入 "MIRROR"，并在该面处厚度格按照边缘光线求解方式获得像面位置 -1200mm，即表示平行光被球面反射后反向传播 1200mm 后会聚于一点。

图 5.4.2 镜头数据编辑器

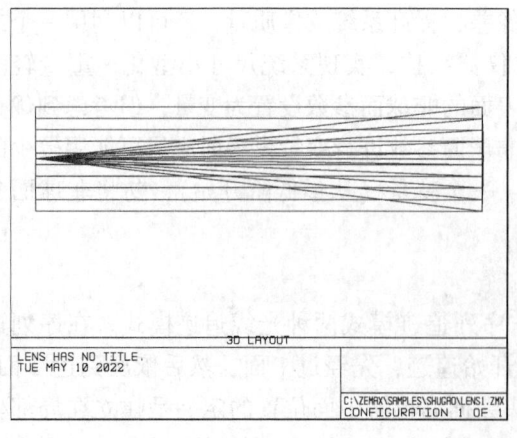

（2）在工具栏中单击 Lay 按钮，获得图 5.4.3 二维视图。

（3）在工具栏中单击 Spt 按钮，获得图 5.4.4 标准点列图，图中中心处黑色圆圈区域为艾利斑大小，通过分析可以看出此时系统远未达到衍射极限状态。

（4）在工具栏中单击 Mtf 按钮，获得图 5.4.5 快速傅里叶变换 MTF 曲线图，其中黑色曲线为衍射极限 MTF 曲线。

3）运用非球面设置并进行分析

（1）镜头数据编辑器中每一行的第 7 列

图 5.4.3 二维视图

Conic系数（圆锥系数），是用于描述该行所代表面的二次曲面系数，它决定了该面的面型。为了在反射面上运用非球面设置，则在图5.4.2镜头数据编辑器的基础上，将2面中的Conic系数从0更改设置为-1，即将该反射面从球面变为抛物面。

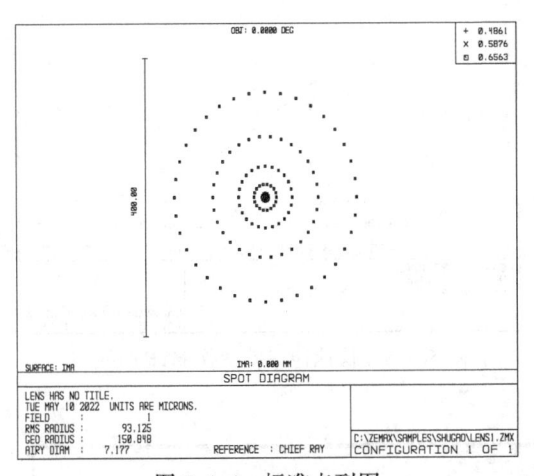

图5.4.4 标准点列图

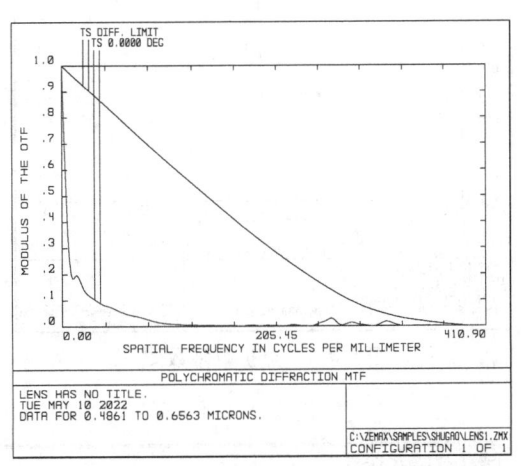

图5.4.5 快速傅里叶变换MTF曲线图

（2）在工具栏中单击Spt按钮，获得图5.4.6标准点列图，图中光线会聚的光斑已经缩小到艾利斑范围以内，球差已经实现了完全校正，说明系统已经达到衍射极限状态。

（3）在工具栏中点击Analysis-->PSF-->FFT PSF选项，获得图5.4.7点扩散函数图，可分析衍射极限系统成像面能量扩散分布情况。从图中可看出尽管系统达到衍射极限状态，但是由于衍射现象存在，实际像点也并非完美，而是有能量分散。

（4）在工具栏中单击Mtf按钮，获得图5.4.8快速傅里叶变换MTF曲线图，系统的MTF曲线已经与衍射极限MTF曲线重合，说明在不改变曲率半径的情况下，由于面型的改变大大提升了系统的成像质量。

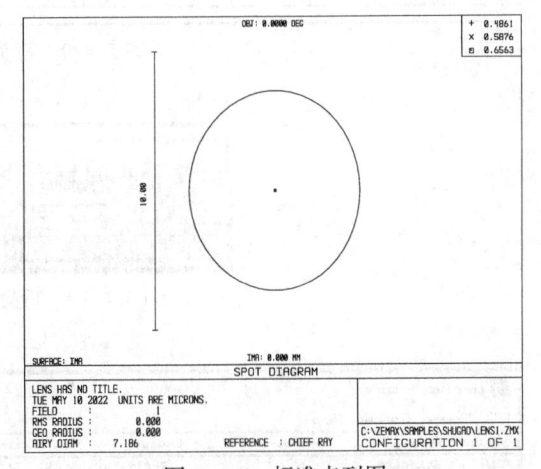

4）在光路中新添加折叠反射镜

图5.4.6 标准点列图

（1）按照图5.4.9所示，对镜头数据编辑器进行设置，其中在像平面前插入一个新虚拟面（3面），目的是为了在此处放置平面反射镜作为副镜，从而利用平面反射镜即将抛物面主镜聚焦的光线反射到侧面，使得从侧面观察到像。考虑到平面反射镜放置位置将会影响虚拟面前后各面的厚度值改变，结合入射光束口径和最终成像面位置，将虚拟面设置距离主镜-900mm，距离像面厚度为-300mm，其口径半径约为30mm。

（2）在菜单栏中点击Tools-->Add Fold Mirror选项，按照如图5.4.10所示，对折叠反射镜对话框进行设置，将3面添加为反射镜并绕X轴旋转，使像面被旋转到正上方来观察，最终镜头数据编辑器界面如图5.4.11所示，在副镜上下两行出现了坐标间断虚拟面。

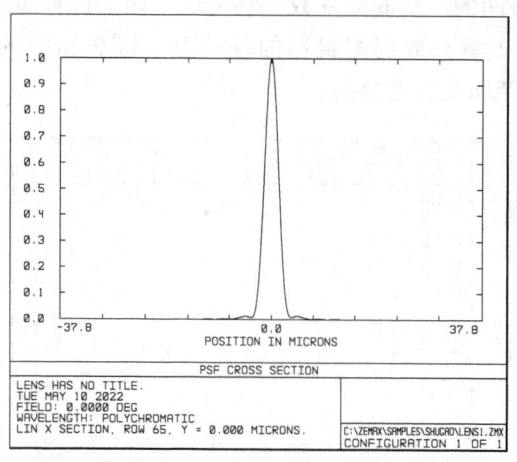

图 5.4.7　点扩散函数图

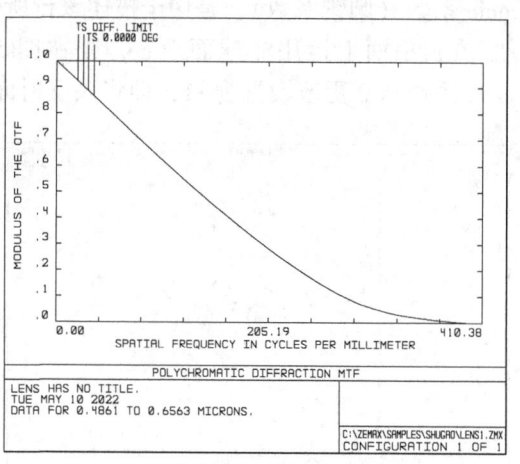

图 5.4.8　快速傅里叶变换 MTF 曲线图

图 5.4.9　镜头数据编辑器

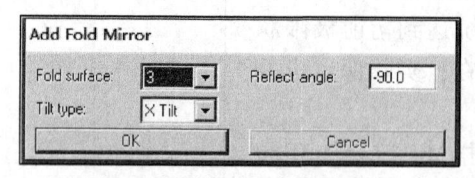

图 5.4.10　折叠反射镜对话框

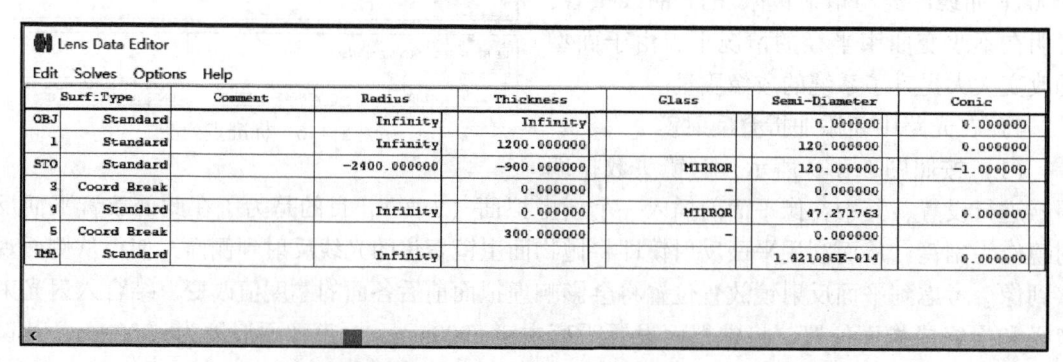

图 5.4.11　镜头数据编辑器

5）在光路中新添加挡光板

当反射副镜加入以后，实际上入射到主镜的光束被反射副镜遮挡了一部分光，但是在序列追迹模式中，将按照主镜到副镜的顺序追迹光线，无法产生遮挡。为了接近真实情况，必

— 186 —

须在系统最前表面添加挡光板以模拟真实遮挡情况。按照图 5.4.12 表面属性对话框，对 1 面的孔径类型设置为圆形遮光，并合理设置挡光半径值，尺寸略大于被挡元件半径为宜。

6）对最终结构进行成像质量分析

（1）由于坐标间断虚拟面的出现，此时二维外观图将无法进行观看，在工具栏中点击 L3d 按钮，获得图 5.4.13 三维视图，并可通过相应按键操作旋转缩放来观察。

（2）在工具栏中单击 Spt 按钮，获得图 5.4.14 标准点列图。将该图与图 5.4.6 图进行对比，发现由于平面反射副镜不产生任何像差，所以该元件的引入并未对系统像差产生影响。

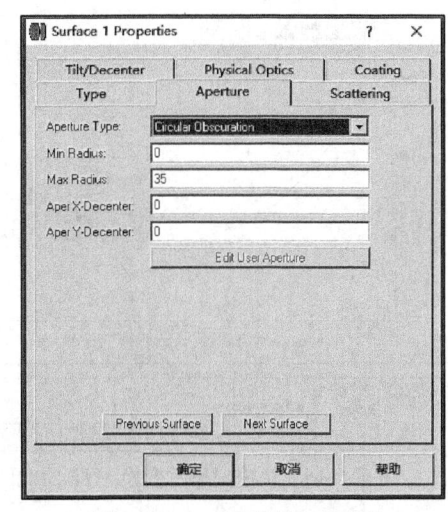

（3）在工具栏中单击 Mtf 按钮，获得图 5.4.15

图 5.4.12　表面属性对话框

快速傅里叶变换 MTF 曲线图。将该图与图 5.4.8 图进行对比，发现由于遮拦孔径的加入，导致像面接收到的光线减少、照度降低，MTF 值相应在低频区域会有所减少，可通过调整系统遮拦面积，提高 MTF 值。

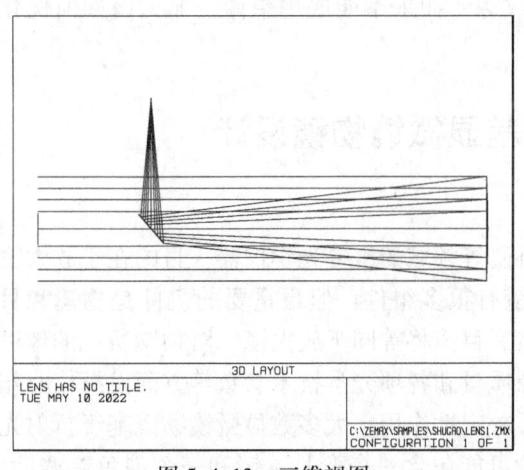

图 5.4.13　三维视图 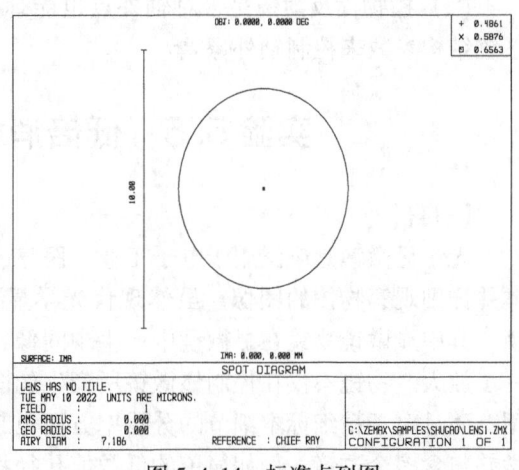　　　　　图 5.4.14　标准点列图

【数据及处理】

（1）根据操作过程生成相应的镜头编辑器界面图、二维视图、三维视图、标准点列图、点扩散函数图、快速傅里叶变换 MTF 曲线图表等，并对相应图表进行文档编辑说明。

（2）当牛顿式反射望远物镜中主镜分别采用球面和抛物面时，对比分析系统成像质量的差异性。

（3）解释添加平面反射副镜后，在镜头数据编辑器里出现的两个坐标间断虚拟面的作用，以及相关参数的设置。

【注意事项】

（1）当系统在 X、Y 轴方向有位移或者对 X、Y、Z 轴进行旋转时，需要通过在镜头数据编辑器中设置坐标间断虚拟面来进行。坐标间断表面并没有光学属性，它既不能在视图中

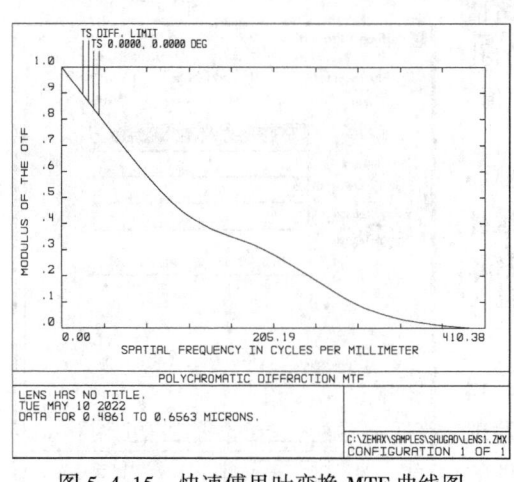

图 5.4.15　快速傅里叶变换 MTF 曲线图

显示，也不会成为两种介质的分界面，只用于定义一个相对于前一个表面坐标系的新坐标系。该虚拟面在设置时，有六个参数可供选择来描述倾斜和偏心，分别是 X-decenter、Y-decenter、tilt about X、tilt about Y、tilt about Z、a flag，其中最后一个参数是用于顺序标记，该值为 0 意味着坐标间断将"从左至右"执行，若该值为 1 意味着坐标间断是"从右至左"执行。

(2) 由于成像系统中会存在一些无用杂散光，沿着非设计光路到达像面形成鬼像，影响成像质量，所以为了尽可能消除鬼像的影响，对于那些位于光路中间的元件，一般需要在其前面加一块挡光板，消除这些器件对光线不需要的反射，而且挡光板的口径通常要比被挡元件的口径稍大。

【问题讨论】

(1) 在反射型元件设计过程中为什么不需要考虑校正色差？

(2) 抛物面反射镜是否对轴外点也能理想成像？如果不能成理想像，那么该如何优化系统结构参数来控制轴外像差？

实验 5.5　低倍消色差显微镜物镜设计

【引言】

光学显微镜是广泛用于电子工业、医疗、科研等领域的重要光学仪器，目的在于放大物体并详细观察物体的图像。虽然现代光学显微镜有很多组件，但最重要的组件是物镜和目镜，其中显微镜物镜在显微镜中产生中间像，然后目镜将等同于放大镜，对物镜所成的像进一步放大。物镜不仅在控制显微镜所产生的图像质量和各项光学技术参数等方面发挥核心作用，而且对于精细标本细节的分辨率方面也起了决定性作用。大多数显微镜物镜基于折射光学并包含多个透镜，例如简单的低数值孔径物镜可能包含一个弯月透镜和一个消色差透镜，而高数值孔径物镜通常包含更复杂的各种类型的半球形、弯月形、消色差双胶合透镜等类型的组合。

【实验目的】

(1) 了解显微镜物镜的光学性能参数和分类；

(2) 了解低倍消色差显微物镜的初始结构布局的计算方法；

(3) 进一步巩固和熟悉 ZEMAX 软件的各项操作功能。

【实验原理】

1. 显微镜物镜的光学性能参数

显微镜物镜能将近距离物体成一放大实像，具有大孔径、小视场特点。选用或设计时，所需考虑的光学特性包括以下几个方面：

(1) 显微镜物镜垂轴放大率：根据国家标准规定，显微镜物镜根据共轭距离分为

195mm 和无限远两种类型，其显微镜物镜的垂轴放大率分别定义为

$$\beta_{物} = y'/y \approx l'/l \text{（共轭距离为 195mm 时）} \quad (5.5.1)$$
$$\beta_{\infty 物} = -f_2'/f_1' \text{（共轭距离为无限远时）} \quad (5.5.2)$$

大多数物镜的垂轴放大率在 2~100 倍之间，放大率较大的物镜往往具有较大的数值孔径、较小的工作距离和较小的视场。

（2）数值孔径：该值通常表示为 $NA = n\sin\theta$，其中 θ 是物镜接收光线最大半角，n 是物镜物方介质的折射率。作为物镜的主要指标，数值孔径不仅决定了物镜的聚光能力和分辨率，而且物镜结构和校正像差的复杂程度也基本取决于它，大多数物镜的 NA 介于 0.1~1.2 之间。

（3）物镜工作距离：该值是指物镜最前表面顶点到物平面盖片玻璃表面的沿轴距离，在设定光学筒长之后，显微镜的工作距离就随着物镜放大率的增大而减小，大多数物镜的工作距离介于 0.2~20mm 之间。大工作距离的物镜使用方便，但这种物镜也相对比较复杂。

（4）物方视场：显微镜物镜的视场光阑一般设置在成像面上，其物方视场大小用线视场 $2y$ 表示。为了使显微镜物镜的光学结构合理，优先保障目标细节的分辨能力，故只能减小视场来取得大的孔径，通常显微镜物镜的视场范围不能超过物镜焦距的 1/20。

（5）焦距：显微镜物镜的焦距通常在 2~40mm 之间，但是在显微物镜设计过程中该参数通常被认为不太重要，因为垂轴放大率和数值孔径足以量化显微镜的基本性能。

通常在对显微物镜进行设计参数说明时，主要是对垂轴放大率、数值孔径、工作距离进行限制。

2. 显微镜物镜的分辨率

因为受到衍射限制，光学显微镜的分辨率可被描述为两个紧密间隔的样本点之间的最小可视距离为 $\lambda/(2NA)$，所以为了提高分辨率，可以通过减小照明系统的波长 λ 或选用高折射率介质作为物镜物方介质来增大数值孔径 NA。

假定显微镜物镜的数值孔径 NA 为 0.25，则物镜对于波长为 0.5μm 光源的最大分辨率将为 1μm，经过垂轴放大率 10× 的物镜成像，该光斑大小将变为 10μm，即适用于像素不超过 10μm 的探测器进行直接检测。若采用 10× 目镜配合人眼对物镜所成像进行观测，并假定正常人眼的最小分辨角距离为 0.0003rad，相应在 250mm 的标准近视距离下，人眼所能分辨的光斑尺寸为 75μm，则此目镜会将人眼刚好可分辨的光斑尺寸减小到 7.5μm（略小于 10μm），这样该目镜的配套使用有效防止了因人眼分辨率达到极限而感到紧张的情况。

3. 显微镜物镜的分类

由于光学像差校正程度对显微镜系统的图像质量和测量精度起着核心作用，所以根据像差校正的程度，显微镜物镜一般分为三种基本类型：消色差物镜、复消色差物镜和平视场物镜。

（1）消色差物镜：实验室显微镜上最常用的物镜是消色差物镜。此类物镜针对蓝光和红光的轴向色差、绿光的球差和正弦差进行了校正。由于它的视场小，因而即使对轴外像差不作重点考虑，也能满足一般的使用要求。

（2）复消色差物镜：该物镜主要用于专业显微镜上，具有很高的校正水平，是白光彩色显微摄影的最佳选择。它通常对三种波长（红光、绿光和蓝光）进行色差校正，并对两个或三个波长进行球差校正，目前较新的高性能复消色差物镜甚至能实现针对四种波长（深蓝光、蓝光、绿光和红光）的色差和球差校正。由于其对像差高度校正，所以对于给定

的放大率，复消色差物镜通常具有比消色差物镜更高的数值孔径，更复杂的物镜结构。

（3）平视场物镜：该物镜可实现校正整个视场中像面弯曲，并保持良好像质，主要用于显微照相和显微投影。确切地说，大多数平场物镜是平场消色差物镜，通过用目镜补偿它的倍率色差，依靠若干个弯月形厚透镜来校正场曲。

【实验仪器】

PC 机。

【实验内容与步骤】

1. 实验内容

设计一个共轭距为 195mm 的低倍消色差显微物镜，垂轴放大率 $\beta = -10\times$，数值孔径为 $NA = 0.25$，工作距离大于 6.5mm，物方半视场为 0.6mm，要求校正边缘球差、正弦差、轴向色差。

2. 实验步骤

1）系统结构布局计算

（1）初始结构布局。

如图 5.5.1 所示，由于样品的分辨率至关重要，所以对显微镜物镜设计将采用光线从像方追迹到样品物方的倒序方式设计，这样光线追迹计算得到的 MTF 曲线分析，将直接指示在样品上实现的分辨率。图中 l 为物距 160mm（我国机械筒长标准），整个系统垂轴放大率 $\beta = -0.1\times$，像方孔径角 $u' = 0.25$。

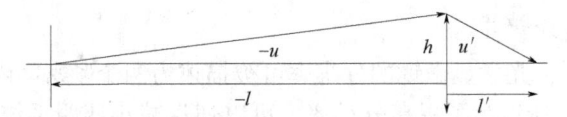

图 5.5.1 显微镜物镜倒序方式设计光路示意图

通过近轴计算公式可以获得以下初始结构布局数据：

像距：$l' = \beta l = 16\text{mm}$　　　　透镜焦距：$f' = \dfrac{l'l}{l-l'} = 14.545(\text{mm})$

光线入射高度：$h = l'u' = 4(\text{mm})$　　物方孔径角：$u = \beta u' = -0.025$

F 数：$F/\# = \dfrac{f'}{2h} = 1.818$

（2）修改初始结构布局。

由于计算所得 F 数要求较小，为了更好地校正系统像差，所以此处采用如图 5.5.2 所示的两个分离的消色差透镜来完成设计目标。

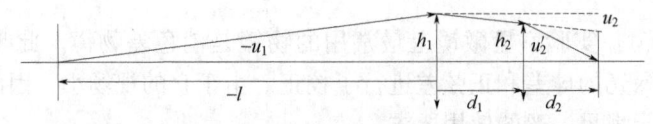

图 5.5.2 两个分离的消色差透镜布局光路示意图

为了保证足够的工作距离，假设 $d_2 = 10\text{mm}$（后期需要进一步优化），并且两个消色差透镜对边缘光线的偏向角相等，则可以获得以下初始结构修改后的布局数据：

物方孔径角：$u_1 = -0.025 = \sin -1.43°$

最终成像的像方孔径角：$u_2' = 0.25 = \sin 14.48°$

第一次成像的像方孔径角：$u_1' = u_2 = \sin\left(\dfrac{14.48° + 1.43°}{2} - 1.43°\right) = 0.113$

边缘光线入射到第一组件高度：$h_1 = u_1 l = 4(\text{mm})$

边缘光线入射到第二组件高度：$h_2 = u_2' d_2 = 2.5(\text{mm})$

光组间隔：$d_1 = (h_1 - h_2)/u_2 = 13.27(\text{mm})$

第一光组的光焦度：$\phi_1 = (u_1' - u_1)/h_1 \approx 28.98(\text{mm})^{-1}$

第二光组的光焦度：$\phi_2 = (u_2' - u_2)/h_2 \approx 18.24(\text{mm})^{-1}$

2) 验证系统结构布局

(1) 依据本实验设计参数要求，对光学系统所适用的孔径大小、视场范围、波长范围等进行设置，其中将孔径按照数值孔径为 0.025 进行设置，物方视场则按照物方高度设置为 0mm、3mm、4.2mm、6mm，波长范围设置为可见光，其中波长 0.587μm 为主波长。

(2) 在输入以上系统性能参数的基础上，按照如图 5.5.3 所示，将计算得到的初始结构布局数据按照近轴理想透镜输入到镜头数据编辑器中，获得如图 5.5.4 所示二维视图，图中显示整体布局合理，基本满足系统性能参数要求。

图 5.5.3 镜头数据编辑器

3) 在 ZEMAX 软件中建立显微镜物镜初始结构

(1) 利用消色差双透镜组替换第一个近轴理想透镜。

为了在选择消色差双透镜组替换近轴理想透镜时，尽可能地选择阿贝数值差异大的玻璃组合，并避开一些增加制造成本的特殊玻璃材料，所以需按照如图 5.5.5 所示，对镜头目录对话框进行以下设置：首先选择供货商，如 Edmund Optics，然后对焦距范围、孔径范围、形状、类型、最大透镜数目进行设置，最后选择好目标透镜并插入到结构布局文件中，才算完成对近轴理想透镜的替换，此时镜头数据编辑器界面如图 5.5.6 所示。

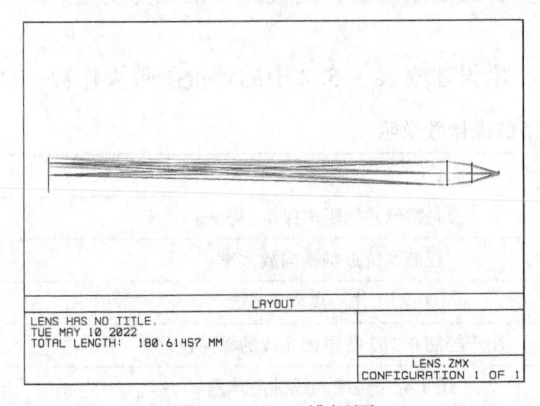

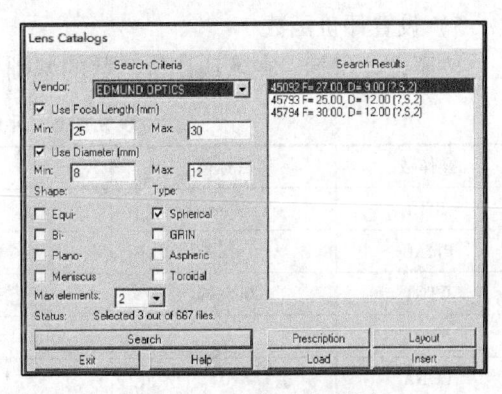

图 5.5.4 二维视图　　　　图 5.5.5 镜头目录对话框

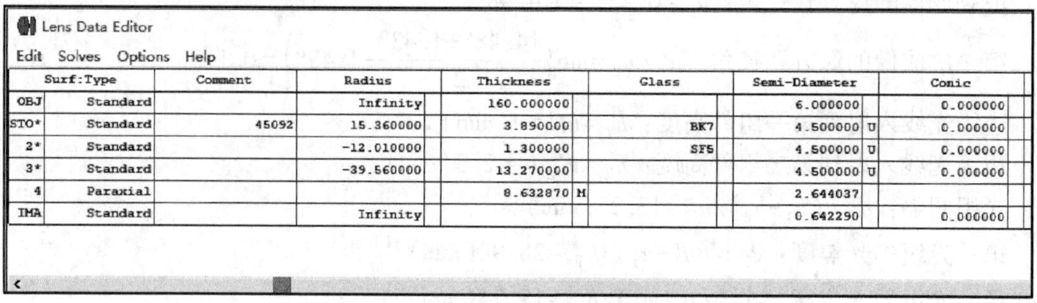

Lens Data Editor						
Surf:Type	Comment	Radius	Thickness	Glass	Semi-Diameter	Conic
OBJ Standard		Infinity	160.000000		6.000000	0.000000
STO* Standard	45092	15.360000	3.890000	BK7	4.500000 U	
2* Standard		-12.010000	1.300000	SF5	4.500000 U	0.000000
3* Standard		-39.560000	13.270000		4.500000 U	0.000000
4 Paraxial			8.632870 M		2.644037	
IMA Standard		Infinity			0.642290	0.000000

图 5.5.6　镜头数据编辑器

（2）利用消色差双透镜组替换第二个近轴理想透镜。

为了控制系统成本，第二个近轴透镜也将采用由 BK7（$n=1.52$，$v=64.2$）和 SF5（$n=1.67$，$v=32.2$）构成的消色差双胶合透镜进行替换。依据近轴消色差双胶合透镜公式：

$$\phi=\phi_1+\phi_2=18.24(\text{mm})^{-1}$$

式中，ϕ_1、ϕ_2 分别是构成双胶合透镜的正、负透镜光焦度，ϕ 是整个双胶合透镜的光焦度。

进一步根据双胶合薄透镜消色差条件，则

$$\phi_1=\frac{v_1\phi}{v_1-v_2}=9.09(\text{mm})^{-1}$$

$$\phi_2=\frac{v_2\phi}{v_2-v_1}=-18.12(\text{mm})^{-1}$$

假设对于系统初始结构，该双胶合透镜的正透镜表面曲率半径 $R_2=-R_1$，依据薄透镜焦距公式，则该双胶合透镜的参数见表 5.5.1。将该透镜组输入图 5.5.6 的镜头数据编辑器系统中，对第二个近轴理想透镜进行替换，并根据该透镜口径尺寸调整透镜厚度。

表 5.5.1　消色差双胶合镜头数据

R_1, mm	R_2, mm	R_3, mm
9.45	-9.45	-44.03

4）设置变量

首先保持物面和 1 面之间空气距离、各透镜厚度距离不变，仅将 3 面和 6 面空气厚度设置为变量，然后将所有透镜曲率半径设置为变量，最后增加放开透镜厚度设置为变量。

5）设置评价函数

按照设计目标，在默认评价函数的基础上，增设建立表 5.5.2 中的评价函数操作数。

表 5.5.2　评价函数操作数说明

操作数	目标值	说明
TTHI	195mm	控制物像共轭距离保持 195mm
PMAG	-0.1	控制系统近轴横向放大率
CTGT	6.5mm	控制工作距离大于 6.5
AXCL	0	用于控制 0.707 孔径带光线的轴向色差
LONA	0	用于控制边缘光线轴向球差
TRAY	无	参考主光线，测得像空间在 Y 轴方向垂轴像差

续表

操作数	目标值	说明
PIMH	无	近轴像高
DIVI	0	用于计算 TRAY 和 PIMH 的比值,来控制正弦差

其中在使用轴向像差操作数"LONA"时,要确定当前要计算的波长,如计算波长为主波长,即 D 光波长,则其波长序号在主窗口的"Wave"中编序为 2,除此之外还需明确是哪个孔径处的轴向像差,如指定为孔径边缘,则归一化孔径值设置为 1。在使用轴向色差操作数"AXCL"时,首先要明确是哪两个波长间的轴向色差,如上述评价函数中确定为是 F 光和 C 光波长,它们各自的波长序号在主窗口的"Wave"中分别编序为 1 和 3,然后同样也需要明确是哪个孔径的轴向色差,如上述评价函数中指定是 0.707 孔径。同样,使用中心厚度大于某值条件操作数"CTGT"时,也要明确是哪一面中心厚度大于目标值。

6)优化结果并分析

优化过程是在不断调整的过程中完成的,需要设计者不断根据设计进程,来进行变量和评价函数操作数组合调整。经过优化,最终结构的镜头数据编辑器如图 5.5.7 所示。图 5.5.8 是该系统轴向像差曲线图。图 5.5.9 是该系统快速傅里叶变换 MTF 曲线图。从图中可以看出轴上点边缘球差和色差还是比较大,轴外点最大视场子午面光束需进一步控制和提高 MTF 值,可自行尝试通过玻璃替换操作优化系统,提高整体系统的成像质量。

图 5.5.7 镜头数据编辑器

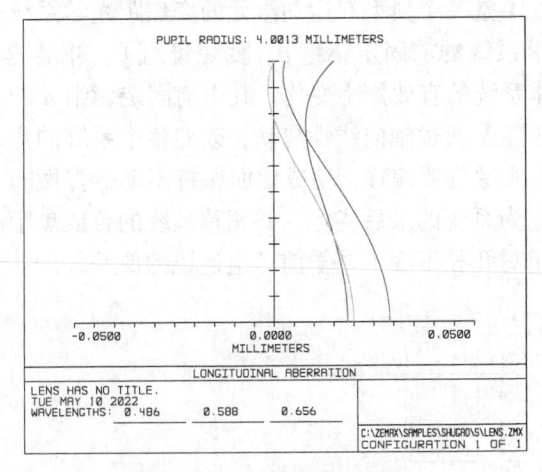

图 5.5.8 轴向像差曲线图

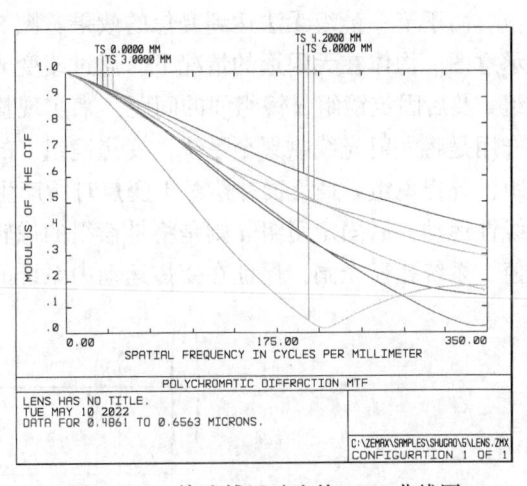

图 5.5.9 快速傅里叶变换 MTF 曲线图

【数据及处理】

(1) 重新设置设计目标，并对初始结构布局数据进行仔细推导。

(2) 根据操作过程生成相应的镜头编辑器界面图、二维视图、标准点列图、快速傅里叶变换 MTF 曲线图表等，并对相应图表进行文档编辑说明。

【注意事项】

(1) 在生物显微镜物镜还需要考虑校正薄盖玻片引入的球差和色差，但无须优化盖玻片的曲率半径和厚度，而其他透镜的玻璃厚度和空气厚度在优化的过程中不能为负值。

(2) 虽然随着物镜数值孔径值的增加，物镜的聚光能力和分辨率都会提高，但是最好的情况应该是通过目镜的有效放大，人眼对刚刚能被物镜分辨的细节，进行舒适地观察，因为过高的放大倍数不会产生额外的有用信息，反而会导致图像质量下降。

【问题讨论】

(1) 在优化的过程中，为什么在评价函数里没有设置有效焦距操作数？

(2) 在评价函数操作数中，有没有别的操作数组合也可以实现轴向球差、轴向色差和正弦差的控制要求？

实验 5.6 变焦距照相物镜设计

【引言】

变焦距光学系统是利用系统中两组或两组以上透镜组沿光轴移动，来改变系统中各透镜组之间间隔，从而使系统的组合焦距在特定范围内连续变化。该系统要求在系统焦距变化的同时，保持像面位置不动，使系统在镜头变焦范围内任何焦距都能获得清晰的像，为实现构图的多样化创造条件。

【实验目的】

(1) 了解变焦距光学系统基本结构；

(2) 熟悉 ZEMAX 软件多重结构设置功能；

(3) 掌握利用多重结构方式进行变焦系统设计的基本过程。

【实验原理】

1. 变焦距光学系统基本结构

由于单一镜组无法达到变焦的效果，图 5.6.1 是一个典型双运动组元的变焦距光学系统示意图。物体在无限远的情况下，通过改变光学系统的前固定镜组 a、变焦镜组 b、补偿镜组 c 及后固定镜组 d 镜组间的间距，来实现整体系统的有效焦距变化。其中前固定镜组 a 的作用是将入射光线收聚至系统；变焦镜组 b 的作用是通过轴向线性滑动，改变整个系统的焦距；补偿镜组 c 是负责补偿对于变焦时所产生的成像位置偏移，使成像面保持不动，多做非线性运动；后固定镜组 d 则是将补偿组的像转化为系统的最后实像，并调整系统的合成焦距值、系统孔径光阑，保证在变焦运动中系统的相对孔径不变，补偿前三组透镜的像差。

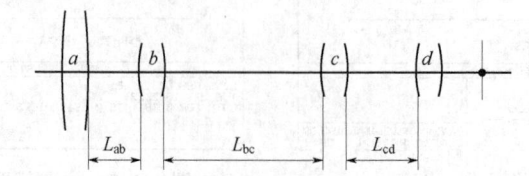

图 5.6.1 典型的双运动组元的变焦距光学系统示意图

2. 变焦距光学系统的分类

(1) 根据物距与像距的不同,可将系统分为:

① 物距与像距皆为有限距离的系统,其变焦比的定义为变焦系统最大与最小垂轴放大率的比值。

② 物距为无穷远,像距为有限距离的系统,其变焦比的定义为变焦系统最大与最小有效焦距的比值,这也是最常见的定义方式。

③ 物距与像距皆为无穷远的无焦系统,其变焦比的定义为变焦系统最大与最小角度放大率的比值。

(2) 根据补偿方式的不同,可将系统分为:

① 光学补偿式的变焦系统:该系统是用机械结构将若干透镜组连接在一起,作同方向等速度线性移动,即可达到变焦效果,其优点在于结构较为简单、成本较低、公差要求宽松;缺点是光学补偿移动自由度单一,没办法达到连续变焦且像面稳定的效果,仅适用于在变倍范围和数值孔径较小的系统。

② 机械补偿式的变焦系统:该系统是由精密机械凸轮驱动变倍镜组作线性移动,补偿组做相对的少量非线性移动,以达到连续变焦和像面稳定的效果,其结构较光学补偿式的变焦系统复杂。

3. 多重结构优化

当光学系统需要在不同状态或结构下进行建模时,ZEMAX 软件所提供的多重结构编辑器功能,可以很好地满足这类系统的建模需求。需要注意的是在对多重结构系统进行优化时,为了避免结构混乱,应先建立默认评价函数,这样 ZEMAX 软件会自动在多重结构中的每个结构下面加入相应的评价函数操作数,其中所出现的 CONF 操作数是为了区分不同结构的优化函数所设置的结构编号,无须设置权重因子和目标值。除此之外多重结构优化和普通的优化是一样的,具体信息请查看软件手册。

【实验仪器】

PC 机。

【实验内容与步骤】

1. 实验内容

设计一款适用于 400 万像素数码照相使用的变焦镜头,其具体芯片参数见表 5.6.1。变焦镜头系统的光学性能参数要求见表 5.6.2,其中为了实现变焦过程中成像质量基本一致,焦距选择在 70mm、100mm、120mm 时,同时校正像差。

表 5.6.1 消色差双胶合镜头数据

项目	规格	项目	规格
有效像素	2000×2000	芯片有效面积	20mm×20mm
单一像素尺寸	10μm×10μm	对角线高度	28.28mm

表 5.6.2 变焦镜头系统的基本参数要求

基本参数	要求
像高	14.14mm
焦距	70mm、100mm、120mm

续表

基本参数	要求
入瞳直径	20mm
透镜厚度	中心与边缘厚度须大于 2mm,中心厚度须小于 10mm
透镜间距	中心与边缘距离必须大于 1mm
波长范围	可见光范围
全长	150mm

2. 实验步骤

1）初始结构建立

（1）依据本实验设计参数要求，对光学系统所适用的孔径大小、视场范围、波长范围等进行设置，其中将孔径按照入瞳直径为 20mm 进行设置，物方视场则按照近轴像高设置为 0mm、10mm、14.14mm，波长范围设置为可见光，其中波长 0.587μm 为主波长。

（2）输入如图 5.6.2 所示的透镜系统作为初始结构参数，这种基于对称型式的结构改良得到系统，有助于校正像差。图 5.6.3 是初始结构的二维视图。

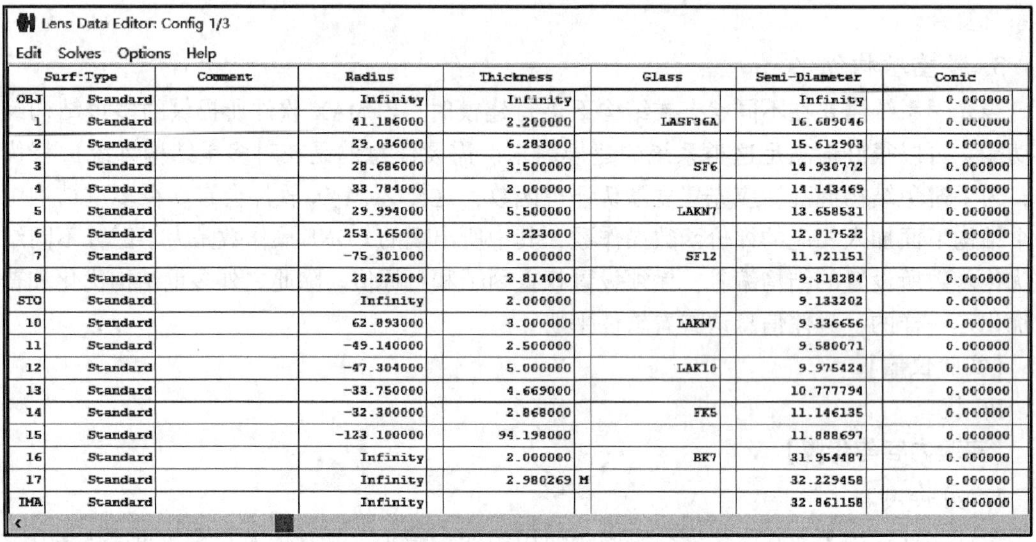
Lens Data Editor: Config 1/3

Edit Solves Options Help

Surf:Type		Comment	Radius	Thickness		Glass	Semi-Diameter	Conic
OBJ	Standard		Infinity	Infinity			Infinity	0.000000
1	Standard		41.186000	2.200000		LASF36A	16.689046	0.000000
2	Standard		29.036000	6.283000			15.612903	0.000000
3	Standard		28.686000	3.500000		SF6	14.930772	0.000000
4	Standard		33.784000	2.000000			14.143469	0.000000
5	Standard		29.994000	5.500000		LAKN7	13.658531	0.000000
6	Standard		253.165000	3.223000			12.817522	0.000000
7	Standard		-75.301000	8.000000		SF12	11.721151	0.000000
8	Standard		28.225000	2.814000			9.318284	0.000000
STO	Standard		Infinity	2.000000			9.133202	0.000000
10	Standard		62.893000	3.000000		LAKN7	9.336656	0.000000
11	Standard		-49.140000	2.500000			9.580071	0.000000
12	Standard		-47.304000	5.000000		LAK10	9.975424	0.000000
13	Standard		-33.750000	4.669000			10.777794	0.000000
14	Standard		-32.300000	2.868000		FK5	11.146135	0.000000
15	Standard		-123.100000	94.198000			11.888697	0.000000
16	Standard		Infinity	2.000000		BK7	31.954487	0.000000
17	Standard		Infinity	2.980269	M		32.229458	0.000000
IMA	Standard		Infinity				32.861158	0.000000

图 5.6.2　镜头数据编辑器

2）定义多重结构

打开多重结构编辑器，选择插入新结构形成三列结构组态，并输入如图 5.6.4 所示多重结构参数操作数 THIC，现在每列结构组态下都有三行对应操作数数值，分别用于控制 4 面、11 面及 15 面的厚度，使组态间出现差异性。

3）设置变量

在镜头数据编辑器中将所有透镜的曲率半径和厚度设置为变量，在多重结构中把所有多重结构参数设置为变量。

4）设置评价函数

（1）按照图 5.6.5 所示，设置默认评价函数，其中包括玻璃厚度和空气厚度的边界条件。

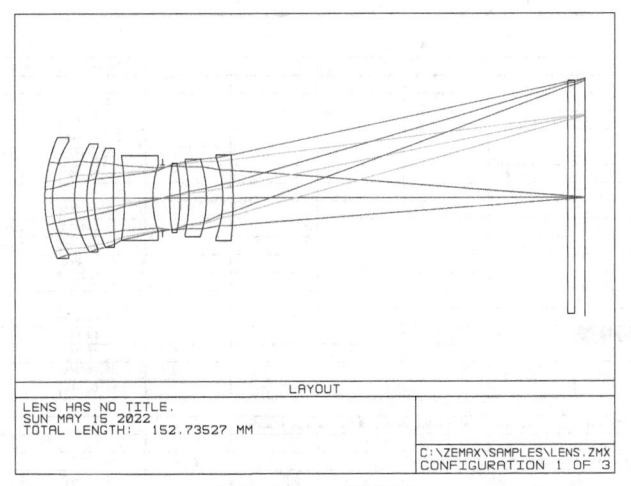

图 5.6.3 二维视图

图 5.6.4 多重结构编辑器

图 5.6.5 默认评价函数对话框

（2）增加限制条件：为了更好地对系统进行优化，依据本实验要求，按照如图 5.6.6 所示在默认评价函数基础上插入相应的评价函数操作数。其中在每个组态下面，增加有效焦距操作数 EFFL 来控制每个系统有效焦距。根据设计要求，三个组态所限制的有效焦距分别为 70mm、100mm 和 120mm，每个 EFFL 操作数使用的权重皆设置为 1。同时对系统总长采用 TOTR 操作数进行控制，4 面、11 面及 15 面的最小厚度利用 CTGT 操作数进行控制。

图 5.6.6　评价函数编辑器

5）优化结果分析

优化过程是在不断调整的过程中完成的，需要设计者不断根据优化结果进行变量和评价函数操作数组合调整。经过优化，最终结果所获得的三个结构，可在图 5.6.7 三维视图中同时体现，图 5.6.8 是对结构 1 进行四图分析的报告截图。

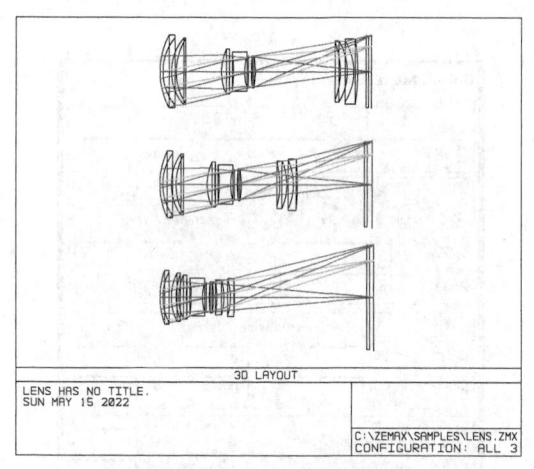

图 5.6.7　三维视图

【数据及处理】

根据操作过程生成相应的镜头编辑器界面图、三维视图、标准点列图、快速傅里叶变换 MTF 曲线图表等，并对相应图表进行文档编辑说明。

【注意事项】

（1）检查镜头中的不同透镜之间会不会发生碰撞，并对多重结构系统中每个结构性能进行权衡。

（2）可以尝试将系统中火石和冕牌玻璃组合的顺序进行颠倒或将透镜表面采用非球面设置，来查看对系统性能的影响。

— 198 —

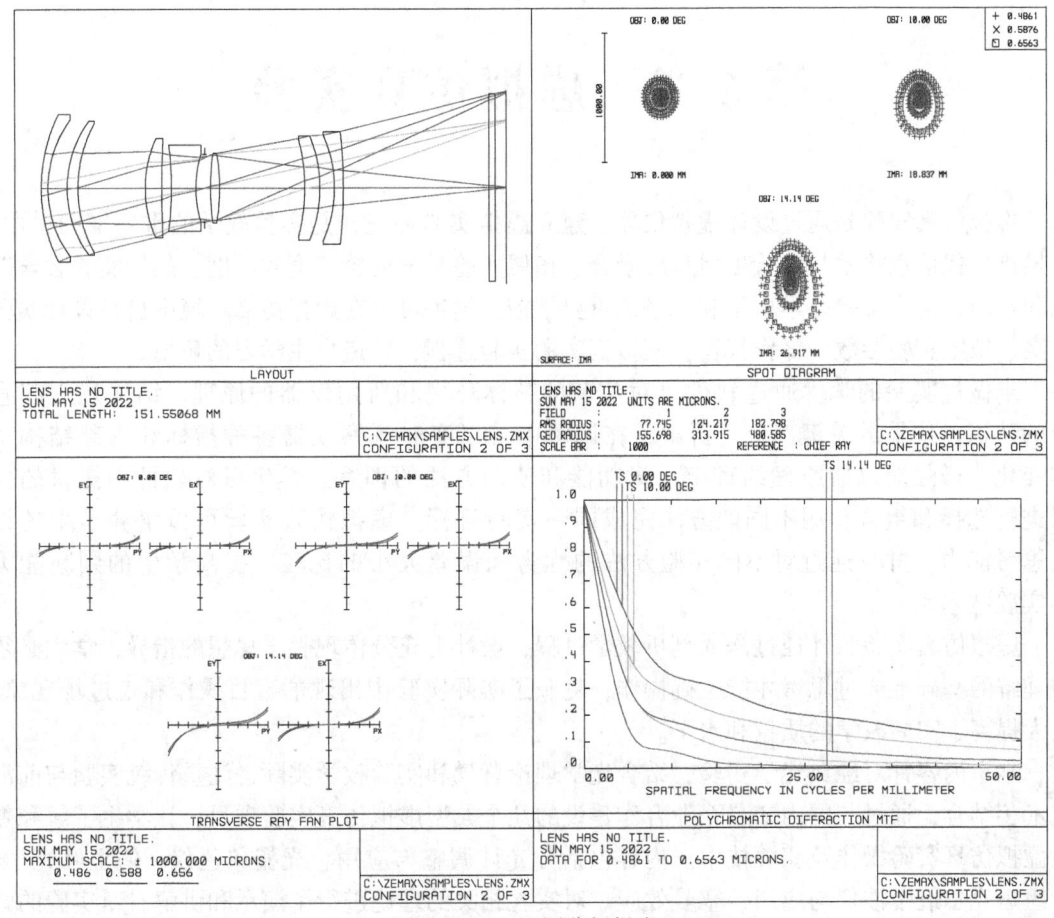

图 5.6.8　四图分析报告

【问题讨论】

(1) 如两个具有固定焦距值的透镜组组合在一起时,设第一个透镜组的焦距为 f_1',第二个透镜组的垂轴放大率为 β_2,则光学系统的总焦距与两者之间的关系式是什么?对这样的系统如何进行变焦操作?

(2) 通过之前学习的一些方法和技巧,如何对该系统进一步进行变量设置和评价函数组合来提升和改善系统的成像性能?

第 6 章 虚拟仿真实验

虚拟仿真实验是通过设计虚拟仪器，建立虚拟实验环境，是实验教学的重要辅助手段，是推进现代信息技术与实验项目深度融合、拓展实验教学内容广度和深度、延伸实验教学时间和空间、提升实验教学质量和水平的重要举措。学生可以在虚拟仿真环境中自行设计实验方案、拟定实验参数、操作仪器，模拟真实的实验过程，营造自主学习的环境。

未做过实验的学生通过软件可对实验的整体环境和所用仪器的原理、结构建立起直观的认识。仪器的关键部位可拆解，在调整中可以实时观察仪器各种指标和内部结构动作变化，增强对仪器原理的理解、对功能和使用方法的训练。学生可对软件中提供的仪器进行选择和组合，用不同的方法完成同一实验目标。虚拟仿真实验可以培养学生的设计思考能力，并且通过对不同实验方法的优劣和误差大小的比较，提高学生的判断能力和实验技术水平。

虚拟仿真实验软件通过深入剖析教学过程，设计上充分体现教学思想的指导，学生必须在理解的基础上通过思考才能正确操作，克服了实际实验中出现的盲目操作和走过场现象，大大提高了实验教学的质量和水平。

本章内容针对经典光学实验，结合光学理论背景和实验教学实际，注重传统实验与前沿技术相结合，通过与国内知名企业合作建设的几个典型虚拟仿真实验项目，让学生了解和熟悉虚拟仿真实验操作及相关技术。内容包括分光计调整与应用、光栅单色仪、傅里叶光学、自组迈克尔逊干涉仪与应用、塞曼效应。对实验相关的理论进行了演示和讲解，对实验的背景和意义、应用等方面都做了介绍，使仿真实验连接理论教学与实验教学，培养学生理论与实践相结合思维的一种崭新教学模式。

实验 6.1 分光计调整与应用

【引言】

分光计是精确测定光线偏转角的仪器，也称测角仪。光学中的许多基本量如波长、折射率等都可以直接或间接地表现为光线的偏转角，因而利用偏转角可以测量波长和折射率，此外还能精确地测量光学平面间的夹角。许多光学仪器（如棱镜光谱仪、光栅光谱仪、分光光度计、单色仪等）的基本结构都是以分光计为基础的，所以分光计是光学实验中的基本仪器之一。使用分光计时必须经过一系列的精细调整才能得到准确的结果，分光计的调整技术是光学实验中的基本技术之一，必须正确掌握。本实验的目的在于训练分光计的调整技术和技巧，并用分光计来测量三棱镜的最小偏向角。

【实验目的】

(1) 学习分光计的原理和结构；
(2) 掌握分光计的调整方法；
(3) 掌握使用分光计测量三棱镜的最小偏向角。

【实验原理】

1. 分光计的调整要求

参考本书第 1.4 节分光计调整。分光计主要由底座、平行光管、望远镜、载物台和读数圆盘五部分组成，分光计调整要满足以下条件：

(1) 平行光管发出平行光；

(2) 望远镜对平行光聚焦，即接收平行光；

(3) 望远镜和平行光管的光轴垂直仪器共轴。

2. 分光计的调整方法

(1) 调整望远镜：分别调节望远镜目镜焦距，望远镜对平行光聚焦，调整望远镜光轴垂直于仪器主轴。

(2) 调整平行光管发出平行光并垂直于仪器主轴：将被照明的狭缝调到平行光管物镜焦平面上，物镜出射平行光。

3. 最小偏向角法测折射率

三棱镜最小偏向角原理如图 6.1.1 所示。

一束单色光以 i_1 角入射到 AB 面上，经棱镜两次折射后，从 AC 面出射，出射角为 i_4。入射光和出射光之间的夹角 δ 称为偏向角。当棱镜顶角 α 一定时，偏向角 δ 的大小随入射角 i_1 的变化而变化。而当 $i_1 = i_4$ 时，δ 为最小。这时的偏向角称为最小偏向角，记为 δ_{min}。

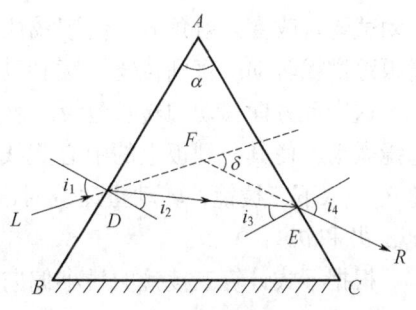

图 6.1.1　三棱镜最小偏向角原理图

$$i_2 = \frac{\alpha}{2} \tag{6.1.1}$$

$$\frac{\delta_{min}}{2} = i_1 - i_2 = i_1 - \frac{\alpha}{2} \tag{6.1.2}$$

$$i_1 = \frac{1}{2}(\delta_{min} + \alpha) \tag{6.1.3}$$

设棱镜材料折射率为 n，则

$$\sin i_1 = n \sin i_2 = n \sin \frac{\alpha}{2} \tag{6.1.4}$$

故

$$n = \frac{\sin i_1}{\sin \frac{\alpha}{2}} = \frac{\sin \frac{\delta_{min} + \alpha}{2}}{\sin \frac{\alpha}{2}} \tag{6.1.5}$$

由此可知，测出其顶角 α 和最小偏向角 δ_{min}，就可以得棱镜材料的折射率 n。

【实验仪器】

分光计、汞灯、平面镜、三棱镜等。

【实验内容与步骤】

1. 实验内容

(1) 调整分光计，调节三棱镜光学侧面垂直于望远镜光轴。调载物台的上下台面大致平行，棱镜放到载物台上，使棱镜三边与台下三螺钉的连线所成三边互相垂直。接通目镜光源，遮住从平行光管来的光。转动载物台，在望远镜中观察从两个侧面反射回来的十字像，只调节台下三个螺钉，使其反射像都落到上十字线处。调整好后的棱镜，其位置不能再动。

（2）测三棱镜顶角 α。固定望远镜和刻度盘，转动游标盘，使镜面 AC 正对望远镜。记下游标1的读数 θ_1 和游标2的读数 θ_2。再转动游标盘，使 AB 面正对望远镜，记下游标1的读数 θ_1' 和游标2的读数 θ_2'。根据几何关系得

$$\varphi = \frac{1}{2}(|\theta_1 - \theta_1'| + |\theta_2 - \theta_2'|) \tag{6.1.6}$$

故

$$\alpha = 180° - \varphi \tag{6.1.7}$$

（3）测三棱镜最小偏向角。平行光管狭缝对准汞灯光源，找出棱镜出射的汞灯光谱线。转动载物台改变入射角 i_1，使谱线往偏向角 δ 减小的方向移动（向顶角 α 方向移动）。望远镜跟踪谱线转动，直到棱镜继续转动，直到谱线开始要反向移动（即偏向角反而变大）为止。这个反方向移动的转折位置，就是光线以最小偏向角射出的方向。固定载物台，再使望远镜微动，使其分划板上的中心竖线对准其中的那条绿谱线。记下此时两游标处的读数 θ_A 和 θ_B。取下三棱镜，转动望远镜对准平行光管，以确定入射光的方向，再记下两游标处的读数 θ_A' 和 θ_B'。

根据下式计算三棱镜的最小偏向角

$$\delta_{\min} = \frac{1}{2}(|\theta_A - \theta_A'| - |\theta_B - \theta_B'|) \tag{6.1.8}$$

（4）根据顶角 α 和最小偏向角 $\delta_{\min}$，用式(6.1.9)计算三棱镜的折射率 n。入射光波长为低压汞灯在可见光区的谱线 577nm、579nm、546.1nm、404.7nm。

$$n = \frac{\sin\dfrac{\delta_{\min} + \alpha}{2}}{\sin\dfrac{\alpha}{2}} \tag{6.1.9}$$

2. 虚拟仿真实验步骤

（1）图 6.1.2 为初始状态界面，打开分光计虚拟仿真实验界面的调节面板，单击红色方框内的区域弹出放大的观察窗口，调节目镜调节旋钮使分划板清晰。

（2）图 6.1.3 为载物台调节界面，单击"选择要调节部位"中的载物台，弹出载物台的调节区域。

（3）点击选择双面镜，把双面镜放在载物台上，点击顺时针或逆时针按钮让镜面平行于载物台某条刻痕，并点击"旋转望远镜和游标盘"中游标盘的转动按钮，转动载物台使镜面对准望远镜。单击打开目镜照明开关。

（4）图 6.1.4 为望远镜调节界面，转动游标盘使望远镜的观察窗口中出现绿十字像，进行目镜伸缩调节使绿十字清晰，选择目镜锁紧螺钉并单击锁紧该螺钉。

（5）转动游标盘使双面镜正对望远镜，点击调节望远镜仰角调节螺钉、双面镜后面的载物台螺钉使望远镜垂直于仪器主轴。

（6）图 6.1.5 为狭缝调节界面，对狭缝装置进行调节，使狭缝的像清晰，调节狭缝宽度适当。狭缝水平放置时，调节平行光管的仰角调节螺钉使平行光管与仪器主轴垂直。狭缝

竖直放置时，三棱镜置于载物台上，点击顺时针或逆时针按钮使棱镜三边与台下三螺钉的连线互相垂直，并转动游标盘使棱镜的光学表面正对望远镜。

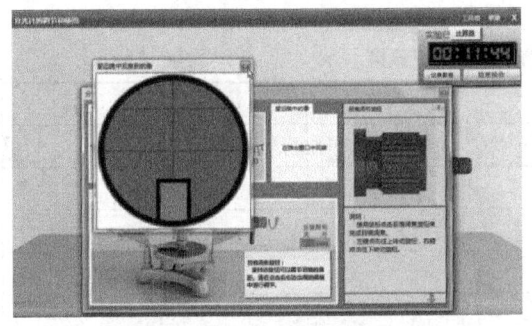

图 6.1.2　初始状态界面

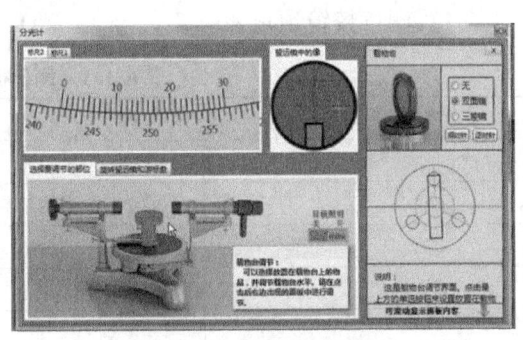

图 6.1.3　载物台调节界面

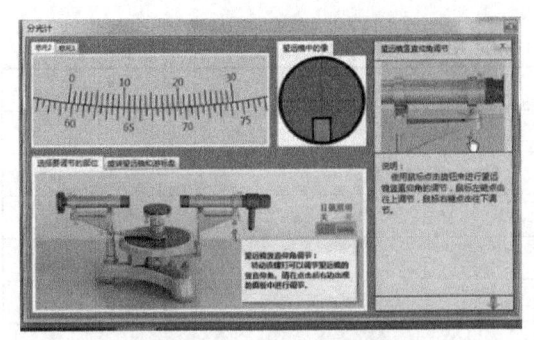

图 6.1.4　望远镜调节界面

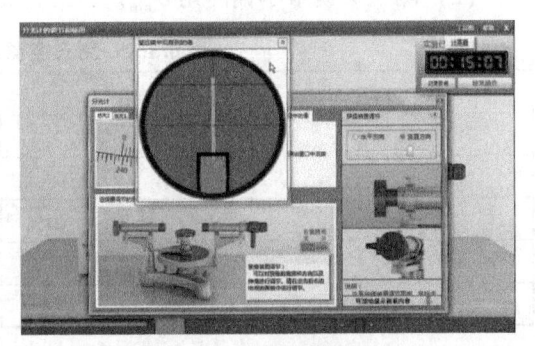

图 6.1.5　狭缝调节界面

（7）调节载物台的调平螺钉使三棱镜的两个光学表面平行于仪器主轴。图 6.1.6 为顶角测量界面。固定望远镜，转动游标盘。先将棱镜的一个光学表面对准望远镜，使绿十字像与分划板的上叉丝重合，记下此时两个游标盘的读数。转动游标盘将棱镜的另一个光学表面对准望远镜，使绿十字像与分划板的上叉丝重合，记下此时两个游标盘的读数。

（8）旋松望远镜的制动螺钉，转动游标盘和望远镜找出棱镜出射的各色光谱线。

（9）图 6.1.7 为最小偏向角测量界面，找到三棱镜的最小偏向角对两个游标进行读数。锁定游标盘，移除三棱镜，转动望远镜使望远镜的光轴与平行光管的光轴平行，并对两个游标进行读数。

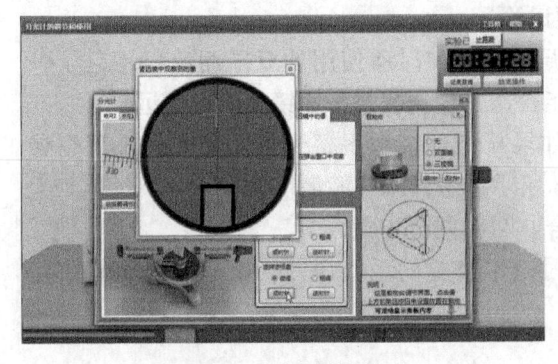

图 6.1.6　顶角测量界面

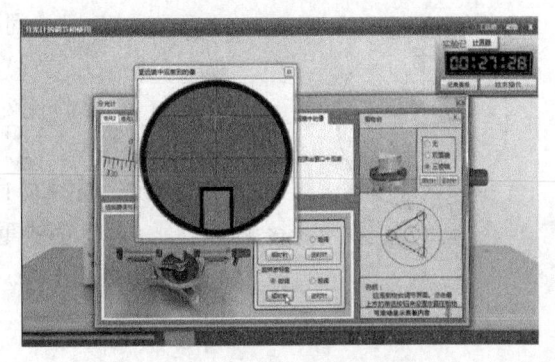

图 6.1.7　读数界面

— 203 —

【数据及处理】

1. 数据记录

(1) 测三棱镜顶角 A。

表 6.1.1　测三棱镜顶角数据记录表　　　　　　　　　　单位：(°)

次数	θ_1	θ_2	θ'_1	θ'_2	φ	A_i
1						
2						
3						
4						
5						

(2) 测三棱镜最小偏向角 $\delta_{\min}$。

表 6.1.2　测三棱镜最小偏向角数据记录表　　　　　　　单位：(°)

次数	θ_A	θ_B	θ'_A	θ'_B	$\delta_{\min}$
1					
2					
3					
4					
5					

2. 数据处理

折射率：$n = \dfrac{\sin\dfrac{\delta_{\min}+A}{2}}{\sin\dfrac{A}{2}}$　　　　平均值：$\bar{n} = \dfrac{1}{n}\sum n_i$

绝对误差：$\Delta n = |\bar{n}-n_{真}|$　　　　相对误差：$E = \dfrac{\Delta n}{n_{真}} \times 100\%$

【注意事项】

(1) 转动载物台是指转动游标盘带动载物台仪器转动。

(2) 调节狭缝宽度 1mm 左右为宜，宽了测量误差大，窄了光通量小、谱线暗。

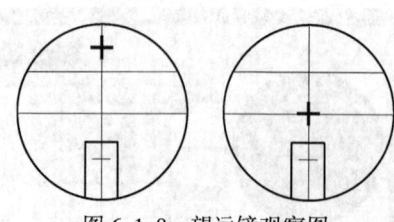

图 6.1.8　望远镜观察图

【问题讨论】

(1) 调节分光计时所使用的双平面反射镜起了什么作用？能否用三棱镜代替平面镜来调整望远镜？

(2) 如果从望远镜中观察到平面镜的两个反射像如图 6.1.8 所示，怎样调节能最快地将十字叉丝像与上十字线重合？写出调节步骤。

(3) 讨论本实验的系统误差，根据系统误差决定折射率 n 的有效数字应取几位？

实验 6.2 光栅单色仪

【引言】

单色仪是一种可以从一束电磁辐射中分离出单色光的仪器。单色仪的构思萌芽可以追溯至 1666 年，牛顿在研究三棱镜时发现太阳光通过三棱镜后被分解成七色彩色光光谱，牛顿首先将此分解现象称为色散。单色仪中关键的部分是色散元件，以光栅作为色散元件的单色仪就称为光栅单色仪。相较于以棱镜作为色散元件的棱镜单色仪，光栅单色仪具有更高的分辨率、色散率以及更宽的工作波长范围。

【实验目的】

（1）熟悉光栅单色仪的基本结构和原理；
（2）通过单色仪定标和测量钠灯、汞灯、氢氖灯光谱，熟悉光栅单色仪的使用方法；
（3）理解原子能级跃迁和能级差，掌握里德伯常数的测量方法。

【实验原理】

1. 光栅单色仪的工作原理

光栅单色仪是根据光栅衍射原理获得单色光的光学仪器，其工作原理可参考本书第 2 章实验 2.10 的光栅单色仪原理介绍。

2. 吸收曲线测量原理

当一束光入射到一定厚度的介质平板上时，其一部分光被反射，另一部分光被介质吸收，剩下的光从介质板透射出来。设有一束波长为 λ，入射光强为 I_0 的单色平行光垂直入射到一块厚度为 d 的介质平板上，如图 6.2.1 所示。如果从界面 1 射回的反射光的光强为 I_R，从界面 1 向介质内透射的光的光强 I_1，入射到界面 2 的光的光强为 I_2，从界面 2 出射的透射光的光强为 I_T，则定义介质板的光谱外透射率 T 和介质的光谱透射率 T_i 分别为

$$T = I_T/I_0 \tag{6.2.1}$$
$$T_i = I_2/I_1 \tag{6.2.2}$$

式（6.2.1）和式（6.2.2）中，I_R、I_1、I_2 和 I_T 均为光在界面 1 和界面 2 上及介质中多次反射和透射的总效果。一般情况下，介质对光的反射、折射和吸收与介质以及入射光的波长有关。为简单起见，对以上及以后的各个与波长有关的量都忽略波长标记，但都应将它们理解为光谱量。将光谱透射率 T_i 与波长 λ 的关系曲线称为透射曲线。

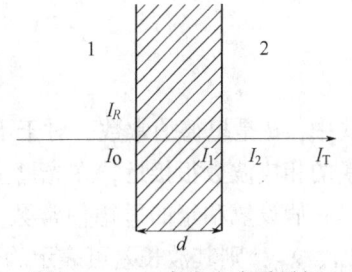

图 6.2.1 一束光在介质平板上的反射和透射

在介质内部（假定介质内部无散射），光谱透射率 T_i 与介质厚度 d 有如下关系：

$$T_i = e^{-\alpha d} \tag{6.2.3}$$

式中，α 称为介质的线性吸收系数，即吸收系数。吸收系数与介质和入射光的波长有关，吸收系数与波长的关系曲线称为吸收曲线。

设光在单一界面上的反射率为 R，透射光的光强可表示为

$$I_T = \frac{I_0(1-R)^2 e^{-\alpha d}}{1 - R^2 e^{-2\alpha d}} \tag{6.2.4}$$

根据式(6.2.1)和式(6.2.4)可得出

$$T = \frac{(1-R)^2 e^{-\alpha d}}{1 - R^2 e^{-2\alpha d}} \tag{6.2.5}$$

通过测量用同一材料加工而成（对于同一波长吸收系数 α 相同）、表面性质相同（反射率 R 相同），但厚度不同的两块试样的光谱外透射率后，可计算得到介质的光谱透射率 T_i 和吸收系数 α。设两块试样的厚度分别为 d_1 和 d_2，且 $d_1 > d_2$，光谱外透射率分别为 T_1 和 T_2。由于一般情况下，α 和 d 都很小，由式(6.2.5)可得

$$\frac{T_2}{T_1} = e^{-\alpha(d_2 - d_1)} \tag{6.2.6}$$

在合适的条件下，单色仪测量输出的数值与照射其上的光强成正比，所以读出测量的强度就可由下式计算光谱透射率 T_i 和吸收系数 α：

$$\begin{cases} T_i = I_2 / I_1 \\ \alpha = \dfrac{\ln I_1 / I_2}{d_2 - d_1} \end{cases} \tag{6.2.7}$$

式中，I_1 和 I_2 分别表示试样厚度分别为 d_1 和 d_2 时单色仪测量的强度值。

3. 氢原子光谱的里德伯常数

根据玻尔理论可知，原子的能量是量子化的，即具有分立的能级。当电子从高能级 n 向低能级 k 跃迁时，原子以电磁波向外辐射形式放出能量。对于氢和氘的巴尔末线系，是电子在高能级 n 和低能级 $k=2$ 之间跃迁形成的，根据玻尔理论，氢和类氢原子的光谱线波数 $\tilde{v}$ 可表示为

$$\tilde{v} = \frac{1}{\lambda} = R\left(\frac{1}{2^2} - \frac{1}{n^2}\right) \tag{6.2.8}$$

式中，R 是里德伯常数。对于不同的元素或同一元素的不同同位素 R 值不同。氢与它的同位素的相应波数很接近，在光谱上形成很难分辨的双线或多线。

假设氢和氘的里德伯常数分别为 R_H 和 R_D，根据式(6.2.8)，其光谱线的波长分别为 λ_H、λ_D，则其波长差可表示为

$$\Delta\lambda = \lambda_H - \lambda_D = \lambda_H\left(1 - \frac{\lambda_D}{\lambda_H}\right) = \lambda_H\left(1 - \frac{\tilde{v}_H}{\tilde{v}_D}\right) = \lambda_H\left(1 - \frac{R_H}{R_D}\right) \tag{6.2.9}$$

由式(6.2.9)可见，如果通过实验测出氢和氘谱线的波长和波长差，根据式(6.2.8)、式(6.2.9)可求得氢与氘的里德伯常数 R_H 和 R_D。

【实验仪器】

钠灯及汞灯电源、钠灯、汞灯、氢氘灯电源、氢氘灯、光栅光谱仪、光电倍增管负高压及数模转换设备、电脑。

【实验内容与步骤】

1. 光栅单色仪定标和汞灯光谱线的测量

(1) 点击进入实验，实验场景的主窗体如图 6.2.2 所示。

(2) 连接钠灯和电源，并打开电源：如图 6.2.3 所示，将鼠标放到钠灯一个接线柱上，

按下鼠标拖动到钠灯电源的一个接线柱后，松开鼠标，这两个接线柱便由一根导线连接。用相同的方法，将钠灯另外一个接线柱和电源的另一个接线柱连接，完成钠灯和电源连接。双击打开电源大视图，左击开关，打开电源。

（3）采用钠灯 589.0nm 和 589.6nm 谱线给单色仪定标。

① 如图 6.2.4 所示，用鼠标拖动钠灯到光栅单色仪狭缝处，调节钠灯位置，使光通过狭缝。

② 如图 6.2.5 所示，双击打开光电倍增管，打开光电倍增管电源，选择合适负高压。

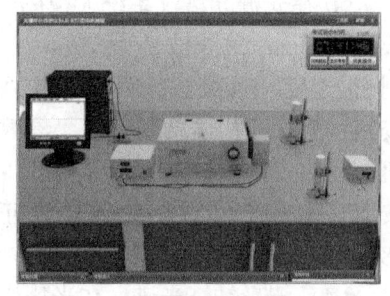

图 6.2.2　光栅单色仪的定标及汞灯光谱线测量实验主场景图

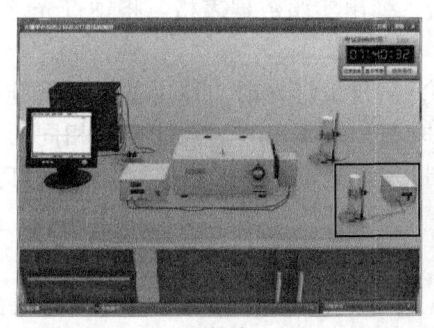

(a) 连接钠灯　　　　(b) 打开电源

图 6.2.3　钠灯和电源的连接场景图

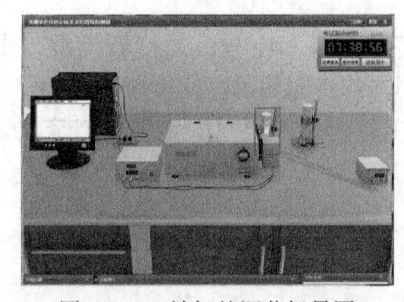

图 6.2.4　钠灯的调节场景图 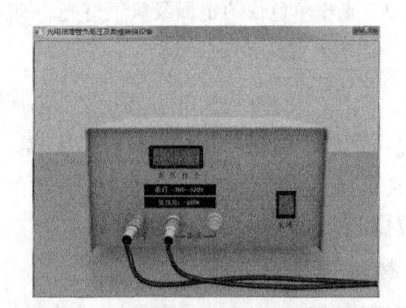　　　图 6.2.5　选择光电倍增管负高压场景图

③ 双击打开光栅光谱仪系统大视图，如图 6.2.6 所示。

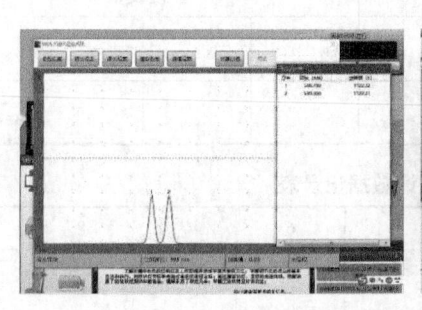

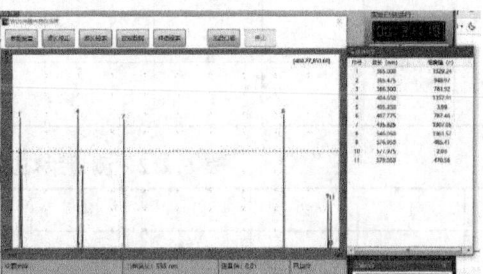

图 6.2.6　光栅光谱仪系统大视图

④ 在光栅光谱仪系统大视图中点击"参数设置"按钮，在"波长范围"中设置起始波长为585nm，终止波长为595nm。完成选择波长范围后，需要进行波长检索，为节省时间，"扫描速度"选最快；然后点击"波长检索"，输入需要检索的波长585nm，点击"确定"按钮；为保证扫描质量，将"参数设置"中扫描速度改为"很慢"，点击"光谱扫描"按钮，光谱仪开始扫描。接着点击"读取数据"按钮，弹出数据列表；最后点击"波长校正"按钮，弹出"仪器波长线性校正"对话框，用数据列表中的波长值减去理论波长值589.0nm，在"当前波长偏差值"处填入计算结果，点击"确定"按钮，完成单色仪定标。

(4) 测量钠灯光谱。在光栅光谱仪系统大视图中，点击"参数设置"按钮，在"波长范围"设置起始波长为490nm，终止波长为620nm，"扫描速度"默认为最快；点击"波长检索"按钮，输入需要检索的波长490nm，点击"确定"按钮。将"参数设置"中的"扫描速度"选择为"很慢"，点击"光谱扫描"按钮，光谱仪开始扫描。点击"读取数据"按钮，弹出数据列表，点击"记录数据"按钮，弹出实验数据表格，将钠灯光谱波长记录到表格中，并计算里德伯常数。

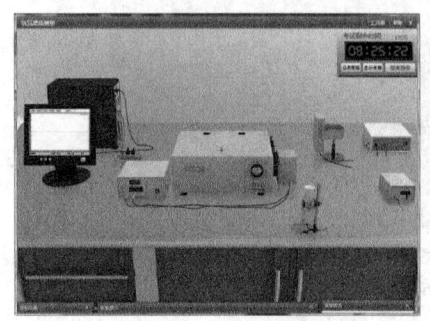

图 6.2.7 光栅单色仪的定标及氢氖灯光谱线测量实验主场景图

(5) 测量汞灯光谱。移走钠灯断开连线，连接汞灯和电源，采取和测量钠灯光谱相同的方法和步骤，测量汞灯光谱，并在表格中记录汞灯光谱波长及幅值。将测量值与理论波长值作比较，并求出相对误差。

2. 光栅单色仪的定标及氢氖灯光谱线测量

(1) 点击进入"光栅单色仪的定标及氢氖灯光谱线测量"实验，实验场景的主窗体如图 6.2.7 所示。

(2) 连接汞灯和电源，并打开电源，采取与实验内容1相同的步骤用汞灯对单色仪定标。

(3) 连接氢氖灯和电源，打开电源，采取与实验内容1相同的步骤，测量氢氖灯光谱并记录氢氖灯光谱波长及幅值。

【数据及处理】

1. 数据记录

数据记录见表6.2.1、表6.2.2和表6.2.3。

表 6.2.1 测量钠灯光谱数据记录表

光谱	主线系			锐线系			漫线系		
波长 λ nm									
里德伯常数 R									

表 6.2.2 测量汞灯光谱数据记录表

序号	1	2	3	4	5	6	7	8	9
波长 λ nm									
幅值									

表 6.2.3　测量氢氖灯光谱数据记录表

光谱	氖(6)	氢(6)	氖(5)	氢(5)	氖(4)	氢(4)	氖(3)	氢(3)
波长 λ nm								
里德伯常数 R								

2. 数据处理

里德伯常数：$R = \dfrac{(2n)^2}{\lambda(n^2-2^2)}$　　　　平均值：$\bar{R} = \dfrac{1}{n}\sum R_i$

绝对误差：$\Delta R = |\bar{R} - R_{真}|$　　　　相对误差：$E = \dfrac{\Delta R}{R_{真}} \times 100\%$

【注意事项】
(1) 认真按照仿真实验软件的要求操作电脑。
(2) 注意不同的实验内容过程设置不同。

【问题讨论】
(1) 光栅单色仪主要有哪些部分组成，每部分的作用是什么？
(2) 光栅单色仪的工作原理是怎样的？
(3) 解释钠灯、汞灯和氢氖灯光谱的区别。

实验 6.3　傅里叶光学

【引言】
　　作为现代光学的一个分支，傅里叶光学将电信理论中的傅里叶分析方法应用于光学领域，其原理的提出最早可以追溯到1893年阿贝（Abbe）为了提高显微镜的分辨本领所做的努力。阿贝提出的新的相干成像原理，是以波动光学衍射和干涉的原理来解释显微镜的成像过程，解决了提高成像质量的理论问题。受阿贝理论的启发，人们进而将电子信息论的结果应用于光学系统分析中，将光学衍射现象和傅里叶变换频谱分析对应起来，并应用于光学成像系统的分析中，这不仅是以新的概念来理解物理光学现象，而且使近代光学技术得到了重大的发展。

【实验目的】
(1) 了解傅里叶光学的一些基本概念；
(2) 理解空间滤波的方法；
(3) 掌握4f系统的特征。

【实验原理】
1. 傅里叶变换和阿贝成像原理

　　复变函数 $f(x,y)$ 的傅里叶变换 $F(u,v)$ 称为原函数 $f(x,y)$ 的傅里叶变换函数或频谱函数，它一般也为复变函数。光学系统中处理的是平面图形，当光波照明图形时，从图形反射或透射出来的光波可用空间函数来表示。在这些情况下一般都可以进行傅里叶变换或广义的傅里叶变换。

阿贝成像原理认为，透镜的成像过程可以分成两步：第一步是通过物的衍射光在透镜后焦面（即频谱面）上形成空间频谱，这是衍射所引起的"分频"作用；第二步是代表不同空间频率的各光束在像平面上相干叠加而形成物体的像，这是干涉所引起的"合成"作用。成像过程的这两步本质上就是两次傅里叶变换。如果这两次傅里叶变换是完全理想的，即信息没有任何损失，则像和物应完全相似。如果在频谱面上设置各种空间滤波器，挡去频谱某一些空间频率成分，则将会使像发生变化。空间滤波就是在光学系统的频谱面上放置空间滤波器，去掉（选择通过）某些空间频率或者改变它们的振幅和相位，使二维物体像按照要求得到改善。

傅里叶变换和阿贝成像相关原理可参考本书实验 4.1。

2. 空间滤波

在光学成像的过程中，如果将一个平面图形放在一个理想的透镜（傅里叶变换透镜）的前焦平面上，在透镜的后焦平面就可以得到它的准确的傅里叶变换，即得到它的频谱函数。反之如果将一个平面图形的频谱放在一个理想的透镜的前焦平面上，在透镜的后焦平面就可以得到此平面图形（图形的坐标要反转）。根据电子学的通信理论可知，如果对信号的频谱进行处理，如滤波处理，再将信号还原就可以改变信号的性质，如去除信号的噪声等。因此，等效地可以在透镜的后焦平面上放置各种形状和大小的光阑改变图形的频谱，再对此图形用第二个透镜成像就可以对图形进行处理，得到经过处理的图形。这个过程称为光学信息处理，在透镜的后焦平面上放置的光阑称为空间滤波器。

图 6.3.1 所示为一种典型的空间滤波系统——4f 系统。激光经过扩束镜形成平行光照明物平面，设其坐标为 (x_1, y_1)，透过物平面的光的复振幅为物函数 $f(x_1, y_1)$。光波透镜 L_1 到达后焦平面（频谱面）就得到物函数的频谱，其坐标为 (u, v)。再经透镜 L_2 在其像平面上可以得到与物相等大小完全相似但坐标完全反转的像，其坐标为 (x_2, y_2)。此时将坐标完全反转后可以认为得到原物完全相同的像。

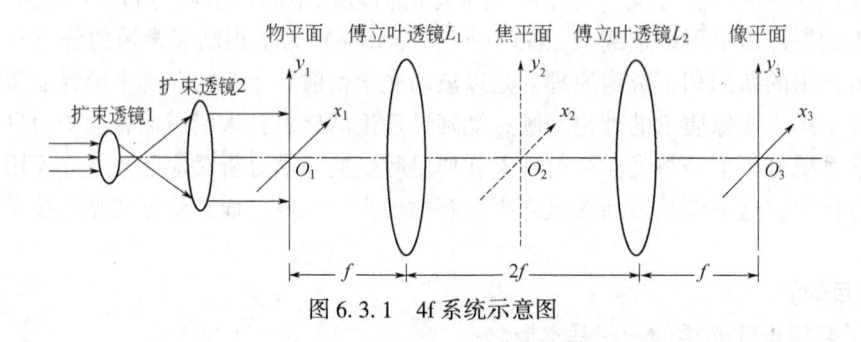

图 6.3.1 4f 系统示意图

3. 空间滤波器

空间滤波器由于其特性和功能不同可以进行不同的分类，按其功能可以分为：(1) 低通滤波：在频谱面上放如图 6.3.2(a) 所示的光阑，只允许位于频谱面中心及附近的低频分量通过，可以滤掉高频噪声；(2) 高通滤波：在频谱面上放如图 6.3.2(b) 所示的光阑，它阻挡低频分量而让高频分量通过，可以实现图像的衬度反转或边缘增强；(3) 带通滤波：在频谱面上放如图 6.3.2(c) 所示的光阑，它只允许特定区域的频谱通过，可以去除随机噪声；(4) 方向滤波：在频谱面上放如图 6.3.2(d) 或 (e) 所示的光阑，它阻挡或允许特定方向上的频谱分量通过，可以突出图像的方向特征。

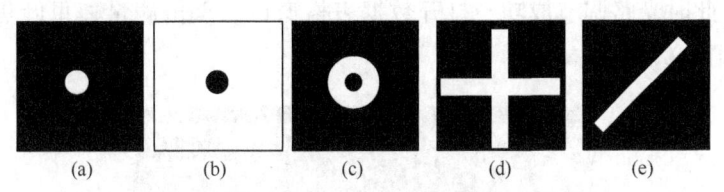

图 6.3.2 几种空间滤波器

以上滤波光阑因透光部分是完全透光，不透光部分是将光全部挡掉，所以称作"二元振幅滤波器"。还有各种其他形式的滤波器，如振幅滤波器、相位滤波器和复数滤波器等。相幅滤波器是将位相转变为振幅的滤波器，它的重要应用就是把位相物体显现出来。所谓位相物体是指那些只有空间的位相结构而透明度却一样的透明物体，如生物切片、油膜、热塑等，它们只改变入射光的位相而不影响其振幅。所以人眼不能直接看到透明体中的位相分布，也就是它们的形状和结构，利用相幅转换技术就能使人眼看到透明体的形状和结构，从而扩展了人眼的视觉功能。显现位相的技术有许多种，比如纹影法和相衬法。其中相衬法是利用相位滤波器将物体的相位变化转换成光的强弱不同，其优点是观察到的强度变化与位相变化呈线性关系。

【实验仪器】

激光器（波长 650nm）、扩束镜、准直镜、傅里叶透镜、物屏、光屏和滤波器。

【实验内容与步骤】

1. 调节平行光路

（1）如图 6.3.3 所示，将激光器、扩束镜、准直镜和光屏依次摆放到导轨上。

（2）打开激光器，调整扩束镜和准直镜之间的距离，如图 6.3.4 所示，直到移动光屏时光屏上的光斑直径不发生变化，此时平行光调节成功。打开数据表格窗口，点击调节平行光的"确认光路"按钮保存当前光路状态。

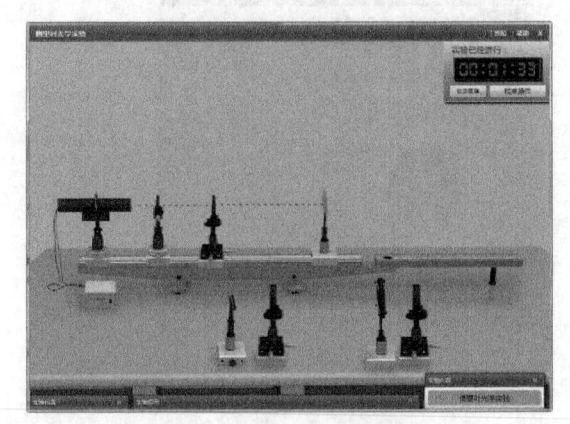

图 6.3.3 调节平行光路界面   图 6.3.4 平行光路的调节

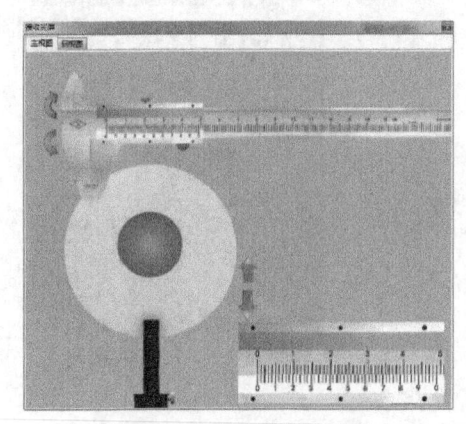

2. 测量傅里叶透镜的焦距

（1）如图 6.3.5 所示，将傅里叶透镜（实验中的两个傅里叶透镜任选一个都可以）放到导轨上，并依次将激光器、扩束镜、准直镜、傅里叶透镜和光屏摆放好；打开激光器，在完成平行光调节的基础上，调整傅里叶透镜与光屏之间的距离，直到光屏上的光斑直径最小，亮度最亮，此时光路调节成功。打开数据表格窗口，点击测量傅里叶焦距的"确认光路"按钮保存当前光路状态。

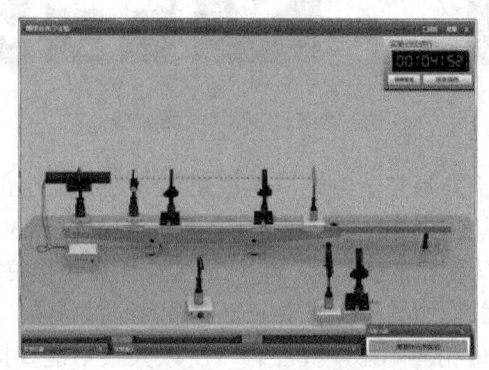

图 6.3.5 测量傅里叶透镜的焦距光路图

（2）双击主场景中导轨上的傅里叶透镜和光屏，如图 6.3.6 所示，查看仪器俯视图，读出仪器在导轨上的位置，计算仪器之间的距离并填入数据表格中。

3. 利用夫琅和费衍射测一维光栅常数

（1）将激光器、扩束镜、准直镜、物屏、傅里叶透镜、光屏依次摆放好，在调整平行光的基础上，调整物屏、傅里叶透镜和光屏的位置，使物屏处于傅里叶透镜的左焦点处，光屏处于傅里叶透镜的右焦点处。打开激光器的电源开关，同时选择合适的一维光栅，此时光屏上会出现光栅的衍射光斑。若此时没有出现衍射光斑，需要适当微调物屏和光屏的位置。

（2）打开数据表格窗口，点击计算一维光栅常数的"确认光路"按钮保存当前光路状态。如图 6.3.7 所示，移动光屏上的游标卡尺，测量光屏上的光栅衍射图案的±1 级光斑和±2 级光斑的距离，记录数据并根据光栅方程计算光栅常数。

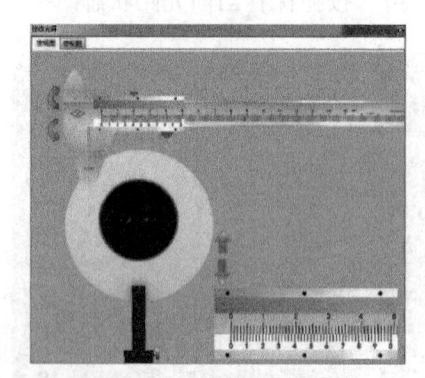

图 6.3.6 仪器俯视图　　图 6.3.7 光栅衍射图样

4. 观察并记录傅里叶频谱面上不同滤波条件的图样或特征

（1）如图 6.3.8 所示，将激光器、扩束镜、准直镜、物屏、傅里叶透镜 1、滤波器、傅里叶透镜 2 和光屏依次摆放在导轨上；在调整平行光的基础上，选择合适的光栅，调整物屏、傅里叶透镜、滤波器位置，直到滤波器上出现清晰的光栅衍射图案。调整傅里叶透镜 2 和光屏的位置，使光屏上出现傅里叶滤波图案。打开数据表格窗口，点击该模块下的"确认光路"按钮保存当前光路状态。

（2）将物屏上的光栅换成"光"字屏（规则的光栅和一个汉字组成叠加），打开激光器，观察4f系统的成像特征"光"字屏滤波，如图6.3.9所示。

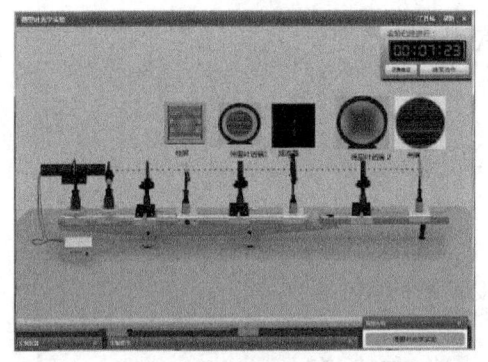

图6.3.8 观察傅里叶频谱面上的图样的光路图 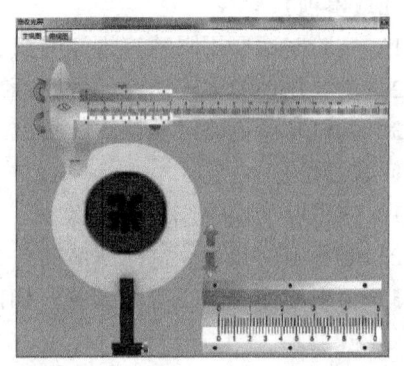　　图6.3.9 观察"光"字屏滤波结果

【数据及处理】

1. 数据记录

数据记录见表6.3.1和表6.3.2。

表6.3.1 傅里叶透镜焦距的测量　　　　　　　　　　　（单位：mm）

测量组数	1	2	3	4	5	平均值
f						

表6.3.2 光栅常数的测量数据记录

透镜焦距 $f=$ _____。

测量组数	±1级光斑	衍射角 φ_1	光栅常数 d mm	±2级光斑	衍射角 φ_2	光栅常数 d mm
1						
2						
3						
4						
5						

2. 数据处理

1）傅里叶透镜焦距的测量数据处理

平均值：$\bar{f}=\dfrac{1}{n}\sum f_i$　　　　　绝对误差：$\Delta f=|\bar{f}-f_{真}|$

相对误差：$E=\dfrac{\Delta f}{f_{真}}\times 100\%$

2）光栅常数 d 的测量数据处理

光栅常数：$d=\dfrac{m\lambda}{\sin\varphi}$　（m 是衍射条纹级次，φ 是衍射角）

平均值：$\bar{d}=\dfrac{1}{n}\sum d_i$

绝对误差：$\Delta d=|\bar{d}-d_{真}|$ 相对误差：$E=\dfrac{\Delta d}{d_{真}}\times 100\%$

【注意事项】
(1) 实验时不要用眼睛直视激光束，以免造成损伤。
(2) 不要用手触摸光学元件的表面。
(3) 调试实验光路时要认真、细致。

【问题讨论】
(1) 傅里叶变换的作用是什么？
(2) 解释空间频率、空间滤波的含义？
(3) 衍射光谱的大小有什么关？如何改变谱图的大小？

实验6.4　数字全息

【引言】

全息技术是一种不用透镜成像，而是利用相干光干涉得到物体全部信息的两步成像技术。1960年激光器的问世，以及美国科学家Leith和Uptneik提出离轴全息，使物光再现像和其共轭像在频谱上产生分离，全息技术的研究步入一个新的阶段。1965年，Kozma和Kelly又提出了计算机生成全息图（Computer Generated Holography，CGH）的概念，那时受计算机速度、容量和显示器分辨率等因素的约束，直到80年代中期数字全息技术的研究开始进入飞速发展阶段。

数字全息技术不但可以完整地记录物光波的强度和相位信息，而且能实现空间三维物体的二维再现到三维再现的跨越。全息制作包括二种方式，光学全息和计算全息。光学全息用光学干涉原理制作，计算全息是用计算机对物波场的数学描述进行抽样、计算、编码而制作。数字全息实验使用高精度CCD相机和空间光调制器件（SLM）进行采集和再现，降低了对环境（暗室、防震）的要求，免去了冲洗的安全隐患，可以对数据进行二次开发，如滤波、存储、传输等，拓展了全息的应用领域。

【实验目的】
(1) 掌握全息技术的基本概念；
(2) 学习菲涅尔数字全息的原理与方法；
(3) 学习无透镜傅里叶变换数字全息的原理与方法；
(4) 理解菲涅尔数字全息与无透镜傅里叶变换数字全息的异同点。

【实验原理】

1. 数字全息的基本原理

激光照射物体时，发生漫反射形成的散射光波与参考光波相干叠加形成干涉条纹，采用光敏电子元件（如CCD等）代替普通光学成像介质记录全息图，记录到的全息图以数字图像的形式被存储在计算机中，然后利用计算机模拟光学衍射过程来实现物体的再现。

1) 数字全息记录

数字全息记录和再现过程如图6.4.1所示。

设物光波全息面的复振幅为$O(x,y)$，参考光的复振幅为$R(x,y)$，*表示复共轭量。则将物光与参考光在CCD靶面上的干涉场的光强分布$I(x,y)$离散化，即可得到数字全息图。

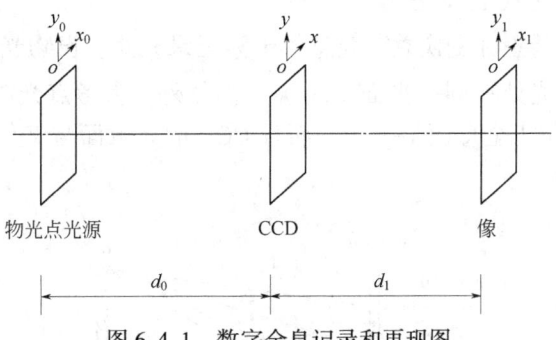

图 6.4.1 数字全息记录和再现图

设 CCD 的感光面尺寸为 $L_x \times L_y$，CCD 的像素数为 $M \times N$ 个点，其采样间隔也即 CCD 的像素尺寸为 $\Delta x \times \Delta y$，而且 $\Delta x = Lx/M$，$\Delta y = Ly/N$ 对干涉条纹进行采样后得到的数字全息图可表示为

$$I(m,n) = I(x,y) rect \left| \left(\frac{\zeta}{Lx}, \frac{\eta}{Ly} \right) \right| \sum_{m=-M/2}^{M/2} \sum_{n=-N/2}^{N/2} \delta(\zeta - m\Delta x, y - n\Delta y) \quad (6.4.1)$$

式中，m、n 为整数，而且 $-\frac{M}{2} \leq m \leq \frac{M}{2}$，$-\frac{N}{2} \leq n \leq \frac{N}{2}$。

2) 数字全息再现

设在计算机中模拟的再现光为 $C(m,n)$，则在 CCD 靶面处记录的数字再现的波前为

$$\Phi(m,n) = C(m,n) I(m,n) \quad (6.4.2)$$

在满足菲涅尔衍射条件下，设计算机模拟再现光波的复振幅为 $C(x,y)$，则根据菲涅尔衍射定理，在菲涅尔衍射区内，距离全息面 d_1 处的再现像 $x_I y_I$ 平面上的再现像复振幅分布为

$$U(x_I, y_I) = \frac{j}{\lambda d_I} \exp\left(-j\frac{2\pi}{l} d_I\right) \int_{-\infty}^{+\infty}\int_{-\infty}^{+\infty} C(x,y) I(x,y) \cdot \exp\left[-j\frac{\pi}{\lambda d_I}(x_I - x)^2 - (y_I - y)^2\right] dx dy$$

$$(6.4.3)$$

将其展开，离散化后可表示为：

$$U(k,l) = \frac{j}{\lambda d_I} \exp\left(-j\frac{2\pi}{\lambda} d_I\right) \exp\left[-j\frac{\pi}{\lambda d_I}(k^2 \Delta x_I^2 + l^2 \Delta y_I^2)\right] \cdot$$

$$\sum_{m=0}^{M-1}\sum_{n=0}^{N-1} C(m,n) I(m,n) \exp\left[\frac{j\pi}{\lambda d_I}(m^2 \Delta x^2 + n^2 \Delta y^2)\right] \cdot \exp\left[j\frac{2\pi}{\lambda d_I}(m\Delta x k \Delta x_I + n\Delta y l \Delta y_I)\right]$$

$$(6.4.4)$$

式 (6.4.4) 即为数字全息再现像平面的光场分布，其中 $k = 0, 1, \cdots, M-1$；$l = 0, 1, \cdots, N-1$。Δx_I、Δy_I 为再现像的采样间隔，也被定义为再现像的分辨率。

3) 菲涅尔数字全息

对数字全息图进行衍射再现的过程是根据菲涅尔—基尔霍夫衍射积分公式进行数值计算，得到离散的再现光场分布，并以图像的形式直接显示在计算显示器上。所以数字全息再现采用的算法主要有菲涅尔衍射积分算法和卷积再现算法。数字全息的衍射再现过程是利用计算机模拟参考光照射全息图，发生衍射过程，实现物体再现的。

2. 无透镜傅里叶变换数字全息

图 6.4.2 为无透镜傅里叶变换数字全息的干涉记录光路。设物光波为 O_{bj}，参考点光源为 R，并且物光和参考光处在同一平面 x_0-y_0 上。另外，参考点光源在坐标系内的坐标为 $(x_r, 0)$，CCD 光敏面位于全息面 x-y 上，而且 CCD 的光敏面与 Z 轴重合，平面 x_0-y_0 与平面 x-y 之间的距离为 d_0。

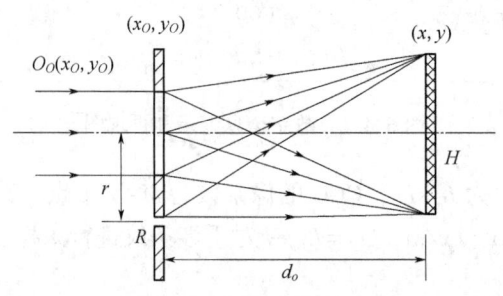

图 6.4.2 无透镜傅里叶变换数字全息记录光路图

CCD 所记录的是物体的无透镜傅里叶变换全息图的空间频谱，其再现像可表示为

$$b(x_I, y_I) = C\exp\left[-i\frac{\pi}{\lambda d_O}(x_O^2 + y_O^2)\right] FF\left\{h(x,y)r(x,y)\exp\left[-i\frac{\pi}{\lambda d_O}(x^2+y^2)\right]\right\} \quad (6.4.5)$$

式中，C 为复常数，FF 表示受到 $1/\lambda d_O$ 调制的二维傅里叶变换。记录过程中，为抵消菲涅尔衍射积分中的二次位相因子，可以采用下式的球面参考光波 $r(x,y)$ 对其进行抵消

$$r(x,y) = C\exp\left[i\frac{\pi}{\lambda d_O}(x^2+y^2)\right] \quad (6.4.6)$$

因此，再现像的光强可以简单地表示为

$$b(x_I, y_I) = C\exp\left[-i\frac{\pi}{\lambda d_O}(x_O^2+y_O^2)\right] FF[h(x,y)] \quad (6.4.7)$$

从式 (6.4.7) 中可以看出，仅使用一次快速傅里叶变换算法，就能够再现出无透镜傅里叶变换全息图的再现像。

【实验仪器】

He-Ne 氦氖激光器、分光镜、平面反射镜、扩束镜 $f = 4.5\text{mm}$、记录物体、凸透镜（$f = 150\text{mm}$）、凸透镜（$f = 225\text{mm}$）。

【实验内容与步骤】

1. 菲涅尔数字全息实验

(1) 图 6.4.3 为菲涅尔数字全息实验光路图，图中 He-Ne 为氦氖激光器、BS 为分光镜、M_1 和 M_2 均为平面反射镜、BE_1 和 BE_2 均为扩束镜 $f = 4.5\text{mm}$、记录物体为一个白色的骰子（12mm×12mm×12mm），按图搭建好光学系统，并将其调至共轴。

(2) 照射记录物体的光称为物光，直接射向 CCD 的称为参考光；先不加两扩束镜，将物光和参考光调至与光学平台平行的同一高度并相交于 CCD 上同一点。此时可以先不开 CCD 的盖子。

(3) 图 6.4.4 为菲涅尔数字全息的实验界面图，将两扩束镜分别加至物光和参考光路中，打开 CCD，利用 CCD 记录菲涅尔全息图，即为图 6.4.4 左侧的全息图。将光学记录所

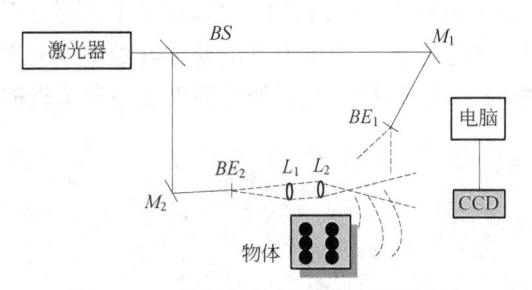

图 6.4.3　菲涅尔数字全息实验光路图

得的菲涅尔全息图加载后，设置记录距离，利用菲涅尔衍射积分算法再现出物光信息，即为图 6.4.4 右侧的再现图。

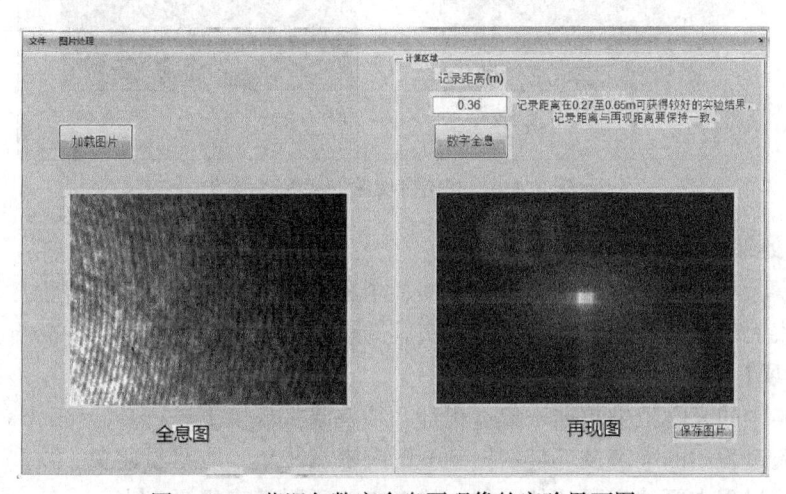

图 6.4.4　菲涅尔数字全息再现像的实验界面图

2. 无透镜傅里叶变换数字全息实验

（1）图 6.4.5 为无透镜傅里叶变换数字全息实验光路图，图中 BS 为分光镜，M_1 和 M_2 均为平面反射镜，BE_1 和 BE_2 均为扩束镜 $f=4.5\text{mm}$，L_1 和 L_2 为凸透镜，焦距分别为 150mm、225mm。按图搭建好光学系统，并将其调至共轴。

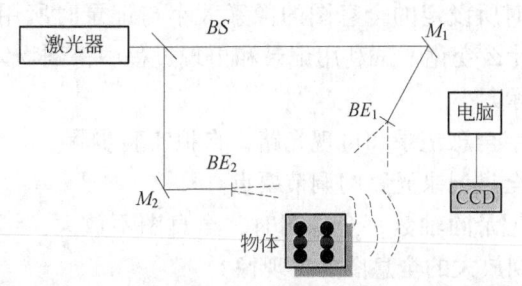

图 6.4.5　无透镜傅里叶变换数字全息实验光路图

（2）先不加两扩束镜，将物光和参考光调至同一高度并相交于记录物体上同一点，此时可以先不开 CCD 的盖子。

（3）图 6.4.6 为物体再现像的实验界面图，将两扩束镜分别加至物光和参考光路中，打开 CCD 的盖子，在黑暗的环境下，利用 CCD 可以记录下无透镜傅里叶变换全息图，即为图 6.4.6 中的"全息图"。将全息图加载至无透镜傅里叶数字全息软件中，得到记录物体的再现像，即为图 6.4.6 中的"再现图"。注意物体散射光与参考光的夹角不要超过 30°。

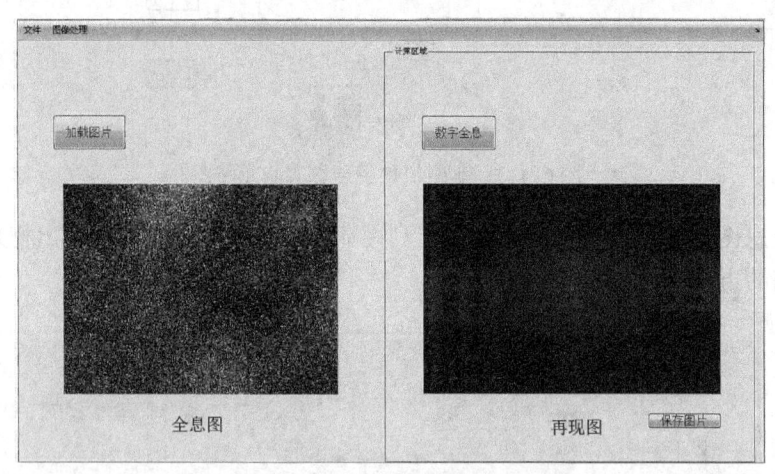

图 6.4.6　物体再现像的实验界面图

【数据及处理】
（1）观察菲涅尔数字全息实验的全息图、全息再现像，并分析实验过程。
（2）观察无透镜傅里叶变换数字全息实验的全息图、全息再现像，并分析实验过程。

【注意事项】
（1）实验中的光学记录数据采集过程都必须在暗室环境下进行。
（2）实验过程中的噪声及环境的振动会影响数据采集，应尽量避免。
（3）实验过程中要注意眼睛的防护，绝对禁止用眼睛直视激光束。
（4）禁止用手触摸光学镜片或用口向镜面吹气以免污染镜面。
（5）该实验的光路较难调试，需有耐心地多次调试才可。

【问题讨论】
（1）比较物光的光强分布和物光与参考光相干叠加后的光强分布图样，说明两者的差别和参考光的作用。
（2）如果数字再现时所设定的全息图的像素大小与记录时所用 CMOS 的实际像素大小不同，再现像的位置有什么变化？试利用记录和再现过程中得到物体和再现像的位置参数计算所用 CMOS 像素的实际大小。
（3）试设计像面数字全息记录和再现光路，自拟实验步骤。
（4）试述同轴数字全息记录光路的调节要点。
（5）如用扩展光束记录同轴数字全息图时，全息图不放大，记录光束波长和再现波长一样，那还能用何法得到放大的全息图的再现像？

实验 6.5　自组迈克尔逊干涉仪与应用

【引言】
1878 年科学家迈克尔逊和莫雷为了研究"以太"漂移学说，为之设计制造了精密测量仪器——迈克尔逊干涉仪（Michelson Interferometer）。迈克尔逊和莫雷实验否定了以太的存在，这在物理学史上具有重大的意义。迈克尔逊干涉仪可以把相干的两束光完全分开，便于在光路中安插其他待测元件，所以利用迈克尔逊干涉仪既可观测干涉现象，也可方便地进行各种精密检测。由于这些优点，迈克尔逊干涉仪对于光谱线精细的结构以及用光波标定标准米尺等方面都为近代物理和计量技术做出了重要贡献。

【实验目的】

（1）了解迈克尔逊干涉仪结构、原理及调节方法；
（2）观察等倾干涉条纹的特点，了解其形成条件；
（3）掌握测量激光波长的方法。

【实验原理】

1. 迈克尔逊干涉仪结构和原理

图 6.5.1 是迈克尔逊干涉仪的光路示意图，图中 M_1 和 M_2 是互相垂直的两个平面反射镜，G_1 是分光板，G_2 补偿板。迈克尔逊干涉仪的工作原理参考本书实验 2.5。

2. 点光源产生的非定域干涉

如图 6.5.2 所示，点光源 S 发出的光束经迈克尔逊干涉仪的等效薄膜表面 M_2' 和 M_1 反射后，相当于是两个虚光源 S_1、S_2 发出的相干光束。若 M_1 和 M_2' 的间距为 d，则两个虚光源 S_1、S_2 的距离为 $2d$，它们在空间处处相干，把观察屏放在空间不同位置处，都可以见到干涉图样，所以这一干涉是非定域干涉。如果把观察屏 E 放在垂直于 S_1、S_2 连线的位置上，则可以看到一组同心圆，圆心是 S_1、S_2 的连线与观察屏的交点 O。设在观察屏上离中心 O 点距离为 R 的一点 A，到达 A 点的两束光的光程差为

$$\delta = 2d\cos i \tag{6.5.1}$$

式中，i 是干涉条纹的倾角，d 是 M_1 和 M_2' 的间距。

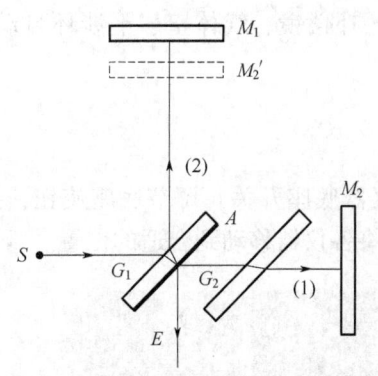

图 6.5.1 迈克尔逊干涉仪结构及光路图　　图 6.5.2 点光源的薄膜干涉

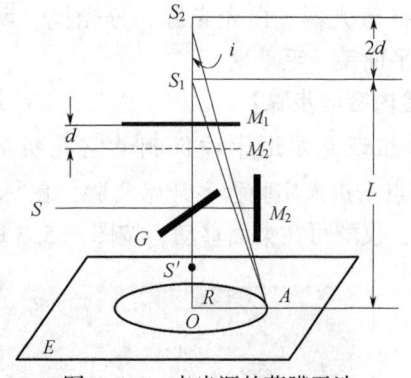

干涉条纹的明纹条件可表示为

$$\delta = 2d\cos i = m\lambda \quad m = 1, 2, 3, \cdots \tag{6.5.2}$$

当 M_1 和 M_2' 的间距 d 增大时，对任一级干涉条纹，是以减少 $\cos i$ 的值来满足式（6.5.2）的，故干涉条纹间距向 $\cos i$ 值变小的方向移动，即向外扩展。此时观察屏上条纹好像从中心向外"涌出"，且每当间距 d 增加 $\lambda/2$ 时，就有一个条纹涌出。反之，当间距由逐渐变小时，最靠近中心的条纹将逐个地"陷入"中心，且每陷入一个条纹，间距的改变亦为 $\lambda/2$。

因此，当 M_2 镜移动时，若有 N 个条纹陷入中心，则表明 M_2 相对于 M_1 移近了

$$\Delta d = N \frac{\lambda}{2} \tag{6.5.3}$$

反之，若有 N 个条纹从中心涌出来时，则表明 M_2 相对于 M_1 移远了同样的距离。如果精确地测出 M_2 移动的距离 Δd，则可由式(6.5.3) 计算出入射光波的波长。

把点光源换成扩展光源，扩展光源中各点光源是独立的、互不相干的，每个点光源都有自己的一套干涉条纹，在无穷远处，扩展光源上任两个独立光源发出的光线，只要入射角相同，都会聚在同一干涉条纹上，因此在无穷远处就会见到清晰的等倾条纹。当 M_1 和 M_2' 不平行时，用点光源在小孔径接收的范围内，或光源距离 M_1 和 M_2' 较远时，或光是正入射时，在 M_1 和 M_2' 之间的"膜"附近都会产生等厚条纹。

3. 测量空气折射率

在图 6.5.1 中的 M_1 和 G_1 之间放置一个能够控制充、放气的气室。如果气室内空气压力改变 Δp，折射率改变 Δn，使光程差增大 δ，就会引起 N 个干涉条纹的移动。设气室内空气柱长度为 L，则空气的折射率有如下计算公式：

$$n = 1 + \frac{N\lambda}{2L} \frac{p}{\Delta p} \tag{6.5.4}$$

4. 白光干涉条纹

干涉条纹的明暗决定于光程差与波长的关系，在迈克尔逊等倾干涉中，用白光光源取代激光光源，并减小两个反射镜的距离，在 $d=0$ 的附近可以在 M_2' 和 M_1 交线处看到干涉条纹。这时对各种波长的光来说，其光程差均为 $\lambda/2$（反射时附加 $\lambda/2$），故产生直线黑纹，即所谓的中央条纹，其两旁有对称分布的彩色条纹。d 稍大时，因对各种不同波长的光，满足明暗条纹的条件不同，所产生的干涉条纹明暗互相重叠，就显不出条纹了。

【实验仪器】

He-Ne 激光器、白光光源、分光镜、反射镜、补偿镜、气体室、干涉环自动计数器、二维移动平面镜、毛玻璃。

【实验内容与步骤】

1. 自组迈克尔逊干涉仪测量空气折射率

（1）点击进入实验程序开始实验，鼠标点击仪器底座开关，调节底座旋钮，挡位调节到"ON"，仪器可在桌面移动，按图 6.5.3 所示，将各仪器移动到合适的位置。

图 6.5.3 自组迈克尔逊干涉仪测量空气折射率光路图

（2）鼠标点击电源开关，打开 He-Ne 激光器电源，调节激光光束平行于台面。按照图 6.5.3 所示依次调节扩束镜、分光镜、气体室、反射镜 M_1 和 M_2 和毛玻璃的位置，组成迈克尔逊干涉仪测量光路。

（3）调节分光镜、反射镜 M_1 和 M_2 的倾角，直到毛玻璃屏上出现一系列如图 6.5.4 所示的干涉圆环。

（4）将干涉环计数器移到毛玻璃位置，点击开启气囊阀放气，至气压表表针回到零点时，点击干涉环自动计数器的"定标"按钮，再点击干涉环自动计数器"启停"按钮，点击气囊可向气体室内充入气体，可点击气压表观察气压变化 Δp，同时观察干涉环变化数 N。

（5）记录实验数据，根据式（6.5.4）计算实验环境的空气折射率。

2. 自组迈克尔逊干涉仪测量微小位移

（1）点击进入实验程序开始实验，鼠标点击仪器底座开关，调节底座旋钮，挡位调节到"ON"，仪器可在桌面移动，按图 6.5.5 所示，将各仪器移动到合适的位置。

图 6.5.4　毛玻璃屏上显示的干涉圆环

图 6.5.5　自组迈克尔逊干涉仪测量微小位移实验光路

（2）鼠标点击电源开关，打开 He-Ne 激光器，调节 He-Ne 激光器平行于台面。按照图 6.5.5 所示依次调节扩束镜、补偿镜、分光镜、反射镜 M_1 和二维可调平面镜 M_2 以及毛玻璃的位置，组成迈克尔逊干涉仪测量光路。

（3）调节分光镜、补偿镜、反射镜 M_1、二维可调平面镜 M_2 的倾角（注意保持补偿镜与分光镜严格平行且等厚），直到毛玻璃屏上出现一系列干涉条纹，观察干涉现象。

（4）将干涉环计数器移到毛玻璃位置，点击干涉环自动计数器的"定标"按钮，再点击干涉环自动计数器"启停"按钮，调节二维可调平面镜 M_2 的千分尺旋钮，使 M_2 发生微小位移，记录 M_2 的微小位移 Δd，同时观察并记录干涉环变化数 N。

（5）记录实验数据，根据式（6.5.4）计算实验环境的空气折射率。

3. 观察白光干涉图样和防震台的稳定性

（1）在上一项测量结束之后，将鼠标移到 He-Ne 激光器上，打开激光器底座开关，拖动激光器底座将激光器移走，鼠标打开白光光源底座开关，拖动白光光源底座将其放置到 He-Ne 激光器的位置上。

（2）鼠标点击电源开关，打开白光光源电源，调节白光光源平行于台面，按照图 6.5.5 所示依次调节扩束镜、补偿镜、分光镜、反射镜 M_1 和二维可调平面镜 M_2 及毛玻璃的位置，组成迈克尔逊干涉仪测量光路。

（3）调节分光镜、补偿镜、反射镜 M_1、二维可调平面镜 M_2 的倾角，直到毛玻璃屏上出现一系列白光干涉条纹，观察白光干涉条纹图像与理论分析对比。

（4）点击防震台上放置的橡胶锤，用橡胶锤轻轻敲击台面，从条纹变动的幅度及衰减速度来观察评定平台的防震性能。

图 6.5.6　自组迈克尔逊干涉仪白光干涉图样

【数据及处理】

1. 数据记录

数据记录见表 6.5.1 和表 6.5.2。

表 6.5.1　自组迈克尔逊干涉仪测量空气折射率数据记录表

测量次数	1	2	3	4	5	平均值
N						
Δp,Pa						
L,m						

表 6.5.2　自组迈克尔逊干涉仪测量测量微小位移数据记录表

测量次数	1	2	3	4	5	平均值
Δd,mm						
N						

2. 数据处理

1）自组迈克尔逊干涉仪测量空气折射率数据处理

空气折射率：$n = 1 + \dfrac{N\lambda}{2L}\dfrac{p}{\Delta p}$　　　　平均值：$\bar{n} = \dfrac{1}{m}\sum n_i$

绝对误差：$\Delta n = |\bar{n} - n_真|$　　　　相对误差：$E = \dfrac{\Delta n}{n_真} \times 100\%$

2）自组迈克尔逊干涉仪测量微小位移数据处理

微小位移：$\Delta d = N\dfrac{\lambda}{2}$　　　　平均值：$\overline{(\Delta d)} = \dfrac{1}{m}\sum (\Delta d)_i$

绝对误差：$\Delta(\Delta d) = |\overline{(\Delta d)} - (\Delta d)_真|$　　　　相对误差：$E = \dfrac{\Delta(\Delta d)}{(\Delta d)_真} \times 100\%$

【注意事项】

（1）按照虚拟仿真实验软件的要求认真完成操作。

（2）调节分光镜、反射镜时注意要缓慢、细致。

(3) 测量不同项目或观察不同现象时应注意光源的调换。

【问题讨论】

(1) 迈克尔逊干涉仪中各光学元件的作用是怎样的？
(2) 如果观察到的干涉条纹非常细密，这种现象是什么原因引起的？
(3) 如果干涉图样出现不圆整的现象，这种现象是什么原因引起的？
(4) 在利用迈克尔逊干涉仪测空气折射率的实验中，能否使用白炽灯作光源？
(5) 如何测量透明溶液的折射率？请写出实验方案。

实验 6.6　塞曼效应

【引言】

荷兰物理学家塞曼（Zeeman）在 1896 年发现把产生光谱的光源置于足够强的磁场中，磁场作用于发光体，使光谱发生变化，一条谱线即会分裂成几条偏振化的谱线，这种现象称为塞曼效应。这个现象的发现是对光的电磁理论的有力支持，证实了原子具有磁矩和空间取向量子化，使人们对物质光谱、原子、分子有更多了解。塞曼效应另一引人注目的发现是由谱线的变化来确定离子的荷质比的大小和符号。根据洛仑兹（H. A. Lorentz）的电子论，测得光谱的波长，谱线的增宽及外加磁场强度，即可称得离子的荷质比。塞曼效应被誉为继 X 射线之后物理学最重要的发现之一。1902 年，塞曼与洛仑兹因这一发现共同获得了诺贝尔物理学奖，以表彰他们研究磁场对光的效应所作的特殊贡献。至今，塞曼效应依然是研究原子内部能级结构的重要方法。

【实验目的】

(1) 了解塞曼效应的原理与现象，观察汞 546.1nm 谱线在磁场中的横向和纵向塞曼分裂过程及其偏振特性；
(2) 学习用法布里—珀罗（F-P）标准具测定相邻谱线的波长差；
(3) 测定电子的荷质比 e/m，并与理论值比较，分析实验结果。

【实验原理】

1. 谱线在磁场中的能级分裂

如图 6.6.1 所示，谱线在磁场中的能级分裂，是与外磁场和原子间的相互作用密切相关的。在研究外磁场和原子的相互作用时，原子的磁矩是一个重要的物理量。原子中的轨道磁矩和自旋磁矩合成为原子的总磁矩 u_J，它在磁感应强度为 B 的磁场中，受到力矩 L 的作用而绕磁场方向旋进，即总角动量 P_J 也绕磁场方向旋进。

原子中电子的轨道磁矩和自旋磁矩合成为原子的总磁矩。总磁矩在磁场中受到力矩的作用而绕磁场方向旋进，可以证明旋进所引起的附加能量为

$$\Delta E = Mg\mu_B B \qquad (6.6.1)$$

式中，M 为磁量子数，μ_B 为玻尔磁子，B 为磁感应强度，g 是朗德因子。朗德因子 g 表征原子的总磁矩和总角动量的关系，定义为

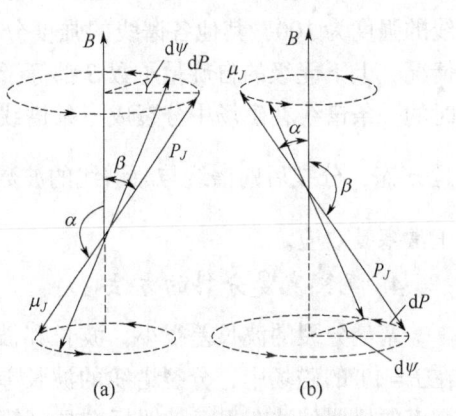

图 6.6.1　原子的总磁矩受磁场作用发生旋进

$$g = 1 + \frac{J(J+1) - L(L+1) + S(S+1)}{2J(J+1)} \tag{6.6.2}$$

式中，L 为总轨道角动量量子数，S 为总自旋角动量量子数，J 为总角动量量子数。磁量子数 M 只能取 $J, J-1, J-2, \cdots, -J$，共 $(2J+1)$ 个值，也即 ΔE 有 $(2J+1)$ 个可能值。这就是说，无磁场时的一个能级，在外磁场的作用下将分裂成 $(2J+1)$ 个能级。由式(6.6.1) 还可以看到，分裂的能级是等间隔的，且能级间隔正比于外磁场 B 以及朗德因子 g。

2. 塞曼分裂谱线与原谱线关系

在磁场中，若上下能级都发生分裂，能级 E_1 和 E_2 之间的跃迁产生频率为 v 的光，满足下式：

$$hv = E_2 - E_1 \tag{6.6.3}$$

在磁场中，若上、下能级都发生分裂，新谱线的频率 v' 与能级的关系为

$$hv' = (E_2 + \Delta E_2) - (E_1 + \Delta E_1) = (E_2 - E_1) + (\Delta E_2 - \Delta E_1) = hv + (M_2 g_2 - M_1 g_1)\mu_B B \tag{6.6.4}$$

分裂后谱线与原谱线的频率差为

$$\Delta v = v - v' = (M_2 g_2 - M_1 g_1)\frac{\mu_B B}{h} \tag{6.6.5}$$

代入玻尔磁子 $\mu_B = \dfrac{eh}{4\pi m}$，等式两边同除以 c，表示为波数差的形式得到

$$\Delta \sigma = (M_2 g_2 - M_1 g_1)\frac{e}{4\pi mc}B \tag{6.6.6}$$

令 $L = \dfrac{eB}{4\pi mc}$，则

$$\Delta \sigma = (M_2 g_2 - M_1 g_1)L \tag{6.6.7}$$

式中，L 称为洛伦兹单位，$L = B \times 46.7 m^{-1} \cdot T^{-1}$。

3. 塞曼跃迁的选择定则

图 6.6.2 以汞的 546.1nm 谱线为例，说明谱线分裂情况。波长 546.1nm 的谱线是汞原子在能级跃迁时产生的。在磁场作用下能级分裂。可见 546.1nm 一条谱线在磁场中分裂成九条线，垂直于磁场观察，中间三条谱线为 π 成分，两边各三条谱线为 σ 成分；沿着磁场方向观察，π 成分不出现，对应的六条 σ 线分别为右旋圆偏振光和左旋圆偏振光。若原谱线的强度为 100，其他各谱线的强度分别约为 75、37.5 和 12.5。在塞曼效应中有一种特殊情况，上下能级的自旋量子数 S 都等于零，塞曼效应发生在单重态间的跃迁。此时，无磁场时的一条谱线在磁场中分裂成三条谱线。其中 $\Delta M = \pm 1$ 对应的仍然是 σ 态，$\Delta M = 0$ 对应的是 π 态，分裂后的谱线与原谱线的波数差 $\Delta \sigma = L = \dfrac{e}{4\pi mc}B$。由于历史的原因，称这种现象为正常塞曼效应。

4. 观察塞曼分裂的方法

塞曼分裂的波长差很小，波长和波数的关系为 $\Delta \lambda = \lambda^2 \Delta \sigma$。波长 $\lambda = 5 \times 10^{-7}$m 的谱线，在 $B = 1$T 的磁场中，分裂谱线的波长差只有 10^{-11}m。要观察如此小的波长差，需采用高分辨率的仪器如法布里—玻罗标准具（简称 F-P 标准具）。F-P 标准具由平行放置的两块平面玻璃或石英板组成的，在两板相对的平面上镀薄银膜和其他有较高反射系数的薄膜。两平行

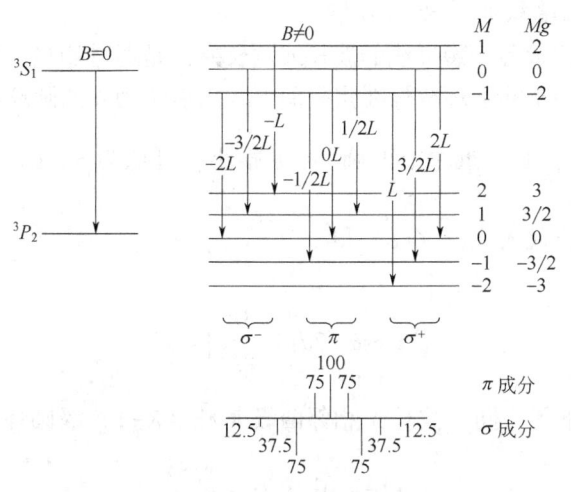

图 6.6.2 Hg（546.1nm）谱线在磁场中的分裂

的镀银平面的间隔是由热膨胀系数很小的材料做成的环固定。玻璃板上带三个螺钉，可以精确调节两玻璃板内表面之间的平行度。

图 6.6.3 为标准具的光路，自扩展光源 S 上任一点发出的单色光，射到标准具板的平行平面上，经过 M_1 和 M_2 表面的多次反射和透射，分别形成一系列相互平行的反射光束 1，2，3，4，…和透射光速 1′，2′，3′，4′，…在透射的诸光束中，相邻两光束的光程差为 $\Delta = 2nd\cos\theta$，这一系列平行并有确定光程差的光束在无穷远处或透镜的焦平面上成干涉像。当光程差为波长的整数倍时产生干涉极大值。一般情况下标准具反射膜间是空气介质，$n \approx 1$，因此干涉极大值为

$$2d\cos\theta = K\lambda \tag{6.6.8}$$

式中，K 为整数，称为干涉级，由于标准具间隔 d 是固定的，在波长 λ 不变的条件下，不同的干涉级对应不同的入射角 θ。因此，在使用扩展光源时，F-P 标准具产生等倾干涉，其干涉条纹是一组同心圆环。中心处 $\theta = 0$，$\cos\theta = 1$，级次 K 最大，$K_{max} = \dfrac{2d}{\lambda}$，其他同心圆亮环依次为 $K-1$ 级、$K-2$ 级等。

图 6.6.4 为对 π 分量进行分析，测出相邻三组圆环的直径（每组又有三条，共九个圆环），$D_{K,1}$、$D_{K,2}$、$D_{K,3}$、$D_{K-1,1}$、$D_{K-1,2}$、$D_{K-1,3}$、$D_{K-2,1}$、$D_{K-2,2}$、$D_{K-2,3}$。

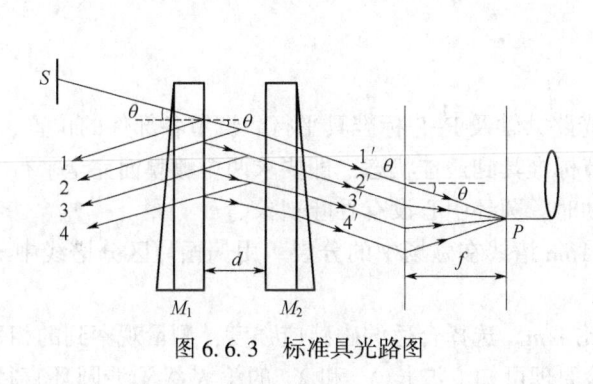

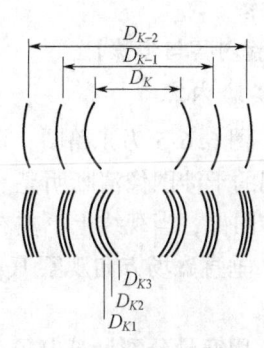

图 6.6.3 标准具光路图 　　　图 6.6.4 π 分量干涉环

5. 测量塞曼分裂谱线波长差的方法

使用 F-P 标准具测量各分裂谱线的波长或波长差，是通过测量干涉环的直径来实现的，用透镜把 F-P 标准具的干涉圆环成像在焦平面上。出射角为 θ 的圆环的直径 D 与透镜焦距 f 间的关系为 $\tan\theta = \dfrac{D}{2}/f$，对于近中心的圆环，$\theta$ 很小，可认为 $\theta \approx \sin\theta \approx \tan\theta$，而 $\cos\theta = 1 - 2\sin^2\dfrac{\theta}{2} \approx 1 - \dfrac{\theta^2}{2} = 1 - \dfrac{D^2}{8f^2}$，代入式（6.6.8）得

$$2d\cos\theta = 2d\left(1 - \dfrac{D^2}{8f^2}\right) = K\lambda \tag{6.6.9}$$

由式（6.6.9）可推得，同一波长 λ 相邻两级 K 和 $(K-1)$ 级圆环直径的平方差

$$\Delta D^2 = D_{K-1}^2 - D_K^2 = \dfrac{4f^2\lambda}{D} \tag{6.6.10}$$

可见 ΔD^2 是与干涉级次无关的常数。设波长 λ_a 和 λ_b 的第 K 级干涉圆环的直径分别为 D_a 和 D_b，可得

$$\lambda_a - \lambda_b = \dfrac{d}{4f^2 K}(D_b^2 - D_a^2) = \left(\dfrac{D_b^2 - D_a^2}{D_{K-1}^2 - D_K^2}\right)\dfrac{\lambda}{K} \tag{6.6.11}$$

将 $K = \dfrac{2d}{\lambda}$ 代入，可以得到波长差、波数差分别为

$$\Delta\lambda = \dfrac{\lambda^2}{2d}\left(\dfrac{D_b^2 - D_a^2}{D_{K-1}^2 - D_K^2}\right) \tag{6.6.12}$$

$$\Delta\sigma = \dfrac{1}{2d}\left(\dfrac{D_b^2 - D_a^2}{D_{K-1}^2 - D_K^2}\right) \tag{6.6.13}$$

测量时用 $(K-2)$ 或 $(K-3)$ 级圆环。由于标准具间隔厚度 d 比波长 λ 大得多，中心处圆环的干涉级数 K 是很大的，因此，用 $(K-2)$ 或 $(K-3)$ 代替 K，引入的误差忽略不计。

【实验仪器】

电磁铁、毫特斯拉计、汞灯、滤光片、F-P 标准具（5mm）、偏振片、1/4 波晶片、透镜、望远镜。

【实验内容与步骤】

1. 实验内容

（1）图 6.6.5 为光路图，调节光路共轴及 F-P 标准具平行。调节各部件的位置、高低，使观察到的干涉图像清晰明亮。调节标准具到最佳状态，即要求两个镀膜面完全平行，此时观察干涉图像，当视线上下左右移动时，圆环中心没有吞吐现象。

（2）垂直磁场方向观察 Hg546.1nm 谱线在磁场中的分裂。用偏振片区分谱线中 π 和 σ 成分。

（3）用塞曼分裂计算电子荷质比 e/m。选择合适的磁感应强度，测量观察到的相邻两级的干涉圆环直径，计算 e/m。由实验原理可知，波长 λ_a 和 λ_b 的第 K 级干涉圆环直径为 D_a

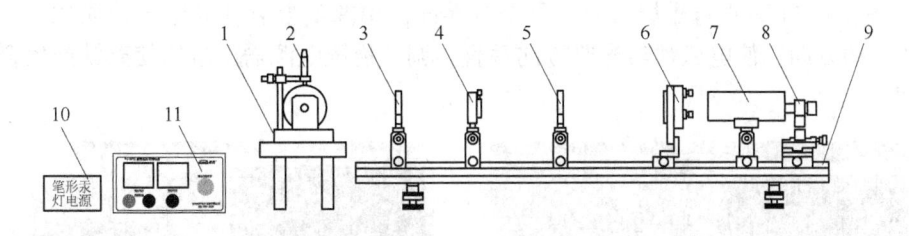

图 6.6.5　塞曼效应光路图

1—电磁铁连磁铁座；2—笔形汞灯连灯架；3—干涉滤光片连座；4—偏振片连座；5—透镜连镜座；
6—F-P标准具连调节座；7—成像物镜连镜座；8—测微装置；9—导轨连底座；10—汞灯电源；11—可调电源

和 D_b，波数差为式（6.6.13），当波数差 $\Delta\sigma = L = \dfrac{eB}{4\pi mc}$ 时可得

$$\frac{e}{m} = \frac{2\pi c}{dB}\left(\frac{D_b^2 - D_a^2}{D_{K-1}^2 - D_K^2}\right) \tag{6.6.14}$$

（4）验证塞曼分裂与磁感应强度的关系。缓慢增加磁感应强度，观察第 K 级和 K-1 级干涉圆环的重叠现象。Hg546.1nm 谱线在磁场作用下分裂为 9 条谱线。图 6.6.4 为 π 分量干涉环，对 π 分量进行分析，测出相邻三组圆环的直径（每组又有三条，共九个圆环），$D_{K,1}$、$D_{K,2}$、$D_{K,3}$、$D_{K-1,1}$、$D_{K-1,2}$、$D_{K-1,3}$、$D_{K-2,1}$、$D_{K-2,2}$、$D_{K-2,3}$。

（5）用特斯拉计测量笔测汞灯所在处的磁场强度，根据已测得的九个圆环直径参数及磁场强度，计算出电子的荷质比测量值 e/m。

2. 实验步骤

（1）图 6.6.6 为实验光路界面，汞灯放置到磁铁中并通电。

（2）图 6.6.7 为望远镜观察调节光路界面，将磁铁转动到与观察光路垂直方向，F-P 标准具、会聚透镜、成像透镜等参照实验光路放置，调节光路，使各个仪器光心共轴，鼠标双击望远镜查看实验现象，使观察的干涉图像清晰明亮。

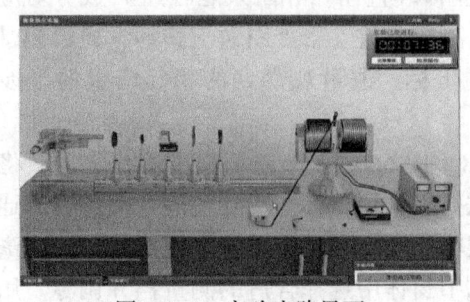

图 6.6.6　实验光路界面　　　　图 6.6.7　光路调节界面

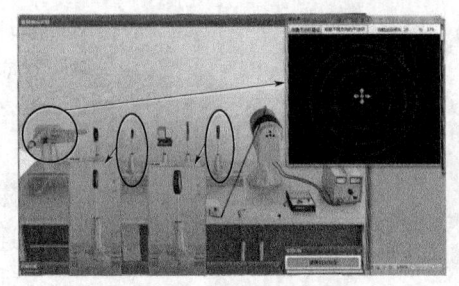

（3）图 6.6.8 为调节 F-P 标准具平行度界面，调节三个调平螺钉使两个镀膜面完全平行。调平过程中，在望远镜的观察窗口中选择"观察不同方向干涉环"。鼠标点击不同方向的箭头移动视线时，如果 F-P 标准具两个镀膜面完全平行，则干涉圆环中心没有吞吐现象。

（4）图 6.6.9 为塞曼分裂观察界面。打开稳压电源，调节输出电压挡和微调旋钮，使得磁铁产生合适的磁场，通过望远镜"观察不同方向的干涉环"，观察汞灯的塞曼分裂现象。

（5）图 6.6.10 为偏振片调节界面，在垂直于磁场方向观察 Hg546.1nm 谱线在磁场中的分裂。调节偏振片的透振方向并观察干涉环的变化，区分谱线 π 和 σ 成分。

（6）图 6.6.11 为垂直磁场方向观察调节界面，用塞曼分裂计算电子荷质比 e/m。调节电磁铁的转动方向，使电磁铁与光路方向垂直。调节稳压电源输出电压使磁铁产生合适的磁感应强度。

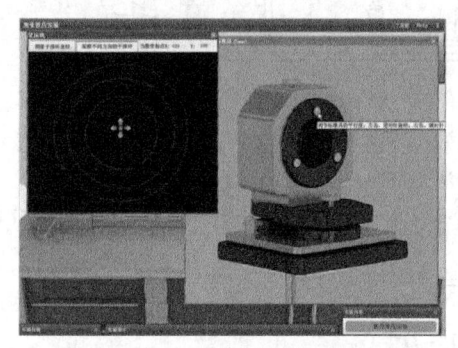

图 6.6.8　标准具调节界面

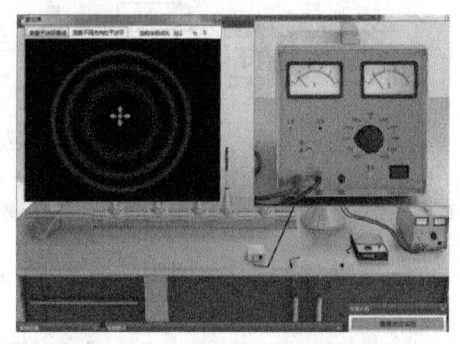

图 6.6.9　塞曼分裂观察界面

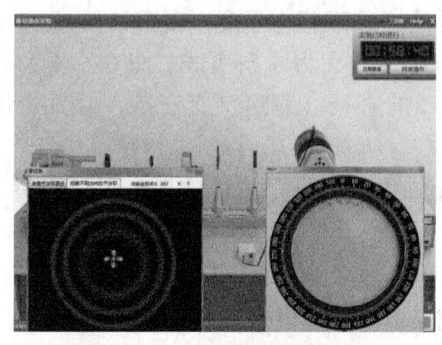

图 6.6.10　偏振片调节界面

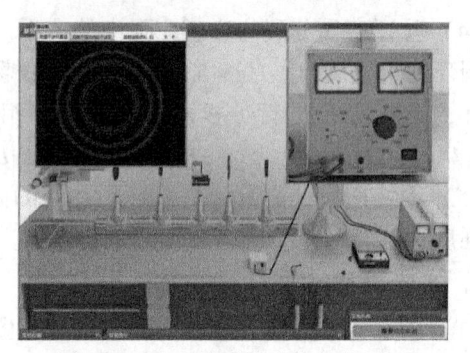

图 6.6.11　垂直磁场方向调节界面

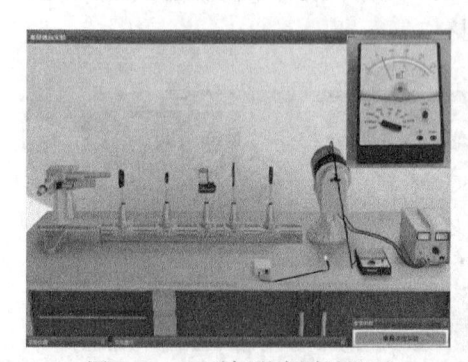

图 6.6.12　磁场强度测量界面

（7）调整偏振片的透振方向，使在望远镜的"测量干涉环直径"界面只能看到 π 成分对应的干涉环。鼠标右键在干涉图像上移动，通过记录鼠标对应的坐标，测量观察到的相邻两级的干涉圆环直径。

（8）图 6.6.12 为磁场强度测量界面，将汞灯从磁铁灯架上用鼠标拖动到实验台面放置，通过鼠标连线将毫特斯拉计和探测笔连接好，打开毫特斯拉计调节窗体中选择合适的测量挡并调零。用鼠标将探测笔拖动到磁铁中央放置后，读取毫特斯拉计显示的磁场强度。

（9）将计算数据填入表 6.6.1 中，计算电子荷质比 e/m，并将理论值与实际值进行比较。

【数据及处理】

1. 数据记录

磁场强度：$B=$ ＿＿T，标准具间隙：$d=2\text{mm}$。

荷质比理论值：$\dfrac{e}{m}=1.7588047\times10^{11}\text{C}/\text{kg}^2$。

表 6.6.1 谱线直径记录 （单位：mm）

	第 K 级			第 $K-1$ 级			第 $K-2$ 级		
第一次	d_3	d_2	d_1	d_3	d_2	d_1	d_3	d_2	d_1
直径									
Δd_1					Δd_{21}			Δd_{22}	
第二次	d_3	d_2	d_1	d_3	d_2	d_1	d_3	d_2	d_1
直径									
Δd_1					Δd_{21}			Δd_{22}	
第三次	d_3	d_2	d_1	d_3	d_2	d_1	d_3	d_2	d_1
直径									
Δd_1					Δd_{21}			Δd_{22}	
第四次	d_3	d_2	d_1	d_3	d_2	d_1	d_3	d_2	d_1
直径									
Δd_1					Δd_{21}			Δd_{22}	
第五次	d_3	d_2	d_1	d_3	d_2	d_1	d_3	d_2	d_1
直径									
Δd_1					Δd_{21}			Δd_{22}	

注：$\Delta d_1 = \dfrac{(d_{K-1}^2 - d_K^2) + (d_{K-2}^2 - d_{K-1}^2)}{2}$，$\Delta d_{21} = \dfrac{(d_{K,1}^2 - d_{K,2}^2) + (d_{K1,1}^2 - d_{K1,2}^2) + (d_{K2,1}^2 - d_{K2,2}^2)}{3}$，

$\Delta d_{22} = \dfrac{(d_{K,3}^2 - d_{K,2}^2) + (d_{K1,3}^2 - d_{K1,2}^2) + (d_{K2,3}^2 - d_{K2,2}^2)}{3}$。

2. 数据处理

电子荷质比：$\dfrac{e}{m} = \dfrac{2\pi c}{dB}\left(\dfrac{D_b^2 - D_a^2}{D_{K-1}^2 - D_K^2}\right)$

平均值：$\overline{X} = \dfrac{1}{N}\sum\left(\dfrac{e}{m}\right)_i$（$N$ 指测量次数）

绝对误差：$\Delta = \left|\dfrac{e}{m} - \dfrac{e}{m_e}\right|$ 相对误差：$E = \dfrac{\Delta}{\overline{X}} \times 100\%$

【问题讨论】

(1) 如何鉴别 F-P 标准具的两个反射面是否平行？如发现不平行该如何调节？

(2) 已知标准具间隔圈厚度 $d = 5$ mm，该标准具的自由光谱范围是多大？根据标准具自由光谱范围及 546.1nm 谱线在磁场中的分裂情况，对磁感应强度有何要求？若 $B = 0.62$T，分裂谱线中哪几条将会发生重叠？

(3) 沿磁场方向观察，$\Delta m = 1$ 和 $\Delta m = -1$ 的跃迁各产生那种圆偏振光？用实验现象说明。

附录

附表1　国际单位制（SI）基本单位

物理量	名称	符号	物理量	名称	符号
长度	米	m	角速度	弧度每秒	rad/s
质量	千克	kg	力	牛顿	N
时间	秒	s	冲量；动量	牛顿秒	N·s
电流强度	安培	A	功率	瓦特	W(J/s)
热力学温度	开尔文	K	热容量；熵	焦耳每开尔文	J/K
物质的量	摩尔	mol	比热	焦耳每千克开尔文	J/(kg·K)
发光强度	坎德拉	cd	黏滞系数	牛顿秒每平方米	N·s/m^2
面积	平方米	m^2	导热系数	瓦特每米开尔文	W/(m·K)
体积	立方米	m^3	扩散系数	平方米每秒	m^2/s
摩尔体积	立方米每摩尔	m^3/mol	电量	库仑	C(A·s)
比容	立方米每千克	m^3/kg	电压；电动势	伏特	V(W/A)
频率	赫兹	Hz(1/s)	电阻	欧姆	Ω(V/A)
密度	千克每立方米	kg/m^3	压强	帕斯卡	Pa(N/m^2)
摩尔质量	千克每摩尔	kg/mol	表面张力	牛顿每米	N/m
速度	米每秒	m/s	摩尔内能；摩尔焓	焦耳每摩尔	J/mol
功；能量；热量；焓	焦耳	J(N·m)	摩尔热容量；摩尔熵	焦耳每摩尔开尔文	J/(mol·K)

注：引自ISO发布的《国际单位制指南》。

附表2　基本物理常数

物理量	符号	数值与单位	相对不确定度(Ur)
牛顿引力常数	G	$6.67384(80)\times10^{-11}$ m^3/(kg·s^2)	4.7×10^{-5}
阿伏加德罗常数	N_A	$6.022\,140\,857(74)\times10^{23}$ mol^{-1}	1.2×10^{-8}
摩尔气体常数	R	$8.314\,4598(48)$ J/(mol·K)	5.7×10^{-7}
理想气体摩尔体积(标准状态下)	V_m	$22.710\,947(13)\times10^{-3}$ L/mol	5.7×10^{-7}
玻尔兹曼常数	k	$1.380\,648\,52(79)\times10^{-23}$ J/K	5.7×10^{-7}
真空中的介电常数	ε_0	$1/(\mu_0 c^2)=8.854\,187\,817\cdots\times10^{-12}$ F/m	精确
真空中的磁导率	μ_0	$4\pi\times10^{-7}=12.566\,370\,614\cdots\times10^{-7}$ N/A^2	精确
真空中的光速	c	$299\,792\,458$ m/s	精确
基本电荷	e	$1.602\,176\,565(35)\times10^{-19}$ C	6.1×10^{-9}
电子质量	m_e	$9.109\,383\,56(11)\times10^{-31}$ kg	1.2×10^{-8}

续表

物理量	符号	数值与单位	相对不确定度(Ur)
中子质量	m_n	$1.674\,927\,471(21)\times10^{-27}$ kg	1.2×10^{-8}
质子质量	m_p	$1.672\,621\,898(21)\times10^{-27}$ kg	1.2×10^{-8}
原子质量常数	m_u	$1.660\,539\,040(20)\times10^{-27}$ kg	1.2×10^{-8}
普朗克常数	h	$6.626\,070\,040(81)\times10^{-34}$ J·s	1.2×10^{-8}
里德伯常数	R_∞	$10\,973\,731.568\,508(65)$ m^{-1}	5.9×10^{-12}
康普顿波长	λ_C	$2.426\,310\,2367(11)\times10^{-12}$ m	4.5×10^{-10}
玻尔半径	a_0	$0.529\,177\,210\,67(12)\times10^{-10}$ m	2.3×10^{-10}
经典电子半径	r_e	$2.817\,940\,3227(19)\times10^{-15}$ m	6.8×10^{-10}

注：（1）括号内的数字是给定值最后两位数字中的一倍标准偏差的不确定度。（2）国际数据委员会（CODATA）每四年对基本物理常数进行一次修正，本表节选自经由国家计量科学数据中心发布的《2018年CODATA基本物理常数推荐值全表》。

附表3 常用光源对应的谱线波长

颜色	主要谱线的波长, ×10⁻¹⁰ m							
	钠灯	氢灯	低压汞灯	亮度	高压汞灯	亮度	He-Ne激光
红		6 562.8			7 081.9 6 907.5 6 716.5	极弱 强 弱	
橙			6 234.4	弱	6 234.4 6 123.3 6 072.6		6 328 强光
黄	5 895.9 5 890.0		5 790.7 5 769.6	强 强	5 889.6 5 872.0 5 859.4 5 790.7 5 769.6	弱 弱 弱 强 强	
绿			5 460.7	强	5 675.9 5 460.7 5 365.1 5 354.1	弱(偏黄色) 强 弱 弱	

附表4 某些气体的折射率（相对空气）

气体	分子式	折射率 n	气体	分子式	折射率 n
氦	He	1.000 035	氮	N_2	1.000 298
氖	Ne	1.000 067	一氧化碳	CO	1.000 334
甲烷	CH_4	1.000 144	氨	NH_3	1.000 379
氢	H_2	1.000 232	二氧化碳	CO_2	1.000 451
水蒸气	H_2O	1.000 255	硫化氢	H_2S	1.000 641
氧	O_2	1.000 271	二氧化硫	SO_2	1.000 686
氩	Ar	1.000 281	乙烯	C_2H_4	1.000 719
空气	—	1.000 292	氯	Cl_2	1.000 768

注：表中给出的数据系在标准状况下，气体对波长约等于 $0.5893\mu m$ 的 D 线（钠黄光）的折射率。

附表5　某些液体的折射率（相对空气）

液体	t,℃	折射率 n	液体	t,℃	折射率 n
二氧化碳	15	1.195	硫酸($+2\%H_2O$)	23	1.429
盐酸	10.5	1.254	三氯甲烷	20	1.446
氨水	16.5	1.325	四氯化碳	15	1.46305
甲醇	20	1.329	甘油	20	1.474
水	20	1.333	甲苯	20	1.495
乙醚	20	1.351	苯	20	1.5011
丙酮	20	1.3591	加拿大树胶	20	1.530
乙醇	20	1.3605	二硫化碳	18	1.6255
硝酸(99.94%)	16.4	1.397	溴	20	1.654

注：表中给出的数据系在标准状况下，气体对波长约等于 $0.5893\mu m$ 的 D 线的折射率。

附表6　某些固体的折射率（相对空气）

固体	折射率 n	固体	折射率 n
氯化钾	1.49044	火石玻璃 F_8	1.6055
冕牌玻璃 K_6	1.5111	重冕玻璃 ZK_6	1.6126
冕牌玻璃 K_8	1.5159	重冕玻璃 ZK_8	1.614
冕牌玻璃 K_9	1.5163	钡火石玻璃	1.6259
钡冕玻璃	1.5399	重火石玻璃 ZF_1	1.6475
氯化钠	1.54427	重火石玻璃 ZF_6	1.755

注：表中给出的数据为固体对波长约等于 $0.5893\mu m$ 的 D 线的折射率。

附表7　可见光波和频率与颜色对应关系

颜色	中心频率,Hz	中心波长,10^{-10}m	波长范围,10^{-10}m
红	4.5×10^{14}	6 600	7 800～6 200
橙	4.9×10^{14}	6 100	6 220～5 970
黄	5.3×10^{14}	5 700	5 970～5 770
绿	5.5×10^{14}	5 400	5 770～4 920
青	6.5×10^{14}	4 800	4 920～4 700
蓝	7.0×10^{14}	4 300	4 700～4 550
紫	7.3×10^{14}	4 100	4 550～3 900

注：可见光波长范围：$3900\times10^{-10}\sim7800\times10^{-10}$m；可见光频率范围：$3.8\times10^{14}\sim7.7\times10^{14}$Hz。

附表8　WPL型摄谱仪的倒线角散率

λ,nm	640	600	550	500	450	400	360
$\Delta\lambda/\Delta l$,nm/mm	14.8	12.0	8.96	6.57	4.44	2.55	1.50

附表9　几种常用激光器的主要谱线

He-Ne,nm	He-Ce,nm	红宝石,nm	氩离子,nm	CO_2,μm	Nd,mm
632.8	441.6	694.3	523.7	10.6	1.35
	325.0	694.3	514.53		1.336
		510.0	510.72		1.317
		360.0	496.51		1.06
			487.99		0.914
			476.49		
			472.69		
			465.79		
			457.94		
			454.5		
			437.07		

附表10 汞灯主要谱线波长标准值

颜色	紫色					
波长,nm	404.66	407.78	410.81	433.92	434.75	435.84
强度	强	中	弱	弱	中	强
颜色	蓝绿色		绿色			
波长,nm	491.60	496.03	535.41	536.51	546.07	567.59
强度	强	中	弱	弱	强	弱
颜色	黄色				橙色	
波长,nm	576.96	579.07	585.92	589.02	607.26	612.33
强度	强	强	弱	弱	弱	弱
颜色	红色	深红色				
波长,nm	623.44	671.62	690.72	708.19		
强度	中	中	中	弱		

参考文献

[1] 姚启钧. 光学教程 [M]. 北京：高等教育出版社，2000.
[2] 张皓晶. 光学平台上的综合与设计性物理实验 [M]. 北京：科学出版社，2017.
[3] 范希智，皓洪云，陈清明，等. 光学实验教程 [M]. 北京：清华大学出版社，2016.
[4] 郁道银，谈恒英. 工程光学 [M]. 北京：机械工业出版社，2006.
[5] 杨述武，赵立竹，沈国土. 普通物理实验：光学部分 [M]. 4版. 北京：高等教育出版社，2007.
[6] 王宏亮. 大学物理实验 [M]. 2版. 北京：机械工业出版社，2013.
[7] 苏显渝. 信息光学 [M]. 2版. 北京：科学出版社，2011.
[8] 杨文琴. 信息光学实验 [M]. 厦门：厦门大学出版社，2016.
[9] 吉紫娟，包佳祺，刘祥彪. ZEMAX光学系统设计实训教程 [M]. 武汉：华中科技大学出版社，2018.
[10] 黄一帆，李林. 光学设计教程 [M]. 北京：北京理工大学出版社，2012.